《高等学校化学化工专业系列教材》
编写委员会

主　任　于世钧

副主任　冯春梁　杨　梅

委　员　(按姓名汉语拼音排序)

安　悦　迟玉贤　丁言伟　冯春梁　高　峰　赫春香
金　晶　李杰兰　李金祥　李晓辉　吕成伟　孙　琪
孙　越　王凤平　王长生　吴　晶　邢　娜　闫　杰
杨　梅　由忠录　于世钧　玉占君　张吉才　张澜萃
张　琳　张文伟　张志广

高等学校化学化工专业系列教材

GAODENG XUEXIAO HUAXUE HUAGONG ZHUANYE XILIE JIAOCAI

物理化学
选择题 精解

玉占君 孙琪 王长生 编

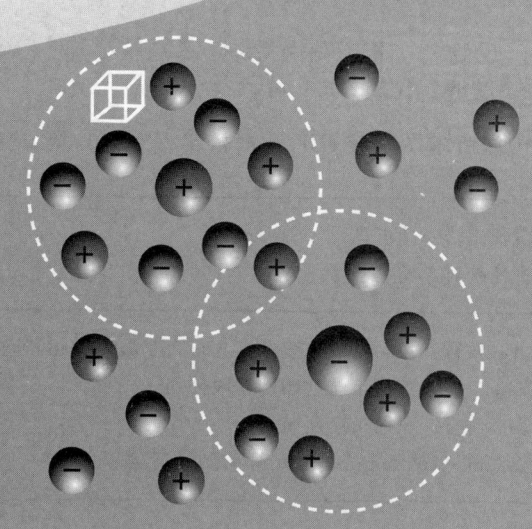

化学工业出版社

·北京·

本书旨在通过大量选择题的训练，帮助学生掌握基础知识、加深对物理化学基本原理和概念的理解，培养学生的创造性思维，提高学生分析问题、解决问题的实际能力。全书共12章；包括热力学第一定律，热力学第二定律，多组分系统热力学及其在溶液中的应用，相平衡，化学平衡，电解质溶液，可逆电池电动势及其应用，电解与极化作用，化学动力学基础（一），化学动力学基础（二），表面物理化学，胶体分散系统和大分子溶液内容。全书共收集1300多道习题并给出全部答案。

本书可作为高等学校化学类及相关专业的参考书。

图书在版编目（CIP）数据

物理化学选择题精解/玉占君，孙琪，王长生编．—北京：
化学工业出版社，2014.4（2024.11重印）
高等学校化学化工专业系列教材
ISBN 978-7-122-19774-0

Ⅰ.①物… Ⅱ.①玉…②孙…③王… Ⅲ.①物理化学-高等学校-题解 Ⅳ.①O64-44

中国版本图书馆CIP数据核字（2014）第027347号

| 责任编辑：杜进祥 | 文字编辑：向　东 |
| 责任校对：吴　静 | 装帧设计：韩　飞 |

出版发行：化学工业出版社（北京市东城区青年湖南街13号　邮政编码100011）
印　　刷：三河市航远印刷有限公司
装　　订：三河市宇新装订厂
787mm×1092mm　1/16　印张11　字数267千字　2024年11月北京第1版第10次印刷

购书咨询：010-64518888　　　　　　　　　售后服务：010-64518899
网　　址：http://www.cip.com.cn
凡购买本书，如有缺损质量问题，本社销售中心负责调换。

定　价：34.00元　　　　　　　　　　　　　　　　　　　版权所有　违者必究

前 言

  本书是教育部"高等学校特色专业建设"和"辽宁省实验教学示范中心建设"项目的研究成果，是专门为高等学校化学专业及与化学密切相关专业的学生所编写的选择题习题集。本书内容基本涵盖教育部高等学校化学类专业教学指导分委员会编制的《高等学校化学类专业指导性专业规范》(2011)中物理化学的知识范围。

  物理化学作为化学学科的一个分支，是化学专业及与化学密切相关专业的一门主干基础课。物理化学课程的特点是课程中涉及较多的抽象概念、理论、逻辑推理、数学公式和大量的运算，各公式的适用条件又很严格。这些是不能靠死记硬背来完成的，而是要通过大量习题的运算来加深对抽象概念和理论的理解，通过习题运算掌握各公式的适用条件。

  本书旨在通过大量选择题的训练，帮助学生掌握基础知识，加深对物理化学基本原理和基本概念的理解，开阔思路，培养学生的创造性思维，提高分析问题、解决问题的实际能力，真正地把书本知识变为自己的知识。

  本书也是一本较好的考研参考书。通过大量选择题的练习，加深对物理化学抽象概念、基本计算、公式运用的理解和熟悉，对考研复习取得事半功倍的效果。

  本书采用的名词术语、公式符号及基础数据均与南京大学傅献彩等编著的《物理化学》（第五版）一致。

  本书是在《物理化学选择题精选1300例》基础上进行重新编写的，为便于学生自学使用，书中给出了全部选择题的参考答案和大部分选择题的详细解答。

  全书习题由玉占君负责收集、整理及编排。孙琪、王长生负责审阅。在本书编写过程中，得到了辽宁师范大学化学化工学院2009届、2010届部分本科毕业生和2011级倪珏宸同学的热情帮助，在此表示衷心的感谢。

  由于编者水平有限，疏漏及不足之处在所难免，敬请读者批评指正。

编者

2014 年 2 月

目 录

第一章	热力学第一定律	1
第二章	热力学第二定律	16
第三章	多组分系统热力学及其在溶液中的应用	25
第四章	相平衡	35
第五章	化学平衡	44
第六章	电解质溶液	53
第七章	可逆电池电动势及其应用	63
第八章	电解与极化作用	73
第九章	化学动力学基础（一）	81
第十章	化学动力学基础（二）	96
第十一章	表面物理化学	103
第十二章	胶体分散系统和大分子溶液	116
参考答案		125
参考文献		167

第一章 热力学第一定律

1. 下列叙述中不属于状态函数特征的是（   ）。
    A. 经循环过程，状态函数的值不变
    B. 状态函数均有加和性
    C. 系统状态确定后，状态函数的值也确定
    D. 系统变化时，状态函数的改变值只由系统的始终态决定
2. 封闭系统中，有一个状态函数保持恒定的变化途径是（   ）。
    A. 一定是可逆途径   B. 一定是不可逆途径
    C. 不一定是可逆途径   D. 系统没有产生变化
3. 升高温度，降低压力，Vander Waals 参数的变化是（   ）。
    A. a 和 b 同时变大   B. a 和 b 同时变小
    C. a 变大，b 变小   D. a 变小，b 变大
4. 下列各组物理量中都是状态函数的是（   ）。
    A. T, p, V, Q B. m, V_m, C_p, ΔV
    C. T, p, V, n D. T, p, U, W
5. 下列各组物理量中，全部是状态函数的是（   ）。
    A. U, H, Q, W B. U, H, Q, W_f
    C. U, H, V, T D. H, U, $\dfrac{\delta Q}{dT}$, C_p
6. 若物系为 1mol 的物质，则下列所包含的量皆属状态函数的是（   ）。
    A. U, Q_p, C_p, C B. Q_p, H, C_p, C
    C. U, H, C_p, C_V D. ΔU, ΔH, Q_p, Q_V
7. 根据定义，恒压膨胀系数 $\alpha=\dfrac{1}{V}\left(\dfrac{\partial V}{\partial T}\right)_p$，恒容压力系数 $\beta=\dfrac{1}{p}\left(\dfrac{\partial p}{\partial T}\right)_V$，恒温压缩系数 $\kappa=-\dfrac{1}{V}\left(\dfrac{\partial V}{\partial p}\right)_T$。$\alpha$、$\beta$、$\kappa$ 三者之间的关系是（   ）。
    A. $\alpha\beta=p\kappa$ B. $\alpha=p\beta\kappa$ C. $\alpha\kappa=\beta/p$ D. $\alpha\beta\kappa=1$
8. 物质的量为 n 的纯理想气体，该气体的哪一组物理量确定后，其他状态函数方有定值（   ）。
    A. p B. V C. T, U D. T, P
9. 某化学反应在烧杯中进行，放热 2000J，若设计在电池中进行，该系统做电功 800J，若两过程的始终态相同，而且不做体积功，在电池中进行反应的 Q（单位：J）为（   ）。
    A. -1200 B. 1200 C. -2800 D. 2800
10. 下列对可逆过程的描述不正确的是（   ）。
    A. 能使系统和环境完全复原的过程
    B. 在整个过程中系统内部无限接近于平衡态
    C. 过程进行无限缓慢，环境的温度、压力分别与系统的温度、压力相差甚微
    D. 一个带活塞储有一定量气体的气缸，设活塞无重量，控制内外压差无限小，缓慢膨

胀到终态，再压缩使系统回到原始态

11. 2mol 理想气体，由 300kPa、20dm³ 的始态，在恒压下温度升高 1K，此过程的体积功 W（单位：J）为（　　）。
   A. 8.314　　　　B. 0　　　　C. 16.63　　　　D. −16.63

12. 2mol 双原子理想气体，由 300kPa、20dm³ 恒温可逆压缩到 15dm³，此过程的 W（单位：J）为（　　）。
   A. −1726　　　　B. 1726　　　　C. 863　　　　D. 1207.6

13. 对于下列完成同一过程的不同途径的描述，正确的是（　　）。
   A. 不同可逆途径的功都一样多
   B. 不同不可逆途径的功都一样多
   C. 任一可逆途径的功一定比任一不可逆途径的功多
   D. 任一可逆途径的功不一定比任一不可逆途径的功多

14. 理想气体向真空膨胀，当一部分气体进入真空容器后，余下的气体继续膨胀所做的体积功为（　　）。
   A. $W>0$　　　　B. $W=0$　　　　C. $W<0$　　　　D. 无法计算

15. 以下关于 pV 乘积的说法正确的是（　　）。
   A. pV 是系统热力学能的一部分，所以是状态函数
   B. $\int d(pV) = 0$
   C. 只是对理想气体 pV 才是 T 的单值函数，所以对一般系统，状态一定，pV 并不具有确定值
   D. pV 具有功的量纲，所以它不是状态函数

16. 体积功可表示为（　　）。
   A. $dW = -p_{外}dV$　　B. $\delta W = -p_{外}dV$　　C. $dW = -pdV$　　D. $\delta W = -pdV$

17. 下列说法正确的是（　　）。
   A. 温度高的物体含热量多，温度低的物体含热量少
   B. 热是能量传递的一种形式，是由于存在温度差造成的
   C. 热和功具有能量的量纲和单位，因此热和功是能量的一种存在形式
   D. 当对电炉通电时，电源将热传给电炉

18. 下列叙述中正确的是（　　）。
   A. 物体温度越高，说明其热力学能越大
   B. 物体温度越高，说明所含热量越多
   C. 凡系统温度升高，就肯定是它吸收了热
   D. 凡系统温度不变，说明它既不吸热也不放热

19. 一个系统发生下列反应：$Zn(s) + H_2SO_4(aq) \longrightarrow ZnSO_4(aq) + H_2(g)$，温度升高，该系统对外做功的能力（　　）。
   A. 增大　　　　B. 降低　　　　C. 不变　　　　D. 先增后降

20. 把一杯热水放在热容为 $10 J \cdot K^{-1}$ 的箱子中，若把箱中空气和杯中的水作为系统，则系统应为（　　）。
   A. 孤立系统　　　B. 敞开系统　　　C. 封闭系统　　　D. 绝热系统

21. 理想气体经历一个循环过程，对环境做功100J，则循环过程的热 Q 等于（　　）。
    A. 100J　　　　　　B. －100J　　　　　C. 0　　　　　　　D. ΔU
22. 有一真空绝热瓶子，通过阀门和大气相隔。当阀门打开时，大气（视为理想气体）进入瓶子，此时瓶内气体的温度将（　　）。
    A. 升高　　　　　　B. 降低　　　　　　C. 不变　　　　　　D. 不确定
23. 对封闭系统来说，当过程的始态和终态确定后，下列各项中没有确定值的是（　　）。
    A. Q　　　　　　　B. $Q+W$　　　　　C. $W(Q=0)$　　　　D. $Q(W=0)$
24. 1mol，373K，$p^{\ominus}$ 下的水经下列两个不同过程达到373K，$p^{\ominus}$ 下的水汽：(1)恒温可逆蒸发；(2)真空蒸发。这两个过程中功和热的关系为（　　）。
    A. $W_1>W_2$，$Q_1>Q_2$　　　　　　B. $W_1<W_2$，$Q_1<Q_2$
    C. $W_1=W_2$，$Q_1=Q_2$　　　　　　D. $W_1>W_2$，$Q_1<Q_2$
25. 对于封闭系统，下述说法中正确的是（　　）。
    A. 吸热 Q 是状态函数　　　　　　　B. 对外做功 W 是状态函数
    C. $Q+W$ 是状态函数　　　　　　　　D. 热力学能 U 是状态函数
26. 下列说法中错误的是（　　）。
    A. 在相变点单组分系统的焓恒定不变
    B. 理想热机的效率与工作物质无关
    C. 对于某些纯组分，升华热一定大于蒸发热
    D. 理想气体恒温过程热力学能不变
27. 关于热和功，下面的说法中不正确的是（　　）。
    A. 功和热只出现于系统状态变化的过程中，只存在于系统和环境间的界面上
    B. 只有在封闭系统发生的过程中，功和热才有明确的意义
    C. 功和热不是能量，而是能量传递的两种形式，可称之为被交换的能量
    D. 封闭系统中发生的过程中，如果热力学能不变，则功和热对系统的影响必互相抵消
28. 第一类永动机不能制造成功的原因是（　　）。
    A. 能量不能创造也不能消灭　　　　　B. 实际过程中功的损失无法避免
    C. 能量传递的形式只有热和功　　　　D. 热不能全部转换成功
29. 下列关于热力学能是系统状态单值函数的概念，理解错误的是（　　）。
    A. 系统处于一定的状态，具有一定的热力学能
    B. 对应于某一状态，热力学能只能有一个数值不能有两个以上的数值
    C. 状态发生变化，热力学能也一定跟着变化
    D. 对应于一个热力学能值，可以有多个状态
30. 下列说法不符合热力学第一定律的是（　　）。
    A. 在孤立系统内发生的任何过程中，系统的热力学能不变
    B. 在任何恒温过程中，系统的热力学能不变
    C. 在任一循环过程中，$\Delta U=0$
    D. 在理想气体自由膨胀过程中，$Q=\Delta U=0$
31. 热力学第一定律的数学表达式 $\Delta U=Q+W$ 只能适用于（　　）。
    A. 理想气体　　　　B. 敞开系统　　　　C. 封闭系统　　　　D. 孤立系统
32. 第一定律的公式仅适用于的途径是（　　）。

A. 同一过程的任何途径 B. 同一过程的可逆途径
C. 不同过程的任何途径 D. 同一过程的不可逆途径

33. 当热力学第一定律以 $dU = \delta Q - pdV$ 表示时，它适用于（　　）。
    A. 理想气体的可逆过程 B. 封闭系统只做体积功过程
    C. 理想气体的恒压过程 D. 封闭系统的恒压过程（$W_f = 0$）

34. 系统的热力学能（即内能）包括（　　）。
    A. 系统的动能 B. 系统的位能
    C. 系统的热量 D. 系统中分子的总能量

35. 对于任何循环过程，系统经历了 i 步变化，根据热力学第一定律应该有（　　）。
    A. $\sum Q_i = 0$ B. $\sum Q_i + \sum W_i > 0$
    C. $\sum W_i = 0$ D. $\sum Q_i + \sum W_i = 0$

36. 某系统经历一个不可逆循环后，下列答案错误的是（　　）。
    A. $Q = 0$ B. $Q + W = 0$ C. $\Delta U = 0$ D. $\Delta H = 0$

37. 如图 1-1 所示，某气体从 a 开始经历了一个方向如箭头所示的可逆循环，则循环一周所做的功（单位：J）应是（　　）。
    A. 0 B. -40 C. 10 D. 60

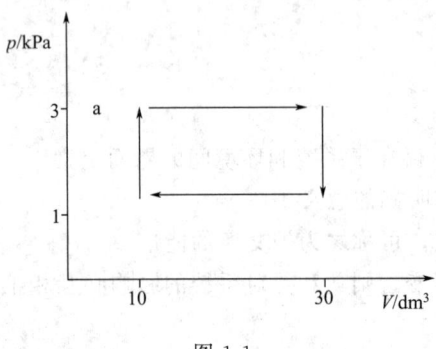

图 1-1　　　　　　　　　　　图 1-2

38. 298K、2mol 理想气体，体积由 $15dm^3$ 经恒温对抗外压 1.013×10^5 Pa 膨胀到 $50dm^3$，则膨胀功（单位：J）为（　　）。
    A. 3546 B. -3546 C. 0 D. 5973

39. 如图 1-2 所示，对于封闭系统，从状态 a 出发，经过任意不同的途径到达状态 b，则（　　）。
    A. $Q_1 = Q_2$ B. $W_1 = W_2$
    C. $Q_1 + W_1 = Q_2 + W_2$ D. $\Delta U = 0$

40. 在绝热钢弹中，发生一个放热的分子数增加的化学反应则有（　　）。
    A. $Q > 0, W > 0, \Delta U > 0$ B. $Q = 0, W = 0, \Delta U > 0$
    C. $Q = 0, W = 0, \Delta U = 0$ D. $Q < 0, W > 0, \Delta U < 0$

41. 在一个绝热的钢壁容器中，发生一个化学反应，使系统的温度从 T_1 升高到 T_2，压力从 p_1 升高到 p_2，则（　　）。
    A. $Q > 0, W > 0, \Delta U > 0$ B. $Q = 0, W = 0, \Delta U > 0$
    C. $Q > 0, W = 0, \Delta U = 0$ D. $Q = 0, W > 0, \Delta U < 0$

42. 在一绝热箱中置一隔板，将其分为左右两部分，在左右两侧分别通入温度和压力都不相同的同种气体，当隔板抽走后气体发生混合，若以气体为系统，则（　　）。
    A. $Q<0$，$W=0$，$\Delta U=0$
    B. $Q<0$，$W>0$，$\Delta U=0$
    C. $Q=0$，$W<0$，$\Delta U>0$
    D. $Q=0$，$W=0$，$\Delta U=0$

43. 如图1-3所示，当系统从状态1沿1→a→2发生变化时，系统放热397.5J，并接受外功167.4J，若令系统选择另一途径沿1→b→2发生变化，此时系统得功103.7J，而其Q（单位：J）应是（　　）。
    A. 333.8
    B. −333.8
    C. 500.2
    D. −500.2

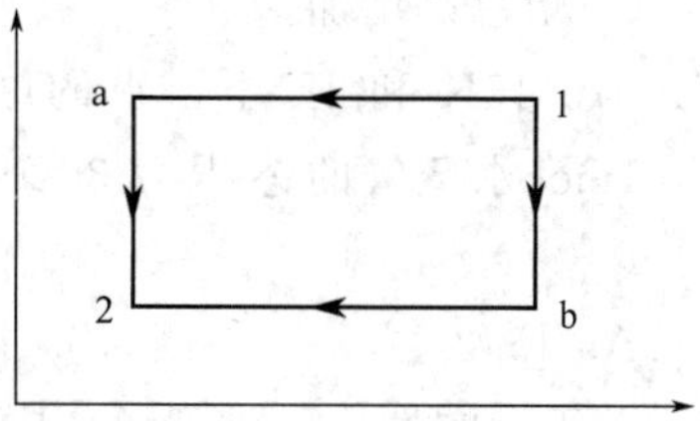

44. 在孤立系统内（　　）。
    A. 热力学能守恒，焓守恒
    B. 热力学能不一定守恒，焓守恒
    C. 热力学能守恒，焓不一定守恒
    D. 热力学能、焓均不一定守恒

图1-3

45. 对于孤立系统中发生的实际过程，下列关系中不正确的是（　　）。
    A. $W=0$
    B. $Q=0$
    C. $\Delta U=0$
    D. $\Delta H=0$

46. 凡是在孤立系统中进行的变化，其ΔU和ΔH的值一定是（　　）。
    A. $\Delta U>0$，$\Delta H>0$
    B. $\Delta U=0$，$\Delta H=0$
    C. $\Delta U<0$，$\Delta H<0$
    D. $\Delta U=0$，ΔH不能确定

47. 1mol液态水变成同温同压的水蒸气，则有（　　）。
    A. $Q=0$
    B. W一定小于零
    C. $\Delta U=0$
    D. $\Delta H=0$

48. 下列叙述中，不具可逆过程特征的是（　　）。
    A. 过程的每一步都接近平衡态，故进行得无限缓慢
    B. 沿原途径反向进行时，每一小步系统与环境均能复原
    C. 过程的初态与终态必定相同
    D. 过程中，若做功则做最大功，若耗功则耗最小功

49. 关于热力学可逆过程，下列表述正确的是（　　）。
    A. 可逆过程中系统做最大功
    B. 可逆过程发生后，系统和环境一定同时复原
    C. 可逆过程中不一定无其他功
    D. 一般化学反应都是热力学可逆过程

50. 下列相变过程属于不可逆过程的是（　　）。
    A. 100℃、101325Pa下水变为蒸汽
    B. 25℃、101325Pa下水变为蒸汽
    C. 25℃、3167.2Pa下水变为蒸汽（25℃时水的饱和蒸气压为3167.2Pa）
    D. 0℃、101325Pa下水凝结为冰

51. 一个实际化学反应在等温恒压条件下进行，从反应物开始，则此过程为（　　）。
    A. 热力学可逆过程
    B. 热力学不可逆过程

C. 不能确定可逆与否   D. 平衡过程

52. 1mol 理想气体在恒容条件下用电炉加热，然后自然冷却复原。此变化为（　　）。
   A. 可逆变化   B. 不可逆变化
   C. 对系统为可逆变化   D. 对环境为可逆变化

53. H_2 和 O_2 以 2∶1 的比例在绝热的钢瓶中反应生成水，在该过程中（　　）。
   A. $\Delta H=0$ B. $\Delta T=0$ C. $p=0$ D. $\Delta U=0$

54. 当理想气体反抗一定的压力做绝热膨胀时，则（　　）。
   A. 焓总是不变   B. 热力学能总是增加
   C. 焓总是增加   D. 热力学能总是减少

55. 373.15K 和 $p^{\ominus}$ 下，水的摩尔汽化焓为 40.7kJ·mol^{-1}，1mol 水的体积为 18.8cm^3，1mol 水蒸气的体积为 30200cm^3，1mol 水蒸发为水蒸气的 ΔU（单位：kJ·mol^{-1}）为（　　）。
   A. 45.2   B. 40.7   C. 37.6   D. 52.5

56. 关于焓的性质，下列说法中正确的是（　　）。
   A. 焓是系统内含的热能，所以常称它为热焓
   B. 焓是能量，它遵守热力学第一定律
   C. 系统的焓值等于热力学能加体积功
   D. 焓的增量只与系统的始末态有关

57. 焓是（　　）。
   A. 恒压过程系统与环境交换的热   B. U 与 pV 之和
   C. 恒压条件下系统做的功   D. 系统的含热量

58. 封闭系统经一 $W_f=0$ 恒压过程后，其与环境所交换的热（　　）。
   A. 应等于此过程的 ΔU B. 应等于该系统的焓
   C. 应等于该过程的 ΔH D. 条件不足，无法判断

59. 某理想气体 B，经恒温膨胀、恒容加热、恒压冷却 3 步完成一个循环，气体吸热 24000J，则该循环过程的 ΔU、W 及 ΔH 为（　　）。
   A. $\Delta U=\Delta H=0$，$W=-24000J$ B. $\Delta U=0$，$\Delta H\neq 0$，$W=24000J$
   C. ΔU，ΔH，W 不能确定   D. $\Delta U=0$，$\Delta H=24000J$，W 无法确定

60. 公式 $H=U+pV$ 的适用条件是（　　）。
   A. 气体   B. 封闭系统   C. 敞开系统   D. 只做膨胀功

61. 恒压下，单组分系统的焓值随温度的升高而（　　）。
   A. 增加   B. 减少   C. 不变   D. 不一定

62. 水在可逆相变过程中（　　）。
   A. $\Delta U=0$，$\Delta H=0$ B. $\Delta p=0$，$\Delta T=0$
   C. $\Delta U=0$，$\Delta T=0$ D. 以上均不对

63. 反应 $C(石墨)+\frac{1}{2}O_2(g)=\!=\!=CO(g)$，$\Delta_r H(298K)<0$，若将此反应放于一个恒容绝热容器中进行，则系统的（　　）。
   A. $\Delta T<0$，$\Delta_r U<0$，$\Delta_r H<0$ B. $\Delta T>0$，$\Delta_r U=0$，$\Delta_r H>0$
   C. $\Delta T>0$，$\Delta_r U>0$，$\Delta_r H>0$ D. $\Delta T>0$，$\Delta_r U=0$，$\Delta_r H=0$

64. 一个绝热气缸带有一理想绝热活塞(无摩擦无重量),内有理想气体,缸内壁绕有电阻丝,通电时气体在恒外压下膨胀。以气体和电阻丝为系统则有(　　)。
    A. $Q=0$, $\Delta H=0$　　　　　　　　　B. $Q\neq 0$, $\Delta H=0$
    C. $Q=0$, $\Delta H\neq 0$　　　　　　　　D. $Q\neq 0$, $\Delta H\neq 0$

65. 理想气体恒温自由膨胀过程中,下列答案正确的是(　　)。
    A. $Q>0$　　　B. $W<0$　　　C. $\Delta U>0$　　　D. $\Delta H=0$

66. 理想气体绝热自由膨胀后,下述答案中不正确的是(　　)。
    A. $Q=0$　　　B. $W=0$　　　C. $\Delta U=0$　　　D. $\Delta H>0$

67. 实际气体进行绝热自由膨胀后,下述表达不正确的是(　　)。
    A. $Q=0$　　　B. $W=0$　　　C. $\Delta U=0$　　　D. $\Delta H=0$

68. 在一个恒容绝热箱中,将摩尔比为1∶2的CH_4与O_2点燃,反应后(　　)。
    A. $\Delta U>0$, $\Delta H>0$　　　　　　　B. $\Delta U=0$, $\Delta H>0$
    C. $\Delta U=0$, $\Delta H=0$　　　　　　　D. $\Delta U>0$, $\Delta H<0$

69. 公式 $\Delta H=\int_{T_1}^{T_2}C_p dT$ 的适用条件是(　　)。
    A. 恒压过程　　　　　B. 组成不变的恒压过程
    C. 任何过程　　　　　D. 均相的组成不变的恒压过程

70. 下列各组物理量中,均属于强度性质的是(　　)。
    A. 热力学能和密度　　　　　　　　B. 温度差和体积差
    C. 摩尔热力学能和摩尔定容热容　　D. 焓和压力

71. 下述物理量中,①U_m;②C(热容);③H;④V;⑤T 具有强度性质的是(　　)。
    A. ②⑤　　　B. ①②　　　C. ①⑤　　　D. ②④

72. 下列函数中为系统强度性质的是(　　)。
    A. V_m　　　B. V　　　C. H　　　D. C_p

73. 2mol 的单原子理想气体,某过程的 $\Delta(pV)=26kJ$,则此过程的焓变 ΔH(单位 kJ)为(　　)。
    A. 26　　　B. 39　　　C. 65　　　D. 32.5

74. 2mol 的单原子理想气体,其绝热过程的 $\Delta(pV)=-26kJ$,则该过程的体积功 W(单位:kJ)为(　　)。
    A. 26　　　B. -65　　　C. 39　　　D. -39

75. 在一个体积恒定为 $0.50m^3$ 的绝热容器中发生某化学反应,容器内气体的温度升高750℃、压力增加600kPa,则此反应过程的 ΔH(单位:kJ)为(　　)。
    A. 6.24　　　B. 8.51　　　C. 300　　　D. 0

76. $V=10dm^3$ 的隔离系统内发生某化学反应,使系统的温度升高,压力增加500kPa。此过程的 ΔU 和 ΔH 为(　　)。
    A. $\Delta U=0$, $\Delta H=5kJ$　　　　　B. $\Delta U=0$, $\Delta H=-5kJ$
    C. $\Delta U=5kJ$, $\Delta H=0$　　　　　D. $\Delta U=50J$, $\Delta H=50J$

77. 某系统经不可逆循环后,下列答案中不正确的是(　　)。
    A. $Q=0$　　　B. $\Delta U=0$　　　C. $\Delta H=0$　　　D. $\Delta C_p=0$

78. 某系统经不可逆循环后,下列答案中不正确的是(　　)。

A. $\Delta C_V = 0$　　　B. $W=0$　　　C. $\Delta U=0$　　　D. $\Delta C_p=0$

79. 1mol 理想气体在恒容情况下，由 T_1、p_1 的状态变到 T_2、p_2 的状态，下列表达式不正确的是（　　）。

   A. $\Delta H = C_{p,\mathrm{m}}(T_2 - T_1)$　　　B. $\Delta H = Q$
   C. $Q = C_{V,\mathrm{m}}(T_2 - T_1)$　　　D. $\Delta U = Q$

80. 将某理想气体从温度 T_1 加热到 T_2，若此变化为非恒容途径，则其热力学能的变化应为（　　）。

   A. $\Delta U = 0$　　　B. $\Delta U = C_V(T_2 - T_1)$
   C. ΔU 不存在　　　D. ΔU 等于其他值

81. $\mathrm{d}U = C_V \mathrm{d}T$ 及 $\mathrm{d}U_\mathrm{m} = C_{V,\mathrm{m}} \mathrm{d}T$ 适用的条件完整地说应当是（　　）。

   A. 恒容过程
   B. 无化学反应和相变的恒容过程
   C. 组成不变的均相系统的恒容过程
   D. 无化学反应和相变且不做非体积功的任何恒容过程及无化学反应和相变而且系统热力学能只与温度有关的非等容过程

82. 公式 $\Delta H = Q_p$，下述说法正确的是（　　）。

   A. 恒压过程中，ΔU 不一定为零
   B. 恒压过程中，焓变不能量度系统对外所做的功
   C. 恒压过程中，系统与环境无功的交换
   D. 恒压过程中，焓不再是状态函数

83. 下列诸过程可应用公式 $\mathrm{d}U = (C_p - nR)\mathrm{d}T$ 进行计算的是（　　）。

   A. 实际气体等压可逆冷却　　　B. 恒温搅拌某液体以升高温度
   C. 理想气体可逆绝热膨胀　　　D. 量热弹中的燃烧过程

84. 某温度下，同一气体物质的恒压摩尔热容 C_p 与恒容摩尔热容 C_V 之间的关系为（　　）。

   A. $C_p < C_V$　　　B. $C_p > C_V$　　　C. $C_p = C_V$　　　D. 难以比较

85. 100℃、101325Pa 下，1mol 水恒温、恒压蒸发为水蒸气（视为理想气体），则有（　　）。

   A. $\Delta U = 0$，$\Delta H = 0$
   B. $\Delta U > 0$，$\Delta H = Q_p > \Delta U$
   C. $Q < 0$，$W = RT$
   D. $W < 0$，$\Delta U < 0$

86. 对于双原子分子理想气体其 $\gamma = \dfrac{C_p}{C_V}$ 的值为（　　）。

   A. 1.4　　　B. 1.67　　　C. 1.00　　　D. 2.00

87. 下述说法中正确的是（　　）。

   A. 对于单组分单相系统，有 $C_{p,\mathrm{m}} - C_{V,\mathrm{m}} = R$
   B. 对于单组分单相系统，有 $C_{p,\mathrm{m}} = C_{V,\mathrm{m}}$
   C. 对于单组分单相系统，有 $C_{p,\mathrm{m}} > 0$，$C_{V,\mathrm{m}} > 0$
   D. 对于单组分单相系统，有 $C_{p,\mathrm{m}} = 0$，$C_{V,\mathrm{m}} = 0$

88. 在一绝热的、体积为 10dm³ 的刚性密闭容器中发生了某一反应，反应的结果压力增加了 1013.25kPa，则此系统在反应前后的 $\Delta_\mathrm{r} H$（单位：kJ）为（　　）。

   A. 0　　　B. 10.13　　　C. −10.13　　　D. 数据不足无法计算

89. 2mol 某理想气体，由同一始态，即 $V_1 = 20\mathrm{dm}^3$、$p_1 = 250\mathrm{kPa}$，分别经过：a. 绝热可逆

压缩到 $p_2=500\text{kPa}$；b. 绝热反抗恒定外压，$p(环)=500\text{kPa}$ 压缩到平衡态。则 ΔU_a 与 ΔU_b 的关系为（　　）。

    A. $\Delta U_a > \Delta U_b$ B. $\Delta U_a < \Delta U_b$

    C. $\Delta U_a = \Delta U_b$ D. 二者的大小无一定关系

90. 将 1mol、298K 的水绝热压缩，使压力由 p_1 增至 p_2，在水的体积不变的条件下，则下列答案正确的是（　　）。

    A. $W=0$，$\Delta U=0$，$\Delta H>0$ B. $W=0$，$\Delta U>0$，$\Delta H=0$

    C. $W=0$，$\Delta U=0$，$\Delta H=0$ D. $W>0$，$\Delta U>0$，$\Delta H>0$

91. 1mol 单原子理想气体，在 300K 时绝热压缩到 500K，则其焓变 ΔH（单位：J）约为（　　）。

    A. 4157   B. 596   C. 1255   D. 994

92. 一定量的理想气体，从同一初态压力 p_1 可逆膨胀到压力为 p_2，则恒温膨胀的终态体积与绝热膨胀的终态体积之间是（　　）。

    A. 前者大于后者   B. 前者小于后者   C. 二者没一定关系   D. 二者相等

93. 从同一始态出发，理想气体经可逆和不可逆两种绝热过程（　　）。

    A. 可以达到同一状态

    B. 不可能达到同一状态

    C. 可以达到同一状态，但给环境留下不同的影响

    D. 有可能到达同一状态

94. 1mol 理想气体经历绝热可逆过程，下列过程功的计算式中，错误的是（　　）。

    A. $C_V(T_2-T_1)$ B. $C_p(T_2-T_1)$ C. $\dfrac{p_2V_2-p_1V_1}{\gamma-1}$ D. $\dfrac{R(T_2-T_1)}{\gamma-1}$

95. $pV^\gamma=$ 常数 $\left(\gamma=\dfrac{C_{p,\text{m}}}{C_{V,\text{m}}}\right)$ 的适用条件是（　　）。

    A. 绝热过程   B. 理想气体绝热过程

    C. 理想气体绝热可逆过程   D. 绝热可逆过程

96. 下列封闭系统的热力学能和焓仅是温度的函数的是（　　）。

    A. 理想溶液   B. 稀溶液   C. 所有气体   D. 理想气体

97. 下列过程中，系统热力学能变化不为零的是（　　）。

    A. 不可逆循环过程   B. 可逆循环过程

    C. 两种理想气体的等温混合过程   D. 纯液体的真空蒸发过程

98. 下列过程可应用公式 $\Delta H=Q$ 进行计算的是（　　）。

    A. 不做非体积功，始、终态压力相同但中间压力有变化的过程

    B. 不做非体积功，一直保持体积不变的过程

    C. 273.15K，$p^{\ominus}$ 下液态水结成冰的过程

    D. 恒容下加热实际气体

99. 对于一定量的理想气体，下列过程（1）对外做功且放出热量；（2）恒容绝热升温，无非膨胀功；（3）恒压绝热膨胀；（4）恒温绝热膨胀，有可能发生的是（　　）。

    A. (1),(4)   B. (2),(3)   C. (3),(4)   D. (1),(2)

100. 1mol 单原子理想气体，从 273K 及 $2p^{\ominus}$ 的初态经 $pT=$ 常数的可逆途径压缩到 $4p^{\ominus}$ 的

终态，则该过程的 ΔU(单位：J)为（   ）。

    A. 1702   B. -406.8 C. 406.8   D. -1702

101. 1mol 的氦气(视为理想气体)，始态为 273.2K、101.3kPa，现经(1)恒温可逆膨胀；(2)绝热可逆膨胀；(3)绝热恒外压膨胀，3 种不同途径达到 101.3Pa，下列对 3 种途径所达终态温度的判断正确的是（   ）。

    A. $T_1 > T_2 > T_3$ B. $T_1 > T_3 > T_2$ C. $T_1 > T_2 = T_3$ D. $T_3 > T_1 > T_2$

102. 下列说法中，不正确的是（   ）。

    A. 理想气体经绝热自由膨胀后，其热力学能变化为零
    B. 实际气体经绝热自由膨胀后，其热力学能变化不一定为零
    C. 实际气体经绝热自由膨胀后，其温度不一定降低
    D. 实际气体经绝热恒外压膨胀后，温度一定降低

103. 某理想气体的绝热系统在接受了环境所做的功之后，其温度（   ）。

    A. 一定升高   B. 一定降低   C. 一定不变   D. 不一定改变

104. 理想气体绝热恒外压膨胀，其焓变为（   ）。

    A. 大于零   B. 小于零   C. 等于零   D. 无法确定

105. 下面的说法符合热力学第一定律的是（   ）。

    A. 在一完全绝热且边界为刚性的密闭容器中发生化学反应时，其热力学能一定变化
    B. 在无功的过程中，热力学能变化等于过程热，这表明热力学能增量不一定与热力学过程无关
    C. 封闭系统在指定的两个平衡态之间经历绝热变化时，系统所做的功与途径无关
    D. 气体在绝热膨胀或绝热压缩过程中，其热力学能的变化值与过程完成的方式无关

106. 一定量的理想气体从同一始态出发，分别经 (1)恒温压缩，(2)绝热压缩到具有相同压力的终态。以 H_1、H_2 分别表示两个终态的焓值，它们之间的关系为（   ）。

    A. $H_1 > H_2$ B. $H_1 = H_2$ C. $H_1 < H_2$ D. 无法确定

107. 下列公式中适用于封闭系统理想气体任一 p、V、T 变化过程的为（   ）。

    A. $\Delta U = Q_V$ B. $W = -nRT\ln\dfrac{p_1}{p_2}$

    C. $\Delta U = nC_{V,m}(T_2 - T_1)$ D. $\Delta H = \Delta U + p\Delta V$

108. 1mol 单原子理想气体从 400K 分别经历(1)恒压膨胀，(2)绝热膨胀，到达相同终态温度 300K 时，两过程的 ΔU(单位：J)和 ΔH(单位：J)分别为（   ）。

    A. $\Delta U_1 = -1247$，$\Delta U_2 = 0$，$\Delta H_1 = -2079$，$\Delta H_2 = 0$
    B. $\Delta U_1 = \Delta U_2 = -1247$，$\Delta H_1 = \Delta H_2 = -2079$
    C. $\Delta U_1 = -1247$，$\Delta U_2 = W = p(V_终 - V_始) > 0$，$\Delta H_1 = \Delta H_2 = 0$
    D. $\Delta U_1 = \Delta U_2 = -2079$，$\Delta H_1 = \Delta H_2 = -2910$

109. 理想气体恒温可逆膨胀，体积增大 10 倍，对外做了 41.85kJ 的功，系统的起始压力为 202.65kPa，那么始态的体积(单位：m^3)为（   ）。

    A. 0.090   B. 0.098   C. 0.034   D. 0.024

110. 1mol H_2(为理想气体)由始态 298K、$p^\ominus$ 绝热可逆压缩到 $5dm^3$，那么终态温度 T_2 与热力学能的变化 ΔU 分别是（   ）。

    A. 562K，0kJ   B. 275K，-5.49kJ

C. 275K，5.49kJ D. 562K，5.49kJ

111. 在轮胎爆裂这一短暂过程中（　　）。
    A. 气体做恒温膨胀 B. 气体急剧膨胀，对外做功，温度升高
    C. 气体膨胀，温度下降 D. 气体恒压膨胀，热力学能增加

112. 对于理想气体，下列关系中不正确的是（　　）。
    A. $\left(\dfrac{\partial U}{\partial T}\right)_V=0$　　B. $\left(\dfrac{\partial U}{\partial V}\right)_T=0$　　C. $\left(\dfrac{\partial U}{\partial p}\right)_T=0$　　D. $\left(\dfrac{\partial H}{\partial p}\right)_T=0$

113. 下列理想气体绝热可逆过程方程的表示式中不正确的是（　　）。
    A. $pV^\gamma=$ 常数　　B. $TV^{\gamma-1}=$ 常数　　C. $T^{1-\gamma}p^\gamma=$ 常数　　D. $T^\gamma p^{1-\gamma}=$ 常数

114. 理想气体从同一始态 (p_1, V_1, T_1) 出发，分别经恒温可逆压缩和绝热可逆压缩，环境所做的功的绝对值分别为 W_T 和 W_A。若压缩至同一终态体积 V_2，下述答案中正确的是（　　）。
    A. $W_T > W_A$ B. $W_T < W_A$
    C. $W_T = W_A$ D. W_T 与 W_A 无确定关系

115. 从定义 $U=H-pV$ 出发，推断下列关系中不正确的是（　　）。
    A. $\left(\dfrac{\partial U}{\partial V}\right)_p=\left(\dfrac{\partial H}{\partial V}\right)_p-p$　　B. $\left(\dfrac{\partial U}{\partial p}\right)_V=\left(\dfrac{\partial H}{\partial p}\right)_V-V$
    C. $\left(\dfrac{\partial U}{\partial V}\right)_p=C_p\left(\dfrac{\partial T}{\partial V}\right)_p-V$　　D. $\left(\dfrac{\partial U}{\partial p}\right)_p=\left(\dfrac{\partial H}{\partial T}\right)_p\left(\dfrac{\partial T}{\partial p}\right)_p-p$

116. 在一个密闭绝热的房间里放置一台电冰箱，将冰箱门打开，并接通电源使其工作，过一段时间之后，室内的平均气温将（　　）。
    A. 升高 B. 降低 C. 不变 D. 不一定

117. 关于热机效率，以下结论正确的是（　　）。
    A. 可逆热机的效率可以等于 1，但不能大于 1
    B. 可逆热机的效率与工作物质的种类有关
    C. 可逆热机的效率与工作物质无关
    D. 可逆热机的效率均可表示为 $\eta=\dfrac{T_2-T_1}{T_1}$

118. 在 100℃ 和 25℃ 之间工作的热机，其最大效率为（　　）。
    A. 100% B. 75% C. 25% D. 20%

119. 下列各过程 $\Delta H\neq 0$ 的是（　　）。
    A. 一定量理想气体的恒温过程
    B. 封闭系统绝热、恒压，$W_f=0$ 的反应过程
    C. 流体的节流膨胀过程
    D. 一定量的液体在绝热真空容器中的蒸发过程

120. 下列各过程中，热力学能不恒定的是（　　）。
    A. 封闭系统绝热、恒容，$W_f=0$ 的化学反应过程
    B. 真实气体向绝热的真空器中自由膨胀的过程
    C. 真实气体节流膨胀过程
    D. 理想气体恒温可逆膨胀过程

121. 非理想气体在节流膨胀过程中，下列描述中正确的是（　　）。
    A. $Q=0$，$\Delta H=0$，$\Delta p<0$ B. $Q=0$，$\Delta H<0$，$\Delta p<0$

C. $Q>0$，$\Delta H=0$，$\Delta p<0$ D. $Q<0$，$\Delta H=0$，$\Delta p<0$

122. 在理想气体的节流膨胀过程中，下列描述正确的是（　　）。
   A. $\Delta H=0$，$\Delta U>0$，$\Delta T=0$ B. $\Delta H<0$，$\Delta U=0$，$\Delta T>0$
   C. $\Delta H=0$，$\Delta U=0$，$\Delta T=0$ D. $\Delta H=0$，$\Delta U<0$，$\Delta T=0$

123. 范氏气体经 Joule 实验（绝热向真空膨胀）后气体的温度将（　　）。
   A. 上升 B. 下降 C. 不变 D. 不确定

124. 非理想气体绝热恒外压膨胀时，其温度的变化为（　　）。
   A. 一定升高 B. 一定降低 C. 一定不变 D. 无法确定

125. 气体的状态方程为 $pV_m=RT+\alpha p(\alpha<0)$，该气体经节流膨胀后其温度的变化为（　　）。
   A. 升高 B. 下降 C. 不变 D. 不能确定

126. 气体的状态方程为 $pV=RT+bp(b>0)$，该气体向真空绝热膨胀后温度的变化为（　　）。
   A. 不变 B. 上升 C. 下降 D. 不确定

127. 已知 CO_2 的焦耳-汤姆逊系数 $\mu_{J\text{-}T}=0.0107\text{K}\cdot\text{kPa}^{-1}$，将 CO_2 在等焓条件下由 $p^{\ominus}$ 压缩至 $10\times p^{\ominus}$ 时温度应升高为（　　）。
   A. 12K B. 9.58K C. 15K D. 20K

128. 若要通过节流膨胀达到致热的目的，则节流操作应控制的条件是（　　）。
   A. $\mu_{J\text{-}T}=\left(\dfrac{\partial T}{\partial p}\right)_H<0$ B. $\mu_{J\text{-}T}=\left(\dfrac{\partial T}{\partial p}\right)_H=0$
   C. $\mu_{J\text{-}T}=\left(\dfrac{\partial T}{\partial p}\right)_H>0$ D. 与 $\mu_{J\text{-}T}$ 的值无关

129. 图 1-4 是某气体倒转温度曲线，那么选择 A 点状态作为始态进行节流膨胀，膨胀后的温度将（　　）。
   A. 升高 B. 降低 C. 不变
   D. 无法确定

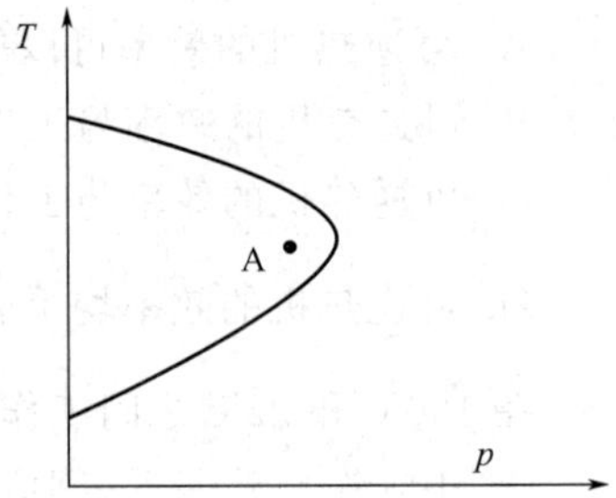

图 1-4

130. 下列过程中 $\Delta H=0$ 的是（　　）。
   A. 可逆相变 B. 绝热过程 C. 恒温过程
   D. 实际气体节流膨胀

131. 对于理想气体，焦耳-汤姆逊（Joule-Thomson）系数 $\mu_{J\text{-}T}$ 为（　　）。
   A. 大于零 B. 小于零 C. 等于零
   D. 与温度、压力有关

132. 对于实际气体，焦耳-汤姆逊（Joule-Thomson）系数 $\mu_{J\text{-}T}$ 为（　　）。
   A. 大于零 B. 小于零 C. 等于零
   D. 上述答案都正确

133. 在温度 T 时，反应 $C_2H_5OH(l)+3O_2(g)\Longrightarrow 2CO_2(g)+3H_2O(l)$ 的 Δ_rH_m 和 Δ_rU_m 的关系是（　　）。
   A. $\Delta_rH_m>\Delta_rU_m$ B. $\Delta_rH_m<\Delta_rU_m$ C. $\Delta_rH_m=\Delta_rU_m$ D. 不能确定

134. 1mol 液体苯在 298K 时置于弹式量热计中完全燃烧，生成水和二氧化碳气体，同时放热 $3264\text{kJ}\cdot\text{mol}^{-1}$，则其等压燃烧焓（单位：$\text{kJ}\cdot\text{mol}^{-1}$）为（　　）。

A. 3268 B. −3265 C. 3264 D. −3268

135. 在等压下，无论用什么手段进行一个 A+B══C 的反应，若 $\Delta_r H_m > 0$，则该反应一定为（   ）。

　　A. 吸热反应　　B. 放热反应　　C. 视反应手段而定　　D. 无热量变化

136. 已知 298K、101.325kPa 下，气相反应 $I_2 + Cl_2 ══ 2HCl$ 的 $\Delta_r H_m^{\ominus} = -185 kJ \cdot mol^{-1}$，则此反应的 $\Delta_r U_m^{\ominus}$（单位：$kJ \cdot mol^{-1}$）为（   ）。

　　A. 等于 −185　　B. 大于 −185　　C. 小于 −185　　D. 不能确定

137. 已知 298.15K 时，下列反应的热效应：(1) $CO(g) + \frac{1}{2}O_2(g) \longrightarrow CO_2(g)$，$\Delta_r H = -283 kJ$；(2) $H_2(g) + \frac{1}{2}O_2(g) \longrightarrow H_2O(l)$，$\Delta_r H = -285.8 kJ$；(3) $C_2H_5OH(l) + 3O_2(g) \longrightarrow 2CO_2(g) + 3H_2O(l)$，$\Delta_r H = -1370 kJ$；则反应 $2CO(g) + 4H_2(g) \longrightarrow H_2O(l) + C_2H_5OH(l)$ 的 $\Delta_r H$（单位：kJ）等于（   ）。

　　A. 515　　B. 339.2　　C. −339.2　　D. −515

138. $C_6H_6(l)$ 在刚性绝热容器中燃烧反应为 $C_6H_6(l) + \frac{15}{2}O_2(g) ══ 6CO_2(g) + 3H_2O(g)$ 则（   ）。

　　A. $\Delta_r U = 0$，$\Delta_r H < 0$，$Q = 0$　　B. $\Delta_r U = 0$，$W = 0$，$\Delta_r H > 0$
　　C. $Q = 0$，$\Delta_r U = 0$，$\Delta_r H = 0$　　D. $Q = 0$，$\Delta_r U < 0$，$\Delta_r H < 0$

139. 按计量方程式发生 1 个单位化学反应时，反应进度 ξ 的改变值为（   ）。

　　A. $\Delta \xi = -1$　　B. $\Delta \xi > 1$　　C. $0 \leq \Delta \xi \leq 1$　　D. $\Delta \xi = 1$

140. "甲"用弹式量热计测量苯甲酸燃烧热，实验后写道："$\Delta H = \Delta U + p\Delta V$，由于实验是恒容过程，$\Delta V = 0$，故 $\Delta H = \Delta U$"。"乙"在做完电动势实验后写道："由于系统有非体积功存在，故系统的 $\Delta H \neq Q_p$"。下述说法正确的是（   ）。

　　A. "甲"正确，"乙"不正确　　B. "甲"不正确，"乙"正确
　　C. "甲"不正确，"乙"不正确　　D. "甲"正确，"乙"正确

141. 298K，101.3kPa，1mol A(g) 与 2mol B(g) 完全反应 $A(g) + 2B(g) \longrightarrow C(g)$ 的恒压热效应为 $\Delta_r H_m^{\ominus}(298K)$，若只有 50% 的 A(g) 参加反应，则恒容热效应 $\Delta_r U_m^{\ominus}(298K)$ 为（   ）。

　　A. $\frac{1}{2}\Delta_r H_m^{\ominus}(298K) + RT$　　B. $\frac{1}{2}\Delta_r H_m^{\ominus}(298K) - RT$
　　C. $\frac{1}{2}\Delta_r H_m^{\ominus}(298K) + \frac{1}{2}RT$　　D. $\frac{1}{2}\Delta_r H_m^{\ominus}(298K) - \frac{1}{2}RT$

142. 在指定条件下与物质数量无关的一组物理量是（   ）。

　　A. T, p, n　　B. U_m, C_p, C_V
　　C. $\Delta H, \Delta U, \Delta \xi$　　D. $V_m, \Delta_f H_m^{\ominus}(B), \Delta_c H_m^{\ominus}(B)$

143. 计算化学反应的热效应，下述说法，(1)在同一算式中必须用同一参比态的热效应数据；(2)在同一算式中可用不同参比态的热效应数据；(3)在不同算式中可用不同参比态的热效应数据；(4)在不同算式中必须用同一参比态的热效应数据；正确的是（   ）。

　　A. (1),(3)　　B. (2),(4)　　C. (1),(4)　　D. (2),(3)

144. 反应 $H_2(g) + Cl_2(g) ══ 2HCl(g)$，在恒温恒压下完成时放出的热称为（   ）。

  A. HCl(g)的生成热   B. H_2(g)的燃烧热
  C. Cl_2(g)的燃烧热   D. 该化学反应的摩尔等压反应热效应

145. 已知 $H_2O(g) = H_2(g) + \frac{1}{2}O_2(g)$，$\Delta_r H_m(1) = 241.8 \text{kJ} \cdot \text{mol}^{-1}$；$H_2(g) = 2H(g)$，$\Delta H_m(2) = 436.0 \text{kJ} \cdot \text{mol}^{-1}$；$\frac{1}{2}O_2(g) = O(g)$，$\Delta H_m(3) = 247.7 \text{kJ} \cdot \text{mol}^{-1}$，则 H_2O 中 H—O 键的平均键焓（单位：$\text{kJ} \cdot \text{mol}^{-1}$）为（   ）。
  A. 462.8   B. 925.5   C. −462.8   D. 241.8

146. 有关 Cl_2(g)的燃烧焓的值，下列说法正确的是（   ）。
  A. HCl(g)的生成焓   B. $HClO_3$ 的生成焓
  C. $HClO_4$ 的生成焓   D. Cl_2(g)生成盐酸水溶液的热效应

147. 戊烷的标准摩尔燃烧焓为 $-3520 \text{kJ} \cdot \text{mol}^{-1}$，$CO_2$(g) 和 H_2O(l) 的标准摩尔生成焓分别为 $-395 \text{kJ} \cdot \text{mol}^{-1}$ 和 $-286 \text{kJ} \cdot \text{mol}^{-1}$，则戊烷的标准摩尔生成焓（单位：$\text{kJ} \cdot \text{mol}^{-1}$）为（   ）。
  A. 2839   B. −2839   C. 171   D. −171

148. 当某化学反应的 $\Delta_r C_{p,m} < 0$ 时，该过程的 $\Delta_r H_m^{\ominus}(T)$ 随温度的升高而（   ）。
  A. 下降   B. 升高   C. 不变   D. 无规律

149. 已知 CO(g)，O_2(g)，CO_2(g) 的定压摩尔热容 $C_{p,m}$（$K^{-1} \cdot J \cdot \text{mol}^{-1}$）分别为 29.4、29.4、37.1，以 T_1、T_2 分别表示 CO 在冬季与夏季燃烧的火焰最高温度，以 $|Q_1|$、$|Q_2|$ 分别表示冬季与夏季 1mol CO 燃烧生成同温度的产物时所放出的热，则下述答案正确的是（   ）。
  A. $|Q_1| > |Q_2|$，$T_1 > T_2$ B. $|Q_1| > |Q_2|$，$T_2 > T_1$
  C. $|Q_1| < |Q_2|$，$T_1 < T_2$ D. $|Q_1| = |Q_2|$，$T_2 > T_1$

150. 已知反应 $H_2(g) + \frac{1}{2}O_2(g) = H_2O(g)$ 的标准摩尔反应焓变为 $\Delta_r H_m^{\ominus}(T)$，下列说法中不正确的是（   ）。
  A. $\Delta_r H_m^{\ominus}(T)$ 是 H_2O(g) 的标准摩尔生成焓
  B. $\Delta_r H_m^{\ominus}(T)$ 是 H_2O(g) 的标准摩尔燃烧焓
  C. $\Delta_r H_m^{\ominus}(T)$ 是负值
  D. $\Delta_r H_m^{\ominus}(T)$ 与反应的 $\Delta_r U_m^{\ominus}(T)$ 值不等

151. 标准摩尔生成热（焓）$\Delta_f H_m^{\ominus}$ 的定义意味着（   ）。
  A. 物质的标准摩尔生成热数据为绝对焓值
  B. 298.2K、101325Pa 下，稳定相态单质的绝对焓值为零，并随温度的变化而变化
  C. 稳定相态单质的标准摩尔生成热（焓）为常数
  D. 任意温度下稳定相态单质的标准摩尔生成热（焓）等于零

152. 某反应 A+2B ⟶ C，已知 298K 时标准摩尔反应焓 $\Delta_r H_m^{\ominus}(298K) = 80.14 \text{kJ} \cdot \text{mol}^{-1}$，$\Delta_r C_{p,m} = 0$，则 1000K 时的 $\Delta_r H_m^{\ominus}(1000K)$ 为（   ）。
  A. $\Delta_r H_m^{\ominus}(1000K) > \Delta_r H_m^{\ominus}(298K)$ B. $\Delta_r H_m^{\ominus}(1000K) < \Delta_r H_m^{\ominus}(298K)$
  C. $\Delta_r H_m^{\ominus}(1000K) = \Delta_r H_m^{\ominus}(298K)$ D. $\Delta_r H_m^{\ominus}(1000K) = 0$

153. 已知 298K 时 HCl(g) 的标准摩尔生成焓 $\Delta_f H_m^{\ominus}(298K) = -92.307 \text{kJ} \cdot \text{mol}^{-1}$，反应 Cl_2

(g)+H$_2$(g)⸺2HCl(g)的 $\Delta_r C_{p,m} = -4.53$ K^{-1}·J·mol^{-1},则在596K、10^5Pa时标准摩尔反应焓变(单位:kJ·mol^{-1})为(   )。

    A. 92.307   B. 93.675   C. −185.964   D. −1534.554

154. 已知反应 2A(g)+B(g)⸺2C(g)在400K时,其 $\Delta_r H_m^{\ominus}$(400K)=150kJ·mol^{-1},而且 A(g)、B(g)、C(g)的摩尔定压热容(J·K^{-1}·mol^{-1})分别为20、30、35,若将上述反应放在800K下进行,则上述反应的 $\Delta_r H_m^{\ominus}$(单位:kJ·mol^{-1})为(   )。

    A. 300   B. 150   C. 75   D. 0

155. 公式 $\left[\dfrac{\partial(\Delta_r H)}{\partial T}\right]_p = \Delta_r C_p$ 不适用于下列变化的是(   )。

    A. 相变化   B. 简单状态变化
    C. 化学变化   D. 相变化和化学变化

156. 1mol CO(g)和理论量的空气燃烧时,若起始温度为298K,压力为101.325kPa,已知 CO_2(g)、CO(g)的 $\Delta_f H_m^{\ominus}$ 分别为 −393.51kJ·mol^{-1}、−110.5kJ·mol^{-1},O_2(g)、CO_2(g)与 N_2(g)的 $C_{p,m}$(J·K^{-1}·mol^{-1})分别为29.36、37.13、29.12。故燃烧的最高温度为(   )。

    A. 3265K   B. 7920K   C. 2669K   D. 6530K

157. 要使一个化学反应系统在发生反应后焓值不变,必须满足的条件是(   )。

    A. 温度和热力学能都不变   B. 热力学能和体积都不变
    C. 孤立系统   D. 热力学能,压力与体积的乘积都不变

158. 已知反应 CO(g)+$\dfrac{1}{2}$O$_2$(g)⸺CO_2(g)的 $\Delta_r H_m$,下列说法中不正确的是(   )。

    A. $\Delta_r H_m$ 是 CO_2(g)的生成热   B. $\Delta_r H_m$ 是 CO(g)的燃烧热
    C. $\Delta_r H_m$ 是负值   D. $\Delta_r H_m$ 与反应 $\Delta_r U_m$ 的数值不等

第二章 热力学第二定律

1. 关于热力学第二定律,下列说法不正确的是（　　）。
   A. 第二类永动机是不可能造出来的
   B. 把热从低温物体传到高温物体,不可能不引起其他变化
   C. 一切自发过程都是热力学不可逆过程
   D. 功可以全部转化为热,但热一定不能全部转化为功

2. 自发过程(即天然过程)的基本特征是（　　）。
   A. 过程进行时不需要外界做功
   B. 系统和环境间一定有功和热的交换
   C. 过程发生后,系统和环境不可能同时恢复原态
   D. 系统能够对外界做功

3. 熵变 ΔS 是(1)不可逆过程热温商之和,(2)可逆过程热温商之和,(3)与过程无关的状态函数,(4)与过程有关的状态函数。以上说法正确的是（　　）。
   A. (1),(2)　　　　B. (2),(3)　　　　C. (2)　　　　D. (4)

4. 在绝热条件下,迅速推动活塞压缩气筒内空气,此过程的熵变（　　）。
   A. 大于零　　　　B. 小于零　　　　C. 等于零　　　　D. 无法确定

5. 在 270K、101.325kPa 下,1mol 过冷水经恒温恒压过程凝结为同样条件下的冰,则系统及环境的熵变应为（　　）。
   A. $\Delta S_{系统}<0$, $\Delta S_{环境}<0$　　　　B. $\Delta S_{系统}<0$, $\Delta S_{环境}>0$
   C. $\Delta S_{系统}>0$, $\Delta S_{环境}<0$　　　　D. $\Delta S_{系统}>0$, $\Delta S_{环境}>0$

6. 定温定压下,一定量纯物质由气态变成液态,则系统和环境的熵变为（　　）。
   A. $\Delta S_{系统}>0$, $\Delta S_{环境}<0$　　　　B. $\Delta S_{系统}<0$, $\Delta S_{环境}>0$
   C. $\Delta S_{系统}<0$, $\Delta S_{环境}=0$　　　　D. $\Delta S_{系统}>0$, $\Delta S_{环境}=0$

7. 1mol 理想气体在绝热条件下,经恒外压压缩至稳定,此变化中系统和环境的熵变为（　　）。
   A. $\Delta S_{系统}>0$, $\Delta S_{环境}>0$　　　　B. $\Delta S_{系统}<0$, $\Delta S_{环境}<0$
   C. $\Delta S_{系统}>0$, $\Delta S_{环境}=0$　　　　D. $\Delta S_{系统}<0$, $\Delta S_{环境}=0$

8. 实际气体 CO_2 经节流膨胀后,温度下降,那么系统和环境的熵变为（　　）。
   A. $\Delta S_{系统}>0$, $\Delta S_{环境}>0$　　　　B. $\Delta S_{系统}<0$, $\Delta S_{环境}>0$
   C. $\Delta S_{系统}>0$, $\Delta S_{环境}<0$　　　　D. $\Delta S_{系统}<0$, $\Delta S_{环境}=0$

9. 1mol 单原子理想气体被装在带有活塞的气缸中,温度 300K、压力 1013.25kPa,将压力突然降至 202.65kPa,使气体在 202.65kPa 定压下做绝热膨胀,则该过程的 ΔS 为（　　）。
   A. $\Delta S<0$　　　　B. $\Delta S=0$　　　　C. $\Delta S>0$　　　　D. $\Delta S \geqslant 0$

10. 根据熵增加原理,若从 $\Delta S_{系统}>0$ 判定过程一定是自发过程,那么该系统一定是（　　）。
    A. 封闭系统　　　　B. 敞开系统　　　　C. 隔离系统　　　　D. 非隔离系统

11. 系统从状态 A 变化到状态 B,有两个途径,其中途径 α 为可逆过程,途径 β 为不可逆过

程，以下关系中不正确的是（　　）。

A. $\Delta S_\alpha = \Delta S_\beta$　　　　　　　　　　B. $\Delta S_\beta = \int_A^B \left(\dfrac{\delta Q}{T}\right)_\alpha$

C. $\sum_A^B \left(\dfrac{\delta Q}{T}\right)_\alpha = \sum_A^B \left(\dfrac{\delta Q}{T}\right)_\beta$　　　D. $\Delta S_\alpha = \int_A^B \left(\dfrac{\delta Q}{T}\right)_\alpha$

12. 在一定温度下，发生变化的孤立系统，其熵值为（　　）。
    A. 不变　　　　　B. 可能增大或减小　　C. 总是减小　　D. 总是增大
13. 使一过程的 $\Delta S = 0$，应满足的条件是（　　）。
    A. 循环过程　　　　　　　　　　　B. 绝热可逆过程
    C. 循环过程，绝热可逆过程　　　　D. 任何条件下
14. 非理想气体进行绝热可逆膨胀，下述答案中正确的是（　　）。
    A. $\Delta S > 0$　　　B. $\Delta S < 0$　　　C. $\Delta S = 0$　　　D. 不一定
15. 理想气体进行绝热不可逆膨胀，下述答案中正确的是（　　）。
    A. $\Delta S > 0$　　　B. $\Delta S < 0$　　　C. $\Delta S = 0$　　　D. ΔS 的正负不一定
16. 在 1.01×10^2 kPa 下，90℃的液态水汽化为同温度的水蒸气，系统的熵值变化为（　　）。
    A. $\Delta S_{系统} > 0$　　B. $\Delta S_{系统} < 0$　　C. $\Delta S_{系统} = 0$　　D. $\Delta S_{系统}$ 的值不定
17. 理想气体卡诺循环的图为下列 4 种情况中的（　　）。

    A. 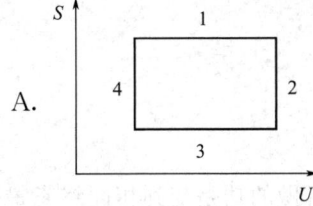　　　　　　B.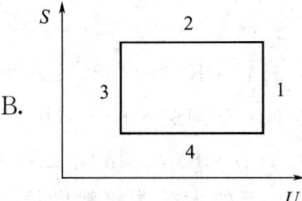

    C. 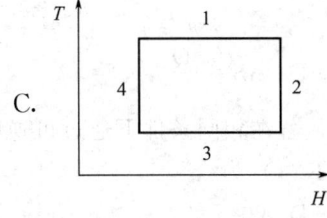　　　　　　D.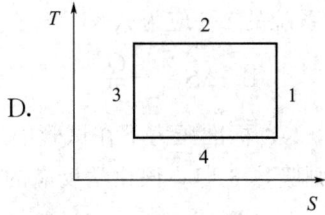

18. 在一定温度范围内，某化学反应的 $\Delta_r H_m$ 与温度无关，那么该反应的 $\Delta_r S_m$ 随温度的升高而（　　）。
    A. 升高　　　　　B. 降低　　　　　C. 不变　　　　　D. 可能升高也可能降低
19. 1mol 理想气体，从同一始态经绝热可逆压缩和绝热不可逆压缩到相同压力的终态，终态的熵分别为 S_1、S_2，则两者的关系为（　　）。
    A. $S_1 = S_2$　　　B. $S_1 < S_2$　　　C. $S_1 > S_2$　　　D. 无法确定
20. 1mol 理想气体从 p_1、V_1、T_1 分别经绝热可逆膨胀到 p_2、V_2、T_2，绝热恒外压膨胀到 p_3、V_3、T_3，若 $p_2 = p_3$，则（　　）。
    A. $T_3 = T_2$，$V_3 = V_2$，$S_3 = S_2$　　　B. $T_3 > T_2$，$V_3 < V_2$，$S_3 < S_2$
    C. $T_3 > T_2$，$V_3 > V_2$，$S_3 > S_2$　　　D. $T_3 < T_2$，$V_3 > V_2$，$S_3 < S_2$
21. 将氧气分装在同一气缸的两个气室内，其中左气室内氧气状态为 $p_1 = 101.3$ kPa，$V_1 = 2$ dm³，$T_1 = 273.2$ K；右气室内状态为 $p_2 = 101.3$ kPa，$V_2 = 1$ dm³，$T_2 = 273.2$ K；现将

气室中间的隔板抽掉，使两部分气体充分混合。此过程中氧气的熵变为（　　）。

　　A. $dS>0$　　　　B. $dS<0$　　　　C. $dS=0$　　　　D. 无法确定

22. 2mol 理想气体，在 300K 时恒温膨胀，$W_f=0$ 时体积增加一倍，则其 ΔS（单位：J·K^{-1}）为（　　）。

　　A. -5.76　　　　B. 331　　　　C. 5.76　　　　D. 11.53

23. 1mol 理想气体在温度 T 时从 $10dm^3$ 做恒温膨胀，若其熵变为 $5.76 J·K^{-1}$，其终态的体积（单位：dm^3）约为（　　）。

　　A. 181.5　　　　B. 20　　　　C. 200　　　　D. 100

24. 1mol 理想气体经绝热自由膨胀使体积增大 10 倍，则系统熵变（单位：J·K^{-1}）为（　　）。

　　A. $\Delta S=0$　　　B. $\Delta S=19.1$　　　C. $\Delta S=38.2$　　　D. $\Delta S=-19.1$

25. 3mol 冰在 273.15K、101325Pa 下变成水，已知冰的熔化热 $\Delta_{fus}H_m^{\ominus}=6024 J·mol^{-1}$，则过程的 ΔS（单位：J·K^{-1}）为（　　）。

　　A. 66.16　　　　B. 0　　　　C. -66.16　　　　D. 3.69

26. 1mol 理想气体由同一始态分别经过下列过程：(1)恒温自由膨胀使体积增加 1 倍；(2)恒温可逆膨胀使体积增加 1 倍；(3)绝热自由膨胀使体积增加 1 倍；(4)绝热可逆膨胀使体积增加 1 倍。下列结论中正确的是（　　）。

　　A. $\Delta S_1=\Delta S_2=\Delta S_3=\Delta S_4=8.314 J·K^{-1}\times \ln2$

　　B. $\Delta S_1=\Delta S_2=8.314 J·K^{-1}\times \ln2$，$\Delta S_3=\Delta S_4=0$

　　C. $\Delta S_1=\Delta S_2=\Delta S_3=8.314 J·K^{-1}\times \ln2$，$\Delta S_4=0$

　　D. $\Delta S_1=\Delta S_4=8.314 J·K^{-1}\times \ln2$，$\Delta S_2=\Delta S_3=0$

27. 理想气体与温度为 T 的大热源接触做恒温膨胀，吸热 Q，所做的功是变到相同终态最大功的 20%，则系统的 ΔS 应为（　　）。

　　A. $\Delta S=\dfrac{Q}{T}$　　B. $\Delta S=-\dfrac{Q}{T}$　　C. $\Delta S=\dfrac{Q}{5T}$　　D. $\Delta S=\dfrac{5Q}{T}$

28. 某化学反应 300 K、标准压力下在试管中进行时放热 60 kJ，若在相同条件下通过可逆电池进行反应，则吸热 6 kJ，该化学反应的熵变（单位：J·K^{-1}）为（　　）。

　　A. -200　　　　B. 200　　　　C. -20　　　　D. 20

29. 某化学反应 300 K、标准压力下在试管中进行时放热 60 kJ，若在相同条件下通过可逆电池进行反应，则吸热 6 kJ，反应在试管中进行时其环境的熵变（单位：J·K^{-1}）为（　　）。

　　A. 200　　　　B. -200　　　　C. -180　　　　D. 180

30. 某化学反应 300 K、标准压力下在试管中进行时放热 60 kJ，若在相同条件下通过可逆电池进行反应，则吸热 6kJ，该反应系统可能做的最大非膨胀功（单位：kJ）为（　　）。

　　A. 66　　　　B. -66　　　　C. -54　　　　D. 54

31. 已知金属的熔点 T_f 为 933K，熔化热 $\Delta_{fus}H_m$ 为 $10\,609 J·mol^{-1}$，若其液态和固态的摩尔恒压热容 $C_{p,m}(l)$ 及 $C_{p,m}(s)$ 分别为 $34.4 J·K^{-1}·mol^{-1}$ 及 $32.8 J·K^{-1}·mol^{-1}$，当铝从 873K 加热到 973K 时，其摩尔熵变 ΔS（单位：J·$K^{-1}·mol^{-1}$）为（　　）。

　　A. 1.46　　　　B. 5.15　　　　C. 7.20　　　　D. 14.99

32. 一理想气体在 500K 时做恒温膨胀，已求得系统的熵变 $\Delta S=10 J·K^{-1}$。若此过程中系统做功仅是最大功的 1/10，则系统从热源中吸热（单位：J）为（　　）。

    A. 5000   B. -5000 C. 500   D. -500

33. 温度 $T_1=400K$ 的巨大物体，从温度 $T_2=500K$ 的另一巨大物体吸热 1000J，若以两物体为系统，则系统的熵变（单位：$J \cdot K^{-1}$）的值为多少，该过程是否为自发过程（　　）。

    A. 0.5，否   B. -0.5，否   C. 0.5，是   D. -0.5，是

34. 在 101.325kPa 压力下，1.5mol $H_2O(l)$ 由 10℃ 升至 50℃，已知 $H_2O(l)$ 的平均摩尔定压热容为 $75.295 J \cdot K^{-1} \cdot mol^{-1}$，则此过程中系统的熵变（单位：$J \cdot K^{-1}$）为（　　）。

    A. 6.48   B. 1.8225   C. 78.94   D. 14.93

35. 在 300K 时，5mol 的理想气体由 $1dm^3$ 等温可逆膨胀到 $10dm^3$，则过程的 ΔS 为（　　）。

    A. $11.51 R$ B. $-11.51 R$ C. $2.303 R$ D. $-2.303 R$

36. 任何可逆循环的熵变化（　　）。

    A. 一定是正值   B. 一定是负值   C. 一定是零   D. 一定是温度的函数

37. 在 273K 时，将一个 $22.4dm^3$ 的盒子用隔板从中间隔开，一侧放 0.5mol 的 O_2，另一侧放 0.5mol 的 N_2，抽去隔板后，两种气体混合均匀，则总熵变（单位：$J \cdot K^{-1}$）为（　　）。

    A. 5.76   B. -5.76 C. 0   D. -2.88

38. 理想气体绝热向真空膨胀，则（　　）。

    A. $\Delta S=0$，$W=0$ B. $\Delta H=0$，$\Delta U=0$

    C. $\Delta G=0$，$\Delta H=0$ D. $\Delta U=0$，$\Delta G=0$

39. 对于孤立系统中发生的实际过程，下述答案不正确的是（　　）。

    A. $W=0$ B. $Q=0$ C. $\Delta S>0$ D. $\Delta H=0$

40. $p^{\ominus}$、273.15K 水凝结为冰，下述答案正确的是（　　）。

    A. $\Delta U=0$ B. $\Delta H=0$ C. $\Delta S=0$ D. $\Delta G=0$

41. 在绝热恒容的反应器中，H_2 和 Cl_2 反应生成 HCl，此过程中下列各状态函数的变化值为零的是（　　）。

    A. $\Delta_r U_m$ B. $\Delta_r H_m$ C. $\Delta_r S_m$ D. $\Delta_r G_m$

42. 某气体状态方程 $p(\dfrac{V}{n}-b)=RT$，式中 b 为常数，n 为物质的量，经一恒温过程，压力由 p_1 变到 p_2，则下列状态函数的变化为零的是（　　）。

    A. ΔU B. ΔH C. ΔS D. ΔG

43. 理想气体向真空膨胀，下列的值可用于判别过程的自发性的是（　　）。

    A. ΔG B. ΔS C. ΔA D. ΔH

44. 在实验室进行 $NH_4HCO_3(s)$ 加热分解时，下列结论正确的是（　　）。

    A. $\Delta U<0$ B. $\Delta H<0$ C. $\Delta S_{孤立}>0$ D. $\Delta G>0$

45. 在 373 K、101.325kPa 下，1mol 液态水蒸发为水蒸气，则下列答案正确的是（　　）。

    A. $\Delta H=0$ B. $\Delta S=0$ C. $\Delta A=0$ D. $\Delta G=0$

46. 在标准压力 $p^{\ominus}$ 下，383.15K 的水变为同温下的蒸汽，吸热 Q_p。该相变过程中，下列关系不能成立的是（　　）。

    A. $\Delta G<0$ B. $\Delta H=Q_p$ C. $\Delta S_{系统}<0$ D. $\Delta S_{系统}>0$

47. 系统经历一个不可逆循环过程后（　　）。
    A. 系统的熵增加　　　　　　　　　B. 系统吸热大于对外做的功
    C. 环境的熵一定增加　　　　　　　D. 环境的热力学能减少

48. 系统经历一不可逆过程，下列的值一定大于零的是（　　）。
    A. ΔU　　　　B. ΔH　　　　C. $\Delta S_总$　　　　D. ΔG

49. 氮气进行绝热可逆膨胀，下述答案正确的是（　　）。
    A. $\Delta U=0$　　　B. $\Delta S=0$　　　C. $\Delta A=0$　　　D. $\Delta G=0$

50. 理想气体在绝热可逆膨胀过程中（　　）。
    A. 热力学增加　　B. 熵不变　　C. 熵增大　　D. 温度不变

51. 一定量的某理想气体，节流膨胀过程中 ΔU、ΔS、ΔG 的值是（　　）。
    A. $\Delta U=0$，$\Delta S=0$，$\Delta G=0$　　　　B. $\Delta U=0$，$\Delta S>0$，$\Delta G=0$
    C. $\Delta U=0$，$\Delta S>0$，$\Delta G<0$　　　　D. $\Delta U>0$，$\Delta S>0$，$\Delta G=0$

52. 在隔离系统中发生某化学过程，使系统的温度升高、压力变大，则此过程 ΔH、ΔS、ΔA 的值是（　　）。
    A. $\Delta H>0$，$\Delta S>0$，$\Delta A>0$　　　　B. $\Delta H>0$，$\Delta S>0$，$\Delta A<0$
    C. $\Delta H<0$，$\Delta S<0$，$\Delta A<0$　　　　D. $\Delta H=0$，$\Delta S>0$，$\Delta A>0$

53. 理想气体进行恒温膨胀，下述各式中错误的是（　　）。
    A. $\Delta H=\Delta U$　　B. $\Delta A<0$　　C. $\Delta S>0$　　D. 热容 $C=0$

54. 实际气体绝热自由膨胀，ΔU 和 ΔS 的值为（　　）。
    A. $\Delta U=0$，$\Delta S>0$　　　　　　　　　B. $\Delta U<0$，$\Delta S<0$
    C. $\Delta U=0$，$\Delta S=0$　　　　　　　　　D. $\Delta U>0$，$\Delta S>0$

55. 2mol $C_2H_5OH(l)$ 在正常沸点完全变为蒸气时，下列各组量为不变的是（　　）。
    A. 热力学能，焓，系统的熵变　　　　B. 温度，总熵变，吉布斯函数
    C. 温度，总熵变，亥姆霍兹函数　　　D. 热力学能，温度，吉布斯函数

56. 若 $N_2(g)$ 和 $CO_2(g)$ 都视为理想气体，在等温等压下，1mol $N_2(g)$ 和 2mol $CO_2(g)$ 混合后不发生变化的一组热力学函数是（　　）。
    A. U，H，V　　　　　　　　　B. G，H，V
    C. S，U，G　　　　　　　　　D. A，H，S

57. 纯液体苯在其正常沸点恒温汽化，则（　　）。
    A. $\Delta_{vap}U^\ominus=\Delta_{vap}H^\ominus$，$\Delta_{vap}A^\ominus=\Delta_{vap}G^\ominus$，$\Delta_{vap}S^\ominus>0$
    B. $\Delta_{vap}U^\ominus<\Delta_{vap}H^\ominus$，$\Delta_{vap}A^\ominus<\Delta_{vap}G^\ominus$，$\Delta_{vap}S^\ominus>0$
    C. $\Delta_{vap}U^\ominus>\Delta_{vap}H^\ominus$，$\Delta_{vap}A^\ominus>\Delta_{vap}G^\ominus$，$\Delta_{vap}S^\ominus<0$
    D. $\Delta_{vap}U^\ominus<\Delta_{vap}H^\ominus$，$\Delta_{vap}A^\ominus<\Delta_{vap}G^\ominus$，$\Delta_{vap}S^\ominus<0$

58. 有一个化学反应，在低温下可自发进行，随温度的升高，自发倾向降低，该反应 $\Delta_r S$、$\Delta_r H$ 的值为（　　）。
    A. $\Delta_r S>0$，$\Delta_r H>0$　　　　　　　B. $\Delta_r S>0$，$\Delta_r H<0$
    C. $\Delta_r S<0$，$\Delta_r H>0$　　　　　　　D. $\Delta_r S<0$，$\Delta_r H<0$

59. 1mol 理想气体由同一始态开始分别经（1）可逆绝热膨胀；（2）不可逆绝热膨胀至相同终态体积，下列答案正确的是（　　）。
    A. $\Delta U_1>\Delta U_2$，$\Delta S_1>\Delta S_2$　　　　B. $\Delta U_1=\Delta U_2$，$\Delta S_1>\Delta S_2$

C. $\Delta U_1 > \Delta U_2$，$\Delta S_1 = \Delta S_2$　　　　　　D. $\Delta U_1 < \Delta U_2$，$\Delta S_1 < \Delta S_2$

60. 在隔离系统中发生某剧烈化学反应，使系统的温度及压力皆明显升高，下列答案正确的是（　　）。
    A. $\Delta_r S>0$，$\Delta_r U=0$，$\Delta_r H>0$，$\Delta_r A<0$　　B. $\Delta_r S=0$，$\Delta_r U=0$，$\Delta_r H>0$，$\Delta_r A<0$
    C. $\Delta_r S>0$，$\Delta_r U<0$，$\Delta_r H=0$，$\Delta_r A<0$　　D. $\Delta_r S=0$，$\Delta_r U=0$，$\Delta_r H<0$，$\Delta_r A<0$

61. 下面诸过程中有可能实现的是（　　）。
    A. $\Delta G_{T,p,W_f=0}>0$　　　　　　　　　　B. $\Delta S_{系统}+\Delta S_{环境}<0$
    C. $\Delta A_T < W$　　　　　　　　　　　　　D. $\Delta A_{T,V} > W_f$

62. 理想气体向真空膨胀时，下列答案正确的是（　　）。
    A. $\Delta U=0$，$\Delta S=0$，$\Delta G=0$　　　　　B. $\Delta U>0$，$\Delta S>0$，$\Delta G>0$
    C. $\Delta U<0$，$\Delta S<0$，$\Delta G<0$　　　　　D. $\Delta U=0$，$\Delta S>0$，$\Delta G<0$

63. 在恒温恒压不做非体积功的情况下，下列过程肯定可以自发进行的是（　　）。
    A. $\Delta H>0$，$\Delta S=0$　　　　　　　　　　B. $\Delta H>0$，$\Delta S<0$
    C. $\Delta H<0$，$\Delta S>0$　　　　　　　　　　D. $\Delta H<0$，$\Delta S<0$

64. 在100℃、101.325kPa下有1mol的$H_2O(l)$，与100℃的大热源接触并使其向真空中蒸发变为100℃、101.325kPa的$H_2O(g)$，对于这一过程可以用来判断过程方向的是（　　）。
    A. $\Delta S_{系}$　　　　B. $\Delta S_{系}+\Delta S_{环}$　　　　C. ΔG　　　　D. $\Delta S_{环}$

65. 在25℃和标准压力下，把铅和醋酸铜溶液的反应设计在可逆电池中进行，可得电功91.84kJ，电池吸热213.6kJ，该过程$\Delta_r U$，$\Delta_r S$，$\Delta_r A$，$\Delta_r G$的值为（　　）。

	$\Delta_r U$/kJ	$\Delta_r S$/J·K^{-1}	$\Delta_r A$/kJ	$\Delta_r G$/kJ
A.	−121.8	0.7168	91.84	91.84
B.	305.4	716.8	91.84	91.84
C.	121.8	0.7168	91.84	91.84
D.	305.4	0.7168	91.84	91.84

66. 理想气体在自由膨胀过程中，下面各组热力学函数变化值不为零的是（　　）。
    A. ΔU，ΔH，ΔS，ΔV　　　　　　　　B. ΔS，ΔA，ΔV，ΔG
    C. ΔT，ΔG，ΔS，ΔV　　　　　　　　D. ΔU，ΔA，ΔH，ΔV

67. 一个已充电的蓄电池以1.8V输出电压放电后，用2.2V电压充电使其回复原状，则总过程中下列答案正确的是（　　）。
    A. $Q<0$，$W>0$，$\Delta S>0$，$\Delta G<0$　　　　B. $Q<0$，$W<0$，$\Delta S<0$，$\Delta G<0$
    C. $Q>0$，$W>0$，$\Delta S=0$，$\Delta G=0$　　　　D. $Q<0$，$W>0$，$\Delta S=0$，$\Delta G=0$

68. 等容等熵条件下，过程自发进行时，下列关系一定成立的是（　　）。
    A. $\Delta G<0$　　　　B. $\Delta A<0$　　　　C. $\Delta H<0$　　　　D. $\Delta U<0$

69. 在一绝热的气缸（活塞也绝热）中有1mol理想气体，其始态为p_1，V_1，T_1经可逆膨胀到p_2，V_2，T_2，再恒外压将气体压缩至$V_3=V_1$的终态，则整个过程的W、ΔH、ΔS为（　　）。
    A. $W>0$，$\Delta H>0$，$\Delta S>0$　　　　　　　B. $W<0$，$\Delta H<0$，$\Delta S<0$
    C. $W=0$，$\Delta H>0$，$\Delta S=0$　　　　　　　D. $W=0$，$\Delta H<0$，$\Delta S=0$

70. 在隔离系统中发生一自发过程，则系统的ΔG为（　　）。

A. $\Delta G=0$ B. $\Delta G>0$ C. $\Delta G<0$ D. 不能判定

71. 1mol 理想气体经一恒温可逆压缩过程，则该过程 ΔG 与 ΔA 的关系为（   ）。
    A. $\Delta G>\Delta A$ B. $\Delta G<\Delta A$ C. $\Delta G=\Delta A$ D. ΔG 与 ΔA 无法进行比较

72. 在下列过程中，$\Delta G=\Delta A$ 的是（   ）。
    A. 液体恒温蒸发   B. 气体绝热可逆膨胀
    C. 理想气体在恒温下混合   D. 恒温恒压下的化学反应

73. 在一定温度压力下，对于一个化学反应，下列能用来判断其反应方向的是（   ）。
    A. $\Delta_r G_m^{\ominus}$ B. $K^{\ominus}$ C. $\Delta_r G_m$ D. $\Delta_r A_m$

74. 一定量的某理想气体，节流膨胀过程的 ΔG（   ）。
    A. 大于零   B. 等于零   C. 小于零   D. 无法确定

75. 吉布斯自由能的含义应该是（   ）。
    A. 系统能对外做非体积功的能量
    B. 按定义理解 $G=H-TS$
    C. 在可逆条件下系统能对外做非体积功的能量
    D. 恒温恒压可逆条件下系统能对外做非体积功的能量

76. 欲使一个过程的 $\Delta G=0$，应满足的条件是（   ）。
    A. 恒温恒压且只做膨胀功的可逆过程   B. 恒温绝热且只做膨胀功的过程
    C. 可逆绝热过程   D. 恒温恒容且只做膨胀功的可逆过程

77. 一定量组成一定的均相系统，无非体积功且定温时，其吉布斯函数随压力的增大而（   ）。
    A. 增大   B. 减小   C. 不变   D. 无法确定

78. 最大功原理适用于下列过程的是（   ）。
    A. 恒温过程   B. 绝热过程   C. 恒压过程   D. 恒容过程

79. 恒温过程中系统对外做功的绝对值（   ）。
    A. 可以大于系统亥姆霍兹自由能降低的绝对值
    B. 可以等于系统亥姆霍兹自由能降低的绝对值
    C. 等于系统恒温恒压过程中吉布斯自由能降低的绝对值
    D. 不能大于系统亥姆霍兹自由能降低的绝对值

80. 在298K 时，反应 $6C(石墨)+3H_2(g)\Longrightarrow C_6H_6(g)$ 的 $\Delta_r H^{\ominus}=2.84$kJ，$\Delta_r S^{\ominus}=76.8$ J·K^{-1}，则该反应的 $\Delta_r G^{\ominus}$（单位：kJ）为（   ）。
    A. -20 B. 20   C. 22.88   D. -22.88

81. 1mol 理想气体在273K 时从 $1p^{\ominus}$ 恒温可逆膨胀到 $0.1p^{\ominus}$，则过程的 ΔG 为（   ）。
    A. 1249J·mol^{-1} B. 5226J·K^{-1}·mol^{-1}
    C. 5226 cal   D. -5226 J

82. 1mol 理想气体在300K，从 1×10^5Pa 恒温膨胀到压力为 1×10^4Pa，则过程的 ΔG（单位：J）为（   ）。
    A. -19.14 B. -5743 C. 5743   D. 19.14

83. 1mol $N_2(g)$（可视为理想气体），在始态 $p_1=101325$Pa，$T_1=298$K，熵 $S_1=191.5$ J·K^{-1} 经绝热可逆膨胀，温度降到 $-40℃$，过程的 ΔG（单位：J）为（   ）。
    A. 10556   B. 11097   C. 14340   D. 13799

84. 298.2K，$p^\ominus$下，反应 $H_2(g)+\frac{1}{2}O_2(g)=\!=\!=H_2O(l)$ 的 $\Delta_r G_m$ 和 $\Delta_r A_m$ 的差值（单位：J·mol^{-1}）为（　　）。

   A. 1239　　　　B. -3719　　　　C. 2477　　　　D. 3719

85. 在爆炸反应中，可以用来判断过程方向的状态函数为（　　）。

   A. 熵　　　　　　　　　　　　B. 吉布斯函数
   C. 亥姆霍兹函数　　　　　　　D. 以上三者都不适用

86. $dG=-SdT+Vdp$ 适用的条件是（　　）。

   A. 理想气体　　　　　　　　　B. 恒温恒压
   C. 封闭系统　　　　　　　　　D. 除膨胀功外无其它功的封闭系统

87. 对于只做膨胀功的封闭系统的 $\left(\dfrac{\partial A}{\partial T}\right)_V$ 值是（　　）。

   A. 大于零　　　B. 小于零　　　C. 等于零　　　D. 不确定

88. 热力学基本方程 $dG=-SdT+Vdp$ 可适用于下列过程的是（　　）。

   A. 298K，标准状况的水蒸发过程　　B. 理想气体向真空膨胀
   C. 电解水制取氢　　　　　　　　　D. $N_2+3H_2=\!=\!=2NH_3$ 未达平衡

89. 对封闭的单组分均相系统，$W_f=0$ 时，$\left(\dfrac{\partial G}{\partial p}\right)_T$ 的值应是（　　）。

   A. 小于零　　　B. 大于零　　　C. 等于零　　　D. 无法判断

90. 在热力学基本方程式的使用条件中，下列条件中可不要的是（　　）。

   A. 不做非体积功的封闭系统　　　B. 过程必须可逆
   C. 为双变量系统　　　D. 若有相变化与化学变化，则必须达到相平衡及化学平衡

91. 对 1mol 理想气体，其 $\left(\dfrac{\partial S}{\partial p}\right)_T$ 为（　　）。

   A. R　　　　B. 零　　　　C. $\dfrac{R}{V}$　　　　D. $-\dfrac{R}{p}$

92. 熵是混乱度（热力学微观状态数或热力学概率）的量度，下列结论中不正确的是（　　）。

   A. 同一种物质 $S(g)>S(l)>S(s)$　　　B. 同种物质温度越高熵值越大
   C. 分子内含原子数越多熵值越大　　　D. 0K 时任何纯物质的熵值都等于零

93. 下列关于物质规定熵和标准熵不正确的是（　　）。

   A. 物质在标准状况下的规定熵也叫标准熵
   B. 存在稳定单质，完美晶体其规定熵值等于零
   C. 物质的规定熵并不是该物质熵的绝对值
   D. 恒温下物质的标准熵是不随压力变化的

94. 关于熵的概念，下列说法正确的是（　　）。

   A. 构成平衡的两相的物质摩尔熵相等
   B. 绝热过程中系统的熵值不变
   C. 恒温过程中 $\Delta S=\dfrac{Q}{T}$
   D. 任何实际过程中系统的熵变都不能小于热温商的和

95. 下列说法错误的是（   ）。

　　A. 当 $T \to 0K$ 时，物质的熵不一定等于零

　　B. 第三定律与第一、第二定律不同，它不是在实践的基础上提出来的

　　C. 当温度趋于热力学零度时，并非任何化学反应的熵变趋于零

　　D. 物质的规定熵不是该状况下熵的绝对值

第三章 多组分系统热力学及其在溶液中的应用

1. 0.288g 某溶质溶于 15.2g 己烷(C_6H_{14})中，所得溶液为 $0.221\text{mol} \cdot \text{kg}^{-1}$，该溶质的相对分子质量为（   ）。
   A. 85.7　　　　　B. 18.9　　　　　C. 46　　　　　D. 96

2. 若 35.0% $HClO_4$ 水溶液的密度为 $1.251\text{g} \cdot \text{cm}^{-3}$，则其浓度（单位：$\text{mol} \cdot \text{dm}^{-3}$）和质量摩尔浓度（单位：$\text{mol} \cdot \text{kg}^{-1}$）分别为（   ）。
   A. 5.35，4.35　　B. 13，2.68　　C. 4.35，5.35　　D. 2.68，3

3. $1.50\text{mol} \cdot \text{dm}^{-3}$ HNO_3 溶液的密度 $\rho=1.049\text{g} \cdot \text{cm}^{-3}$，则其质量摩尔浓度（单位：$\text{mol} \cdot \text{kg}^{-1}$）为（   ）。
   A. 3.01　　　　　B. 1.73　　　　　C. 1.57　　　　　D. 1.66

4. 已知湖水中含有 $0.025\text{mol} \cdot \text{dm}^{-3}$ Ca^{2+}，湖水的平均密度为 $1.002\text{g} \cdot \text{cm}^{-3}$，计算湖水中含有的（$\mu\text{g} \cdot \text{g}^{-1}$）钙（Ca 的原子摩尔质量为 $40.08\text{g} \cdot \text{mol}^{-1}$）为（   ）。
   A. 500　　　　　B. 200　　　　　C. 1000　　　　　D. 1200

5. 若 $NH_3 \cdot H_2O$ 的质量摩尔浓度为 $m(\text{mol} \cdot \text{kg}^{-1})$，密度为 $\rho(\text{g} \cdot \text{cm}^{-3})$，则 $NH_3 \cdot H_2O$ 的质量分数(%)为（   ）。
   A. $\dfrac{35m}{10\rho}$　　B. $\dfrac{35m}{1000+35m}$　　C. $\dfrac{35m}{1000}$　　D. $\dfrac{35m}{10}$

6. 氨水的浓度为 $c(\text{mol} \cdot \text{dm}^{-3})$，密度为 $\rho(\text{g} \cdot \text{cm}^{-3})$，其质量摩尔浓度($\text{mol} \cdot \text{kg}^{-1}$)为（   ）。
   A. $\dfrac{1000c}{1000\rho-17c}$　　B. $\dfrac{17c}{1000-17c}$　　C. $\dfrac{1000c\rho}{1000-17c}$　　D. $\dfrac{1000c}{1000\rho-35c}$

7. 密度为 $\rho(\text{g} \cdot \text{cm}^{-3})$ 的氨水中氨的摩尔分数为 x，其质量摩尔浓度($\text{mol} \cdot \text{kg}^{-1}$)为（   ）。
   A. $\dfrac{1000x}{17x+18(1-x)}$　　B. $\dfrac{1000x}{18(1-x)}$
   C. $\dfrac{1000x}{35+18(1-x)}$　　D. $\dfrac{1000x\rho}{18(1-x)}$

8. 密度为 $\rho(\text{g} \cdot \text{cm}^{-3})$ 的氨水中氨的摩尔分数为 x，氨的物质的量浓度($\text{mol} \cdot \text{dm}^{-3}$)为（   ）。
   A. $\dfrac{1000x}{18(1-x)}$　　B. $\dfrac{1000x}{17x+18(1-x)}$
   C. $\dfrac{1000x\rho}{17x+18(1-x)}$　　D. $\dfrac{1000x\rho}{35+18(1-x)}$

9. 273.15K、101325Pa 下，1dm^3 水中能溶解 49mol 的氧或 23.5mol 氮，在标准情况下，1dm^3 水中能溶解空气的量（单位：mol）为（   ）。
   A. 25.5　　　　　B. 28.6　　　　　C. 96　　　　　D. 72.5

10. 已知乙醇和苯的密度分别为 $0.800\text{g} \cdot \text{cm}^{-3}$ 和 $0.900\text{g} \cdot \text{cm}^{-3}$，若将 57.5mL 乙醇与

600mL 苯互溶,则该溶液中乙醇的质量摩尔浓度(mol·kg^{-1})为（　　）。
A. 1.85　　　　　B. 85.2　　　　　C. 18.5　　　　　D. 8.52

11. 若使 CO_2 在水中的溶解度最大,应选择的条件是（　　）。
A. 高温高压　　　B. 低温高压　　　C. 低温低压　　　D. 高温低压

12. 定义偏摩尔量时规定的条件是（　　）。
A. 恒温恒压　　　　　　　　　　　B. 恒熵恒压
C. 恒温恒压,溶液浓度不变　　　　D. 恒温,溶液浓度不变

13. 关于偏摩尔量,下列说法中正确的是（　　）。
A. 偏摩尔量的绝对值都可求出　　　　B. 系统的容量性质才有偏摩尔量
C. 同一系统的各个偏摩尔量之间彼此无关　　D. 没有热力学过程就没有偏摩尔量

14. 对于偏摩尔量,下列说法①偏摩尔量必须有恒温恒压条件;②偏摩尔量不随各组分浓度的变化而变化;③偏摩尔量不随温度 T 和压力 p 的变化而变化;④偏摩尔量不但随温度 T、压力 p 的变化而变化,而且也随各组分浓度变化而变化,错误的是（　　）。
A. ②④　　　　　B. ③④　　　　　C. ②③　　　　　D. ①④

15. 1mol A 与 n(mol)B 组成的溶液,体积为 $0.65 dm^3$,当 $x_B = 0.8$ 时,A 的偏摩尔体积为 $0.090 dm^3 \cdot mol^{-1}$,那么 B 的偏摩尔体积(单位：$dm^3 \cdot mol^{-1}$)为（　　）。
A. 0.140　　　　B. 0.072　　　　C. 0.028　　　　D. 0.010

16. 定温、定压下,A 和 B 组成的均相系统,若 A 的偏摩尔热力学能随系统组成的改变而增加时,则 B 的偏摩尔热力学能的变化将（　　）。
A. 增加　　　　　B. 减少　　　　　C. 不变　　　　　D. 无法确定

17. 下列各式表示偏摩尔量的是（　　）。
A. $\left(\dfrac{\partial U}{\partial n_i}\right)_{T,p,n}$ 　　　　　　　　B. $\left(\dfrac{\partial H}{\partial n_i}\right)_{T,V,n}$
C. $\left(\dfrac{\partial A}{\partial n_i}\right)_{T,V,n}$ 　　　　　　　　D. $\left(\dfrac{\partial \mu}{\partial n_i}\right)_{T,p,n}$

18. 关于偏摩尔量,下面的叙述中不正确的是（　　）。
A. 偏摩尔量的数值可以是正数、负数和零
B. 溶液中每一种广度性质都有偏摩尔量,而且都不等于其摩尔量
C. 除偏摩尔吉布斯自由能外,其他偏摩尔量都不等于化学势
D. 溶液中各组分的偏摩尔量之间符合吉布斯-杜亥姆关系式

19. 恒温时,B 溶解于 A 中形成溶液。若纯 B 的摩尔体积大于溶液中 B 的偏摩尔体积,则增加压力将使 B 在 A 中的溶解度（　　）。
A. 增大　　　　　B. 减小　　　　　C. 不变　　　　　D. 变化不确定

20. 下列不属于偏摩尔量的是（　　）。
A. $U_B = \left(\dfrac{\partial U}{\partial n_B}\right)_{T,p,n_C(C \neq B)}$ 　　　　B. $H_B = \left(\dfrac{\partial H}{\partial n_B}\right)_{T,p,n_C(C \neq B)}$
C. $S_B = \left(\dfrac{\partial S}{\partial n_B}\right)_{T,p,n_C(C \neq B)}$ 　　　　D. $A_B = \left(\dfrac{\partial A}{\partial n_B}\right)_{Y,V,n_C(C \neq B)}$

21. 某物质溶于互不相溶的两液相 α 和 β 中,该物质在 α 相以 A 的形式存在,在 β 相以 A_2 的形式存在,则恒温、恒压下,两相平衡时,下列答案正确的是（　　）。
A. $\mu_\alpha(A) = \mu_\beta(A_2)$ 　　　　　　　B. $\mu_\alpha(A) = 2\mu_\beta(A_2)$

C. $2\mu_\alpha(A)=\mu_\beta(A_2)$ D. 二者无确定关系

22. 下列各式中是化学势的为（　　）。

    A. $\left(\dfrac{\partial U}{\partial n_i}\right)_{T,V,n}$ B. $\left(\dfrac{\partial H}{\partial n_i}\right)_{T,V,n}$ C. $\left(\dfrac{\partial A}{\partial n_i}\right)_{T,V,n}$ D. $\left(\dfrac{\partial G}{\partial n_i}\right)_{T,V,n}$

23. 糖可以顺利溶解在水中，固体糖的化学势与糖水中糖的化学势相比（　　）。

    A. 前者高于后者 B. 前者低于后者 C. 二者相等 D. 不可比较

24. 重结晶制取纯盐的过程中，析出的 NaCl 固体的化学势与母液中 NaCl 的化学势相比（　　）。

    A. 前者高于后者 B. 前者低于后者 C. 二者相等 D. 不可比较

25. 过饱和溶液中溶质的化学势与纯溶质的化学势相比（　　）。

    A. 前者高于后者 B. 前者低于后者 C. 二者相等 D. 不可比较

26. 过饱和溶液中溶剂的化学势与纯溶剂的化学势相比（　　）。

    A. 前者高于后者 B. 前者低于后者 C. 二者相等 D. 不可比较

27. 溶液中组分 A 的化学势与纯组分 B 的化学势相比（　　）。

    A. 前者高于后者 B. 前者低于后者 C. 二者相等 D. 不可比较

28. 在一定 T、p 下，A(l) 和 B(l) 相互部分互溶而构成 α 和 β 两相，物质 A 由 α 相自发向 β 相转移的条件为（　　）。

    A. $\mu_A^\alpha>\mu_A^\beta$ B. $\mu_A^\alpha=\mu_A^\beta$ C. $\mu_A^\alpha<\mu_A^\beta$ D. 无法确定

29. 从多孔硅胶的强烈吸水性能说明在多孔硅胶的吸水过程中，自由水分子与吸附到硅胶表面的水分子比较，两者化学势的高低为（　　）。

    A. 前者高 B. 前者低 C. 相等 D. 不可比较

30. 单组分过冷液体的化学势与固体的化学势比较（　　）。

    A. 前者比后者高 B. 前者比后者低 C. 二者相等 D. 不可比较

31. 已知水的六种状态：①100℃，$p^\ominus$，$H_2O(l)$；②99℃，$2p^\ominus$，$H_2O(g)$；③100℃，$2p^\ominus$，$H_2O(l)$；④100℃，$2p^\ominus$，$H_2O(g)$；⑤101℃，$p^\ominus$，$H_2O(l)$；⑥101℃，$p^\ominus$，$H_2O(g)$。它们的化学势高低顺序是（　　）。

    A. $\mu_2>\mu_4>\mu_3>\mu_1>\mu_5>\mu_6$ B. $\mu_6>\mu_5>\mu_4>\mu_3>\mu_2>\mu_1$
    C. $\mu_4>\mu_5>\mu_3>\mu_1>\mu_2>\mu_6$ D. $\mu_1>\mu_2>\mu_4>\mu_3>\mu_6>\mu_5$

32. 下列 4 种状态，纯水的化学势最大的是（　　）。

    A. 373.15K，101325Pa $H_2O(l)$ 的化学势 μ_1
    B. 373.15K，101325Pa $H_2O(g)$ 的化学势 μ_2
    C. 373.15K，202650Pa $H_2O(l)$ 的化学势 μ_3
    D. 373.15K，202650Pa $H_2O(g)$ 的化学势 μ_4

33. 在 373K 和 101.325kPa 下，水的化学势 μ_l 和水蒸气的化学势 μ_g 的关系是（　　）。

    A. $\mu_l>\mu_g$ B. $\mu_l<\mu_g$ C. $\mu_l=\mu_g$ D. 不能确定

34. 真实气体的标准态是（　　）。

    A. $f=p^\ominus$ 的真实气体 B. $p=p^\ominus$ 的真实气体
    C. $f=p^\ominus$ 的理想气体 D. $p=p^\ominus$ 的理想气体

35. 对于混合理想气体中的组分 i，其物质的量 n_i 应为（　　）。

    A. $n_i=\dfrac{p_总 V_总}{RT}$ B. $n_i=\dfrac{p_i V_总}{RT}$ C. $n_i=\dfrac{p_总 V_i}{RT}$ D. $n_i=\dfrac{p_i V_i}{RT}$

36. 在恒定温度与压力 p 下，理想气体 A 与 B 混合后，下列说法中(1)A 气体的标准态化学势不变；(2)B 气体的化学势不变；(3)当 A 气体的分压为 p_A 时，其化学势的改变量为 $\Delta\mu_A = RT\ln\dfrac{p_A}{p^{\ominus}}$；(4) 当 B 气体的分压为 p_B 时，其化学势的改变量为 $\Delta\mu_B = -RT\ln\dfrac{p_B}{p^*}$，正确的是（ ）。

    A. (1)，(2)   B. (1)，(3)   C. (2)，(4)   D. (3)，(4)

37. 在 298K 时，A 和 B 两种气体在某一溶剂中溶解的亨利常数分别为 k_A 和 k_B，且知 $k_A > k_B$，则当 A 和 B 压力(平衡时的)相同时，在该溶剂中所溶解量是（ ）。

    A. A 的量大于 B 的量   B. A 的量小于 B 的量
    C. A 的量等于 B 的量   D. A 的量与 B 的量无法比较

38. 在恒温抽空的玻璃罩中封入两杯液面相同的糖水(a)和纯水(b)，经历若干时间后，两杯液面的高度将是（ ）。

    A. a 杯高于 b 杯   B. a 杯等于 b 杯   C. a 杯低于 b 杯   D. 视温度而定

39. 25℃时，$CH_4(g)$ 在 $H_2O(l)$ 和 $C_6H_6(l)$ 中的亨利系数分别为 4.18×10^9 Pa 和 57×10^6 Pa，则在相同的平衡气相分压 $p(CH_4)$ 下，CH_4 在水中与在苯中的平衡组成关系为（ ）。

    A. $x(CH_4,水) > x(CH_4,苯)$ B. $x(CH_4,水) < x(CH_4,苯)$
    C. $x(CH_4,水) = x(CH_4,苯)$ D. 无法确定

40. 下列关于亨利定律的几点说明中，错误的是（ ）。

    A. 溶质在气相和在溶剂中的分子形态必须相同
    B. 溶质必须是非挥发性的
    C. 温度愈高或压力愈低，溶液愈稀，亨利定律愈准确
    D. 对于混合气体，在总压力不太大时，亨利定律能分别适用于每一种气体，与其他气体的分压无关

41. 关于亨利定律 $p = k_x x$ 中，下列说法中不正确的是（ ）。

    A. 溶液中所溶解的气体分子必须同液面上的该气体分子状态相同时，才能应用亨利定律
    B. k_x 是一个实验常数，与溶剂、溶液和外界条件有关
    C. p 是液面上的平衡压力
    D. 由 $p = k_x x$ 可证明，定温下溶解于某一液体的某气体其溶解的体积与其平衡分压有关

42. 下面诸式，与拉乌尔定律无关的是（ ）。

    A. $f_A = f_A^* x_A$ B. $\dfrac{p_A^* - p_A}{p_A^*} = x_B$ C. $p_A = p_A^* a_A$ D. $p_A = p x_A$

43. 25℃时，$H_2(g)$ 和 $O_2(g)$ 在水中的亨利常数为：$k_{x,H_2} = 7.12\times10^9$ Pa，$k_{x,O_2} = 4.40\times10^9$ Pa，在相同温度、压力下，它们在水中的溶解度为（ ）。

    A. $x_{H_2} > x_{O_2}$ B. $x_{H_2} < x_{O_2}$ C. $x_{H_2} = x_{O_2}$ D. 无法比较

44. 下列关于亨利系数的讨论中，不正确的是（ ）。

    A. 其值因溶液组成表示方法不同而异   B. 其值与温度有关
    C. 其值与溶质溶剂的性质均有关   D. 其值与溶质的活度有关

45. 25℃时，A 与 B 两种气体的亨利常数关系为 $k_A > k_B$，将 A 与 B 同时溶解在某溶剂中达到溶解平衡，若气相中 A 与 B 的平衡分压相同，那么溶液中 A、B 的浓度关系为

( )。

A. $m_A < m_B$　　　　B. $m_A > m_B$　　　　C. $m_A = m_B$　　　　D. 无法确定

46. 关于亨利系数，下面说法中正确的是（　　）。

    A. 其值与温度、浓度和压力有关
    B. 其值只与温度、溶质性质和浓度标度有关
    C. 其值与溶剂性质、温度和浓度大小有关
    D. 其值与温度、溶剂和溶质的性质及浓度标度等因素都有关

47. 已知在 373K 时液体 A 的饱和蒸气压为 6.6662×10^4 Pa，液体 B 的饱和蒸气压为 1.01325×10^5 Pa，设 A 和 B 形成理想液态混合物，则当 A 在溶液中的摩尔分数为 0.5 时，A 在气相的摩尔分数应为（　　）。

    A. 0.200　　　　B. 0.300　　　　C. 0.397　　　　D. 0.603

48. 已知 373K 时，液体 A 的饱和蒸气压为 5×10^4 Pa，液体 B 的饱和蒸气压为 10^5 Pa，A 和 B 构成理想液态混合物，当 A 在溶液中的摩尔分数为 0.5 时，气相中 B 的摩尔分数为（　　）。

    A. $\dfrac{1}{1.5}$　　　　B. $\dfrac{1}{2}$　　　　C. $\dfrac{1}{2.5}$　　　　D. $\dfrac{1}{3}$

49. 在一定温度、压力下，A 和 B 形成理想液态混合物，平衡时液相中的摩尔分数 $x_A : x_B = 5$，与溶液成平衡的气相中 A 的摩尔分数 $y_A = 0.5$，则 A、B 的饱和蒸气压之比为（　　）。

    A. 5　　　　B. 1　　　　C. 0.2　　　　D. 0.5

50. 323K 时，液体 A 的饱和蒸气压是液体 B 的饱和蒸气压的 3 倍，A、B 两液体形成理想液态混合物，汽液平衡时，在液相中 A 的摩尔分数为 0.5，则气相中 B 的摩尔分数为（　　）。

    A. 0.15　　　　B. 0.25　　　　C. 0.5　　　　D. 0.65

51. 苯和甲苯形成理想液态混合物。20℃时，苯(1)的饱和蒸气压 p_1 为 74.7 mmHg❶；甲苯(2)的饱和蒸气压 p_2 为 22.3 mmHg。在 20℃ 时，与等物质的量苯和甲苯的混合液呈平衡的蒸气中苯的摩尔分数 y_1 是（　　）。

    A. 1　　　　B. 0.3　　　　C. 0.23　　　　D. 0.77

52. 由 2mol A 和 2mol B 形成理想液态混合物，$p_A^* = 90$ kPa，$p_B^* = 30$ kPa，则气相摩尔分数之比 $y_A : y_B$ 为（　　）。

    A. 3 : 1　　　　B. 4 : 1　　　　C. 6 : 1　　　　D. 8 : 1

53. 对于理想液态混合物，下列偏微商小于零的是（　　）。

    A. $\left[\dfrac{\partial (\Delta_{mix} A_m)}{\partial T}\right]_V$　　　　B. $\left[\dfrac{\partial (\Delta_{mix} S_m)}{\partial T}\right]_p$

    C. $\left[\dfrac{\partial \left(\dfrac{\Delta_{mix} G_m}{T}\right)}{\partial T}\right]_p$　　　　D. $\left[\dfrac{\partial (\Delta_{mix} G_m)}{\partial p}\right]_T$

54. 苯和甲苯能形成理想液态混合物，20℃时，当 1mol 苯和 1mol 甲苯混合时，该过程所对应的 ΔG（单位：J）是（　　）。

    A. -3377　　　　B. 3377　　　　C. 0　　　　D. -3434

---

❶ 1mmHg = 133.322Pa。

55. 二组分理想液态混合物的蒸气总压（   ）。
    A. 与液体的组分无关   B. 介于二组分的蒸气压之间
    C. 大于任一纯组分的蒸气压 D. 小于任一纯组分的蒸气压

56. 理想液态混合物通性是（   ）。
    A. $\Delta_{mix}V=0$，$\Delta_{mix}H=0$，$\Delta_{mix}S>0$，$\Delta_{mix}G<0$
    B. $\Delta_{mix}V<0$，$\Delta_{mix}H<0$，$\Delta_{mix}S<0$，$\Delta_{mix}G=0$
    C. $\Delta_{mix}V>0$，$\Delta_{mix}H>0$，$\Delta_{mix}S=0$，$\Delta_{mix}G=0$
    D. $\Delta_{mix}V>0$，$\Delta_{mix}H>0$，$\Delta_{mix}S<0$，$\Delta_{mix}G>0$

57. 40℃时纯液体 A 的饱和蒸气压是纯液体 B 的 21 倍，且 A 和 B 能形成理想液态混合物。若气相中 A 和 B 的摩尔分数相等，则液相中 A 和 B 的摩尔分数之比 $x_A:x_B$ 应为（   ）。
    A. $x_A:x_B=1:21$ B. $x_A:x_B=21:1$
    C. $x_A:x_B=22:21$ D. $x_A:x_B=1:22$

58. 关于理想液态混合物，下列说法中不正确的是（   ）。
    A. 组成理想液态混合物的几种物质，化学结构和物理结构性能十分接近
    B. 理想液态混合物中各种微粒间的相互作用力可忽略不计
    C. 理想液态混合物中各种物质的分子从溶液中逸出难易程度和纯态一样
    D. 恒温恒压下，由纯组分组成理想液态混合物的过程中既不吸热也不放热

59. （1）溶液的化学势等于溶液中各组分的化学势之和；（2）对于纯组分，化学势等于其 Gibbs 自由能；（3）理想液态混合物各组分在其全部浓度范围内服从 Henry 定律；（4）理想液态混合物各组分在其全部浓度范围内服从 Raoult 定律。上述诸说法正确的是（   ）。
    A. (1),(2)   B. (2),(3)   C. (2),(4)   D. (3),(4)

60. 298K，标准压力下，苯和甲苯形成理想液态混合物，第一份的体积为 2dm³，苯的摩尔分数为 0.25，化学势为 μ_1；第二份的体积为 1dm³，苯的摩尔分数为 0.5，化学势为 μ_2，二者的关系为（   ）。
    A. $\mu_1>\mu_2$ B. $\mu_1<\mu_2$ C. $\mu_1=\mu_2$ D. 不确定

61. A 和 B 二组分在恒温、恒压下混合形成理想液态混合物时，下列答案中正确的是（   ）。
    A. $\Delta_{mix}H=0$ B. $\Delta_{mix}S=0$ C. $\Delta_{mix}A=0$ D. $\Delta_{mix}G=0$

62. 恒温、恒压下，1mol C_6H_6 与 1mol $C_6H_5CH_3$ 形成理想液态混合物，现要将两种组分完全分离成纯组分，则最少需要非体积功的数值是（   ）。
    A. $RT\ln 0.5$ B. $2RT\ln 0.5$ C. $-2RT\ln 0.5$ D. $-RT\ln 0.5$

63. 根据理想稀溶液中溶质和溶剂的化学势公式：$\mu_B=\mu_B^*(T,p)+RT\ln x_B$，$\mu_A=\mu_A^*(T,p)+RT\ln x_A$。下面叙述中不正确的是（   ）。
    A. $\mu_A^*(T,p)$ 是纯溶剂在所处 T，p 时的化学势
    B. $\mu_B^*(T,p)$ 是 $x_B=1$，且仍服从亨利定律的假想状态的化学势，而不是纯溶质的化学势
    C. 当溶质的浓度用不同方法（如 x_B，m_B，c_B）表示时，$\mu_B^*(T,p)$ 不同，但 μ_B 不变
    D. $\mu_A^*(T,p)$ 只与 T，p 及溶剂的性质有关，$\mu_B^*(T,p)$ 只与 T，p 及溶质的性质有关

64. 保持压力不变，在稀溶液中溶剂的化学势随温度降低而（   ）。

A. 降低 B. 不变 C. 增大 D. 不确定

65. 溶剂服从拉乌尔定律同时溶质服从亨利定律的二元溶液是（　　）。
   A. 理想稀溶液　　B. 理想液态混合物　　C. 实际溶液　　D. 共轭溶液

66. 温度 T 时，纯液体 A 的饱和蒸气压为 p_A^*，化学势为 μ_A^*，并且已知在 $p^\ominus$ 压力下的凝固点为 T_f^*，当 A 中溶入少量与 A 不形成固态溶液的溶质而形成稀溶液时，上述三物理量分别为 p、μ_A、T_f，则下述关系正确的是（　　）。
   A. $p_A^*<p$, $\mu_A^*<\mu_A$, $T_f^*<T_f$　　　　B. $p_A^*>p_A$, $\mu_A^*<\mu_A$, $T_f^*<T_f$
   C. $p_A^*<p$, $\mu_A^*<\mu_A$, $T_f^*>T_f$　　　　D. $p_A^*>p_A$, $\mu_A^*>\mu_A$, $T_f^*>T_f$

67. 主要决定于溶质粒子的数目，而不决定于这些粒子的性质的特性叫（　　）。
   A. 一般特性　　B. 依数性质　　C. 各向同性特征　　D. 等离子特性

68. 在一定外压 p 时，向溶剂 A 中加少量的溶质 B，则溶液的凝固点 T_f 与纯 A 的凝固点 T_f^* 之间的关系为（　　）。
   A. $T_f>T_f^*$　　B. $T_f<T_f^*$　　C. $T_f=T_f^*$　　D. 不确定

69. 稀溶液的凝固点 T_f 与纯溶剂 T_f^* 的凝固点比较，$T_f<T_f^*$ 的条件是（　　）。
   A. 溶质必须是挥发性的　　　　　　B. 析出的固相一定是固溶体
   C. 析出的固相是纯溶剂　　　　　　D. 析出的固相是纯溶质

70. 常利用稀溶液依数性来测定溶质的分子量，其中最常用来测定高分子溶质分子量的是（　　）。
   A. 蒸气压降低　　B. 沸点升高　　C. 凝固点降低　　D. 渗透压

71. 在稀溶液的凝固点降低公式 $\Delta T_f=K_f m$ 中，m 所代表的是溶液中（　　）。
   A. 溶质的质量摩尔浓度　　　　　　B. 溶质的摩尔分数
   C. 溶剂的摩尔分数　　　　　　　　D. 溶质的体积摩尔浓度

72. 影响沸点升高常数和凝固点降低常数值的主要因素是（　　）。
   A. 溶剂本性　　B. 温度和压力　　C. 溶质本性　　D. 温度和溶剂本性

73. 有 4 杯浓度为 $1\text{mol}\cdot\text{kg}^{-1}$ 的含不同溶质的水溶液，分别测定其沸点，沸点升高最高的是（　　）。
   A. $Al_2(SO_4)_3$　　B. $MgSO_4$　　C. K_2SO_4　　D. $C_6H_5SO_3H$

74. 含有非挥发性溶质 B 的水溶液，在 101.325kPa 和 270.15K 时开始析出冰，已知水的 $K_f=1.86\text{K}\cdot\text{kg}\cdot\text{mol}^{-1}$，$K_b=0.52\text{K}\cdot\text{kg}\cdot\text{mol}^{-1}$，该溶液的正常沸点(单位：K)是（　　）。
   A. 370.84　　B. 372.31　　C. 373.99　　D. 376.99

75. 葡萄糖($C_6H_{12}O_6$)稀水溶液和蔗糖($C_{12}H_{22}O_{11}$)稀水溶液凝固时都只析出纯冰，由此可以断定（　　）。
   A. 这两种溶液的凝固点降低系数是不同的
   B. 两种溶液溶质的质量分数相同时，其凝固点也相同
   C. 两种溶液的凝固点相同时，其沸点也相同
   D. 两种溶液的凝固点相同时，其溶质的化学势也相同

76. 稀溶液的 4 个依数性中，最灵敏的性质是（　　）。
   A. 沸点升高　　B. 蒸气压降低　　C. 凝固点降低　　D. 渗透压

77. 将非挥发性溶质溶于溶剂中形成稀溶液时，将引起（　　）。

A. 沸点升高　　　　B. 熔点升高　　　　C. 蒸气压升高　　　D. 都不对

78. 不挥发的溶质溶于溶剂中形成溶液之后将会引起（　　）。

   A. 熔点升高　　　　B. 沸点降低　　　　C. 蒸气压降低　　　D. 总是放出热量

79. 在等质量的水、苯、氯仿和四氯化碳中分别溶入 100g 非挥发性物质 B，已知它们的沸点升高常数依次是 0.52、2.6、3.85、5.02，溶液沸点升高最多的是（　　）。

   A. 氯仿　　　　　　B. 苯　　　　　　　C. 水　　　　　　　D. 四氯化碳

80. 某化合物 1.5g 溶于 1kg 纯水中，形成非电解质溶液，冰点降低了 0.015K，该化合物的摩尔质量（单位：g·mol^{-1}）可能是（已知水的 K_f = 1.86 K·kg·mol^{-1}）（　　）。

   A. 100　　　　　　　B. 200　　　　　　　C. 186　　　　　　　D. 150

81. 在讨论稀溶液的蒸气压下降的规律时，溶质必须是（　　）。

   A. 挥发性溶质　　　B. 气体物质　　　　C. 非挥发性溶质　　D. 电解质

82. 在一定外压下，易挥发的纯溶剂 A 中加入不挥发的溶质 B 形成稀溶液，A 和 B 可生成固溶体，则此稀溶液的凝固点 T_f 将随着 m_B 的增加而（　　）。

   A. 升高　　　　　　B. 降低　　　　　　C. 不变　　　　　　D. 无一定变化规律

83. 在常压下，将蔗糖溶于纯水形成一定浓度的稀溶液，冷却时首先析出的是纯冰，相对于纯水而言将会出现蒸气压（　　）。

   A. 升高　　　　　　B. 降低　　　　　　C. 不变　　　　　　D. 无一定变化规律

84. 已知环己烷、醋酸、萘、樟脑的凝固点降低常数 K_f(K·kg·mol^{-1})分别是 20.2、9.3、6.9 及 39.7。今有一未知物能在上述 4 种溶剂中溶解，欲测定该未知物的相对分子质量，最适宜的溶剂是（　　）。

   A. 萘　　　　　　　B. 樟脑　　　　　　C. 环己烷　　　　　D. 醋酸

85. 涉及溶液性质的下列说法中正确的是（　　）。

   A. 理想液态混合物中各组分的蒸气一定是理想气体
   B. 溶质服从亨利定律的溶液一定是极稀溶液
   C. 溶剂服从拉乌尔定律，其蒸气不一定是理想气体
   D. 溶剂中只有加入不挥发溶质其蒸气压才下降

86. 二元溶液，B 组分的亨利系数等于同温度纯 B 的蒸气压，按拉乌尔定律定义活度系数是（　　）。

   A. $\gamma_A > \gamma_B$　　B. $\gamma_A = \gamma_B = 1$　　C. $\gamma_A < \gamma_B$　　D. $\gamma_A \neq \gamma_B \neq 1$

87. 在恒温、恒压下，溶剂 A 和溶质 B 形成一定浓度的稀溶液，采用不同浓度表示时，下列叙述正确的是（　　）。

   A. 溶液中 A 和 B 的活度不变　　　　　　B. 溶液中 A 和 B 的标准态化学势不变
   C. 溶液中 A 和 B 的活度系数不变　　　　D. 溶液中 A 和 B 的化学势值不变

88. A 和 B 形成非理想液态混合物，TK 时测得其总蒸气压为 29398Pa，在气相中 B 的摩尔分数 y_B = 0.82，而该温度时纯 A 的蒸气压为 29571Pa，那么在溶液中 A 的活度为（　　）。

   A. 0.813　　　　　　B. 0.815　　　　　　C. 0.179　　　　　　D. 0.994

89. 已知某溶液中物质 B 的偏摩尔混合吉布斯函数为 −889.62 J·mol^{-1}，温度为 300K，则 B 的活度为（　　）。

   A. 0.65　　　　　　B. 0.7　　　　　　　C. 0.8　　　　　　　D. 0.56

90. 对于非理想液态混合物，下列说法正确的是（　　）。
    A. 只有容量性质才有超额函数
    B. 若某个溶液的超额熵为零，则该溶液中任一组分的活度系数的对数与温度成反比
    C. 超额熵必为正值，超额吉布斯自由能必为负值
    D. 无热溶液是由化学性质相似，分子大小差别不大的物质混合而成

91. 310K 时，纯水的蒸气压为 6.275kPa，现有 1mol 不挥发物质 B 溶于 4mol 水中形成溶液，若溶液中水的活度为 0.41（以纯水为标准态），则溶解过程中 1mol 水的吉布斯函数（单位：$J \cdot mol^{-1}$）变化为（　　）。
    A. -557　　　　B. -2298　　　　C. -4148　　　　D. 4148

92. 下述系统中，组分的化学势标准态为假想状态的是（　　）。
    A. 混合理想气体中的组分 B　　　　B. 理想液态混合物中的组分 B
    C. 稀溶液中的溶剂 A　　　　　　　D. 真实溶液中的溶剂 A

93. 下述系统中，组分的化学势标准态不是假设状态的是（　　）。
    A. 纯理想气体 B
    B. 以质量摩尔浓度为组成标度的稀溶液中的溶质 B
    C. 以质量摩尔浓度为组成标度的真实溶液中的溶质 B
    D. 真实液态混合物中的任意组分 B

94. 就一定压力和温度下的过饱和溶液而言，可以肯定（　　）。
    A. 溶液中溶质的化学势小于同温同压下纯溶质的化学势
    B. 溶液中溶质的化学势大于同温同压下纯溶质的化学势
    C. 溶液中溶质的化学势大于溶液中溶剂的化学势
    D. 溶液中溶质的饱和蒸气压大于纯溶质的饱和蒸气压

95. 混合理想气体中组分 B 的标准态与混合非理想气体中组分 B 的标准态（　　）。
    A. 相同　　　　B. 不同　　　　C. 不一定相同　　　　D. 无关系

96. 下列活度和标准态的关系表述正确的是（　　）。
    A. 活度等于 1 的状态必为标准态
    B. 活度等于 1 的状态与标准态的化学势相等
    C. 标准态的活度并不等于 1
    D. 活度与标准态的选择有关

97. 对于标准态的理解，下述正确的是（　　）。
    A. 标准态就是 273.15K，101.325kPa 下的状态
    B. 标准态就是不能实现的假想状态
    C. 标准态就是活度等于 1 的状态
    D. 标准态就是人为规定的某些特定的状态

98. 当溶液中溶质的浓度采用不同浓标时，下列说法中正确的是（　　）。
    A. 溶质的活度相同　　　　　　　B. 溶质的活度系数相同
    C. 溶质的标准态化学势相同　　　D. 溶质的化学势相同

99. 人的正常体温为 310K，在此温度下将 0.1mol 的葡萄糖从尿液转到血液中，人体肾脏至少需做功 $1.1869 \times 10^3 J$。则葡萄糖在尿液中的浓度是在血液中的倍数为（　　）。
    A. 100　　　　B. 10　　　　C. 0.01　　　　D. 0.1

100. 根据分配定律,若用 50mL CCl_4 来萃取水中溶解的 I_2,则萃取效果最好的是（　　）。

   A. 用 50mL CCl_4 萃取 1 次
   B. 每次用 25mL CCl_4 分 2 次萃取
   C. 每次用 10mL CCl_4 分 5 次萃取
   D. 每次用 5mL CCl_4 分 10 次萃取

101. 分配定律不适用于（　　）。

   A. 浓度小的系统
   B. 分子在两相中形态相同的系统
   C. 溶质难挥发的系统
   D. 溶质在一相中全部电离的系统

第四章 相平衡

1. 一个水溶液共有 S 种溶质，相互之间无化学反应。若使用只允许水出入的半透膜将此溶液与纯水分开，当达到渗透平衡时，水面上的外压是 p_w，溶液面上的外压是 p_s，则该系统的自由度为（　　）。
   A. $f=S$　　　　　B. $f=S+1$　　　　　C. $f=S+2$　　　　　D. $f=S+3$

2. 在 101325Pa 的压力下，I_2 在液态水和 CCl_4 中达到分配平衡（无固态碘存在）则该系统的条件自由度为（　　）。
   A. 1　　　　　　　B. 2　　　　　　　　C. 0　　　　　　　　D. 3

3. 某系统存在任意量 $C(s)$、$H_2O(g)$、$CO(g)$、$CO_2(g)$、$H_2(g)$ 5 种物质，相互建立了下述 3 个平衡：$H_2O(g)+C(s)\Longleftrightarrow H_2(g)+CO(g)$，$CO_2(g)+H_2(g)\Longleftrightarrow H_2O+CO(g)$，$CO_2(g)+C(s)\Longleftrightarrow 2CO(g)$，则该系统的独立组分数为（　　）。
   A. 3　　　　　　　B. 2　　　　　　　　C. 1　　　　　　　　D. 4

4. 在 410K，$Ag_2O(s)$ 部分分解成 $Ag(s)$ 和 $O_2(g)$，此平衡系统的自由度为（　　）。
   A. 0　　　　　　　B. 1　　　　　　　　C. 2　　　　　　　　D. 3

5. $CaCO_3(s)$，$CaO(s)$，$BaCO_3(s)$，$BaO(s)$ 及 $CO_2(g)$ 构成的平衡系统，其组分数为（　　）。
   A. 2　　　　　　　B. 3　　　　　　　　C. 4　　　　　　　　D. 5

6. 由 $CaCO_3(s)$、$CaO(s)$、$BaCO_3(s)$、$BaO(s)$ 及 $CO_2(g)$ 构成的平衡系统，其自由度为（　　）。
   A. $f=2$　　　　　B. $f=1$　　　　　　C. $f=0$　　　　　　D. $f=3$

7. 一单相系统，如果有 3 种物质混合组成，它们不发生化学反应，则描述该系统状态的独立变量数应为（　　）。
   A. 3 个　　　　　　B. 4 个　　　　　　　C. 5 个　　　　　　　D. 6 个

8. 硫酸与水可形成 $H_2SO_4 \cdot H_2O(s)$、$H_2SO_4 \cdot 2H_2O(s)$、$H_2SO_4 \cdot 4H_2O(s)$ 3 种水合物，问在 $p^\ominus$ 时，能与硫酸水溶液及冰平衡共存的硫酸水合物最多的种类为（　　）。
   A. 3 种　　　　　　　　　　　　　　　　　B. 2 种
   C. 1 种　　　　　　　　　　　　　　　　　D. 不可能有硫酸水合物与之平衡共存

9. 硫酸与水可组成 $H_2SO_4 \cdot H_2O(s)$、$H_2SO_4 \cdot 2H_2O(s)$、$H_2SO_4 \cdot 4H_2O(s)$ 3 种水合物，在 $p^\ominus$ 时，能与硫酸水溶液共存的水合物最多的种类有（　　）。
   A. 1 种　　　　　　B. 2 种　　　　　　　C. 3 种　　　　　　　D. 0 种

10. $NaCl(s)$、$NaCl$ 水溶液及水蒸气平衡共存时，系统的自由度为（　　）。
    A. $f=0$　　　　　B. $f=1$　　　　　　C. $f=2$　　　　　　D. $f=3$

11. 在室温和大气压力下且无催化剂存在时，N_2 和 H_2 可视为不起反应的。今在一容器中任意充入 N_2、H_2 和 NH_3 三种气体，则该系统中物质数 S 和组分数 C 将是（　　）。
    A. $S=3$，$C=1$　　B. $S=3$，$C=2$　　C. $S=3$，$C=3$　　D. $S=2$，$C=3$

12. 将固体 $NH_4HCO_3(s)$ 放入真空容器中，400K 时，NH_4HCO_3 按下式分解并达到平衡：

$NH_4HCO_3(s) \Longrightarrow NH_3(g)+H_2O(g)+CO_2(g)$，系统的组分数 C 和自由度 f^* 为（　　）。
    A. $C=2, f^*=1$　　B. $C=2, f^*=2$　　C. $C=1, f^*=0$　　D. $C=3, f^*=2$

13. $N_2(g)$、$O_2(g)$ 系统加入一种固体催化剂，可生成几种气态氮的氧化物，则系统的组分数为（　　）。
    A. 1　　　　　B. 2　　　　　C. 3　　　　　D. 4

14. $NH_4HS(s)$ 和任意量的 $NH_3(g)$ 及 $H_2S(g)$ 达平衡时，下列答案正确的是（　　）。
    A. $C=2, \Phi=2, f=2$　　　　　　　B. $C=1, \Phi=2, f=1$
    C. $C=1, \Phi=3, f=2$　　　　　　　D. $C=1, \Phi=2, f=3$

15. $FeCl_3$ 和 H_2O 能形成 $FeCl_3 \cdot 6H_2O$，$2FeCl_3 \cdot 7H_2O$，$2FeCl_3 \cdot 5H_2O$，$FeCl_3 \cdot 2H_2O$ 4 种水合物，则该系统的独立组分数 C 和在恒压下最多可能平衡共存的相数 Φ 分别为（　　）。
    A. $C=3, \Phi=4$　　B. $C=2, \Phi=4$　　C. $C=2, \Phi=3$　　D. $C=3, \Phi=5$

16. 对于下列平衡系统：①高温下水被分解；②高温下水被分解，同时通入一些 $H_2(g)$ 和 $O_2(g)$；③H_2 和 O_2 同时溶于水中。其组分数 C 和自由度 f 的值正确的是（　　）。
    A. ① $C=1, f=1$ ② $C=2, f=2$ ③ $C=3, f=3$
    B. ① $C=2, f=2$ ② $C=3, f=3$ ③ $C=1, f=1$
    C. ① $C=3, f=3$ ② $C=1, f=1$ ③ $C=2, f=2$
    D. ① $C=1, f=2$ ② $C=2, f=3$ ③ $C=3, f=3$

17. 298K 时，蔗糖水溶液与纯水达渗透平衡时，整个系统的组分数、相数、自由度分别为（　　）。
    A. $C=2, \Phi=2, f=1$　　　　　　　B. $C=2, \Phi=2, f=2$
    C. $C=2, \Phi=1, f=2$　　　　　　　D. $C=2, \Phi=1, f=3$

18. 固态的 NH_4HS 放入一抽空的容器中，并达到化学平衡，其组分数、独立组分数、相数及自由度分别是（　　）。
    A. 1，1，1，2　　B. 1，1，3，0　　C. 3，1，2，1　　D. 3，2，2，2

19. 定压时 NaCl 水溶液与纯水经半透膜达成渗透平衡，该系统的自由度是（　　）。
    A. $f=1$　　　　B. $f=2$　　　　C. $f=3$　　　　D. $f=4$

20. 将 $AlCl_3$ 溶于水中组成的系统，其组分数为（　　）。
    A. 1　　　　　B. 2　　　　　C. 3　　　　　D. 4

21. 当乙酸与乙醇混合反应达平衡后，系统的独立组分数 C 和自由度 f 应分别为（　　）。
    A. $C=2, f=3$　　B. $C=3, f=3$　　C. $C=2, f=4$　　D. $C=3, f=4$

22. Na_2CO_3 可形成 3 种水合盐：$Na_2CO_3 \cdot H_2O$、$Na_2CO_3 \cdot 7H_2O$、$Na_2CO_3 \cdot 10H_2O$，在常压下，将 Na_2CO_3 投入冰-水混合物中达三相平衡时，若一相是冰，一相是 Na_2CO_3 水溶液，则另一相是（　　）。
    A. Na_2CO_3　　　　　　　　　　　B. $Na_2CO_3 \cdot H_2O$
    C. $Na_2CO_3 \cdot 7H_2O$　　　　　　D. $Na_2CO_3 \cdot 10H_2O$

23. 在水中溶解 KNO_3 和 Na_2SO_4 两种盐，形成不饱和溶液，该系统的组分数 C 为（　　）。
    A. 3　　　　　B. 4　　　　　C. 5　　　　　D. 8

24. 由 $Fe(s)$、$FeO(s)$、$C(s)$、$CO(g)$、$CO_2(g)$ 五种物质组成一系统，这些物质之间建立了化学平衡，该系统的独立组分数为（　　）。
    A. 2　　　　　B. 3　　　　　C. 4　　　　　D. 5

25. 一定温度下,在水和 CCl_4 组成的互不相溶的系统中,向水层中加入 1∶1 的 KI 和 I_2,此系统的自由度是(   )。
    A. 1   B. 2   C. 3   D. 4

26. 定温下,水、苯和苯甲酸平衡共存的系统中,可以同时共存的最大相数是(   )。
    A. 3   B. 4   C. 5   D. 6

27. 高温下 $CaCO_3(s)$ 分解为 $CaO(s)$ 及 $CO_2(g)$ 并达分解平衡,其组分数为(   )。
    A. 1   B. 2   C. 3   D. 4

28. 下列说法中,不正确的是(   )。
    A. 稳定化合物有相合熔点,不稳定化合物有不相合熔点
    B. 稳定化合物和不稳定化合物的根本区别在于不稳定化合物的组成随温度变化而变化
    C. 不稳定化合物加热到熔点时发生分解
    D. 稳定化合物熔化后其组成不变

29. 在抽空的密闭容器中加热 $NH_4Cl(s)$,有一部分分解成 $NH_3(g)$ 和 $HCl(g)$,当物系建立平衡时,其组分数 C 和自由度 f 分别为(   )。
    A. $C=1, f=1$ B. $C=2, f=2$ C. $C=3, f=3$ D. $C=2, f=1$

30. 一个含有 K^+,Na^+,NO_3^-,SO_4^{2-} 四种离子的不饱和水溶液,其组分数为(   )。
    A. 3   B. 4   C. 5   D. 6

31. 对于 $NH_4Cl(s) \Longrightarrow NH_3(g)+HCl(g)$(可逆反应),只考虑温度、压力外界因素对平衡影响的情况下,系统的自由度为(   )。
    A. 2   B. 3   C. 0   D. 1

32. 在 1000℃ 条件下,一容器中有固态 $CaCO_3(s)$ 及其分解产物 $CaO(s)$ 及 $CO_2(g)$ 处在平衡状态。在其他条件不变的情况下,向容器中通入一定量 $CO_2(g)$,重新达平衡后,系统的组分数 C、相数 Φ 及自由度 f 分别为(   )。
    A. 2,3,0   B. 2,3,1   C. 1,2,0   D. 1,3,2

33. 在 50℃ 下,将 $Na_2CO_3 \cdot H_2O(s)$、$Na_2CO_3 \cdot 7H_2O(s)$ 及 $Na_2CO_3 \cdot 10H_2O(s)$ 三种固态盐放入充有水蒸气的容器中,达平衡后,与水蒸气成平衡的固态盐应有(   )。
    A. 1 种   B. 2 种   C. 3 种   D. 4 种

34. 对于相律,下面的说法中正确的是(   )。
    A. 相律不适用于有化学反应的多相系统
    B. 影响相平衡的只有强度因素
    C. 自由度为零意味着系统的状态不变
    D. 平衡的各相中,系统包含的每种物质都不缺少时相律才正确

35. 对于相律的应用,下列说法中比较准确的是(   )。
    A. 封闭系统   B. 开放系统
    C. 非平衡开放系统   D. 已达平衡的多相开放系统

36. 用相律和克拉佩龙(Clapeyron)方程分析常压下水相图所得出的下述结论中不正确的是(   )。
    A. 在每条曲线上,自由度 $f=1$
    B. 在每个单相区,自由度 $f=2$
    C. 在水的凝固点曲线上,ΔH_m(相变)和 ΔV_m 的正负号相反

D. 在水的沸点曲线上任一点，压力随温度的变化率都小于零

37. 组分 A(高沸点)与组分 B(低沸点)形成完全互溶的二组分系统，在一定温度下，向纯 B 中加入少量的 A，系统蒸气压增大，则此系统为（　　）。
    A. 具有最高恒沸点的系统　　　　　　B. 不具有恒沸点的系统
    C. 具有最低恒沸点的系统　　　　　　D. 无法确定

38. 已知硫可以有单斜硫、斜方硫、液态硫、气态硫 4 种存在状态，硫的 4 种状态是否能够稳定共存（　　）。
    A. 能　　　　B. 不能　　　　C. 不一定　　　　D. 视条件而定

39. 已知水的三相点的数据为 $t=0.01℃$，$p=0.610kPa$，当水处在三相点时，该系统的相数 Φ 及自由度 f 分别为（　　）。
    A. $\Phi=1, f=2$　　B. $\Phi=3, f=0$　　C. $\Phi=3, f=-2$　　D. $\Phi=3, f=2$

40. 将克拉佩龙方程用于 H_2O 的液固两相平衡，因为 $V_m(H_2O, l) < V_m(H_2O, s)$，所以随着压力的增大，则 $H_2O(l)$ 的凝固点将（　　）。
    A. 上升　　　　B. 下降　　　　C. 不变　　　　D. 无法确定

41. 压力升高时，单组分系统的熔点将（　　）。
    A. 升高　　　　B. 降低　　　　C. 不变　　　　D. 不一定

42. 单组分系统的固液平衡线的斜率 $\dfrac{dp}{dT}$ 的值为（　　）。
    A. 大于零　　　　B. 等于零　　　　C. 小于零　　　　D. 不确定

43. 克劳修斯-克拉佩龙方程可用于（　　）。
    A. 固-气及液-气两相平衡　　　　B. 固-液两相平衡
    C. 固-固两相平衡　　　　　　　　D. 任意两相平衡

44. 液体在其 T, p 满足克劳修斯-克拉佩龙方程的条件下进行汽化的过程，以下各量中不变的是（　　）。
    A. 摩尔热力学能　　B. 摩尔体积　　C. 摩尔吉布斯函数　　D. 摩尔熵

45. 关于克劳修斯-克拉佩龙方程下列说法错误的是（　　）。
    A. 该方程仅适用于液-气平衡
    B. 该方程既适用于液-气平衡又适用于固-气平衡
    C. 该方程假定气体的体积远大于液体或固体的体积
    D. 该方程假定与固相或液相平衡的气体为理想气体

46. 当克劳休斯-克拉佩龙方程应用于凝聚相转变为蒸气时，则（　　）。
    A. p 必随 T 之升高而降低　　　　B. p 必不随 T 而变
    C. p 必随 T 之升高而变大　　　　D. p 随 T 之升高可变大或减少

47. 克劳修斯-克拉佩龙方程导出中，忽略了液态体积。此方程使用时，对系统所处的温度要求（　　）。
    A. 在三相点与沸点之间　　　　B. 大于临界温度
    C. 在三相点与临界温度之间　　D. 小于沸点温度

48. 乙醚的正常沸点为 307.5K，此时摩尔汽化焓为 $27.4kJ·mol^{-1}$，则在正常沸点附近，其 $\dfrac{dp}{dT}$（单位：$kPa·K^{-1}$）是（　　）。

A. 3.532　　　　B. 2685　　　　C. 1.086　　　　D. 353.2

49. 已知水的三相点 $T=273.15K$，$p=610.5Pa$，若冻结的蔬菜放入不断抽空的高真空蒸发器中，使蔬菜的冰升华以生产干燥蔬菜，则 T，p 控制的范围是（　　）。
   A. $T>273.15K$；$p>610.5Pa$　　　B. $T>273.15K$；$p<610.5Pa$
   C. $T<273.15K$；$p>610.5Pa$　　　D. $T<273.15K$；$p<610.5Pa$

50. 水的三相点附近，其蒸发热和熔化热分别为 $44.82 kJ·mol^{-1}$ 和 $5.994 kJ·mol^{-1}$，那么在三相点附近冰的升华热(单位：$kJ·mol^{-1}$)约为（　　）。
   A. 38.83　　　　B. 50.81　　　　C. -38.83　　　　D. -50.81

51. 在相图上，当物系处于（　　）时只存在一个相。
   A. 恒沸点　　　B. 熔点　　　C. 临界点　　　D. 低共熔点

52. 下列叙述中错误的是（　　）。
   A. 水的三相点温度是 $273.15K$，压力是 $610.62Pa$
   B. 三相点的温度和压力仅由系统决定，不能随意改变
   C. 水的冰点温度是 $273.15K$，压力是 $101325Pa$
   D. 水的三相点 $f=0$，而冰点的 $f=1$

53. 二组分合金处于低共熔温度时系统的条件自由度 f^* 为（　　）。
   A. 0　　　　B. 1　　　　C. 2　　　　D. 3

54. 在通常情况下，对于二组分系统能平衡共存的最多相数为（　　）。
   A. 1　　　　B. 2　　　　C. 3　　　　D. 4

55. 在通常情况下，对于二组分系统，平衡时最大的自由度为（　　）。
   A. 1　　　　B. 2　　　　C. 3　　　　D. 4

56. 二元恒沸混合物的组成（　　）。
   A. 固定　　　B. 随温度而变　　　C. 随压力而变　　　D. 无法判断

57. $A(l)$ 与 $B(l)$ 可形成理想液态混合物，若在一定温度下，纯 A 和纯 B 的饱和蒸气压的关系为 $p_A^*>p_B^*$，则在该二组分的蒸气压组成图上的气、液两相平衡区，呈平衡的气、液两相的组成必有（　　）。
   A. $y_B>x_B$　　　B. $y_B<x_B$　　　C. $y_B=x_B$　　　D. 不确定

58. 在二组分系统恒温或恒压相图中，物系点与相点一致的是（　　）。
   A. 单相区　　　B. 两相平衡区　　　C. 三相线　　　D. 不存在

59. 关于恒沸混合物的描述，下列说法中错误的是（　　）。
   A. 恒沸混合物组成固定不变
   B. 若恒沸混合物在 t-x 图有最高点，则在 p-x 图就有最低点
   C. 当压力一定时，其组成也一定
   D. 沸腾时其气液相组成相同

60. 对于恒沸混合物，下列说法中错误的是（　　）。
   A. 恒沸混合物不具有确定的组成
   B. 平衡时恒沸混合物的气相组成和液相组成相同
   C. 恒沸混合物的沸点随外压的变化而变化
   D. 恒沸混合物与化合物一样具有确定的组成

61. 若 $A(l)$ 与 $B(l)$ 可形成理想液态混合物，温度 T 时，纯 A 及纯 B 的饱和蒸气压的关系为

$p_B^* > p_A^*$，当混合物的组成为 $0 < x_B < 1$ 时，则在其蒸气压-组成图上可看出蒸气总压 p 与 p_A^*，p_B^* 的相对大小为（   ）。

A. $p > p_B^*$　　　B. $p < p_A^*$　　　C. $p_A^* < p < p_B^*$　　　D. $p_A^* > p > p_B^*$

62. 已知 A 和 B 两液体可组成无最高或最低恒沸点的液态完全互溶的系统，则将某一组成的溶液蒸馏可以获得（   ）。

A. 两个恒沸混合物　　　　　　　　B. 一个纯组分和一个恒沸混合物
C. 两个纯组分　　　　　　　　　　D. 只能得到一个纯组分

63. 已知 A 和 B 二组分可组成具有最低恒沸点的液态完全互溶的系统，其 t-$x(y)$ 如图 4-1 所示。若把 $x_B = 0.4$ 的溶液进行精馏，在塔顶可以获得（   ）。

A. 纯组分 A(l)　　B. 纯组分 B(l)　　C. 最低恒沸混合物　　D. 高沸点的物质

64. 在 $p^{\ominus}$ 下，用水蒸气蒸馏法提纯某不溶于水的有机物时，系统的沸点（   ）。

A. 必低于 373.2K　　　　　　　　B. 取决于水与有机物的相对数量
C. 必高于 373.2K　　　　　　　　D. 取决于有机物的相对分子质量的大小

65. 已知 A 与 B 可形成固溶体，在组分 A 中，若加入组分 B 可使固溶体的熔点提高，则组分 B 在此固溶体中的含量与其在液相中的含量相比（   ）。

A. 前者大于后者　　B. 前者小于后者　　C. 二者相等　　D. 不能确定

66. 如图 4-2 所示，对于形成简单低共熔混合物的二元相图，当物系点分别处于 C、E、G 点时，对应的平衡共存的相数为（   ）。

A. C 点 1，E 点 1，G 点 1　　　　B. C 点 2，E 点 3，G 点 1
C. C 点 1，E 点 3，G 点 3　　　　D. C 点 2，E 点 3，G 点 3

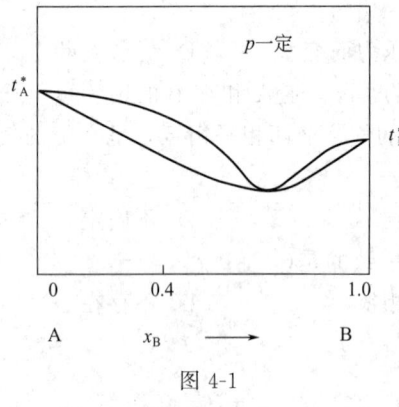

图 4-1

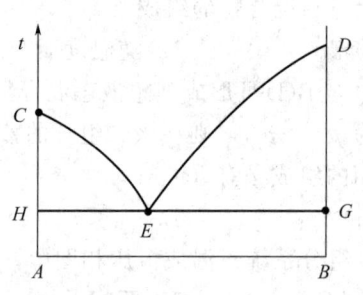

图 4-2

67. A、B 两液体混合物在 t-x 图上出现最高点，则该混合物对拉乌尔定律产生的偏差为（   ）。

A. 正偏差　　　B. 负偏差　　　C. 没有偏差　　　D. 无规律

68. A、B 二组分的汽液平衡 t-x 图上，有一最低恒沸点，恒沸物组成为 $x_A = 0.7$。现有一组成为 $x_A = 0.5$ 的 A 和 B 液体混合物，将其精馏可得到（   ）。

A. 纯 A 和恒沸混合物　　　　　　B. 纯 B 和恒沸混合物
C. 只得恒沸混合物　　　　　　　　D. 纯 A 和纯 B

69. 如图 4-3 所示，在 FeO 与 SiO_2 的恒压相图中，存在的稳定化合物个数为（   ）。

A. 1 个　　　　B. 2 个　　　　C. 3 个　　　　D. 4 个

70. 如图 4-4 所示，A 与 B 是二组分恒压下固相部分互溶 t-x 图，图中的单相区个数为（   ）。
    A. 1个   B. 2个   C. 3个   D. 4个

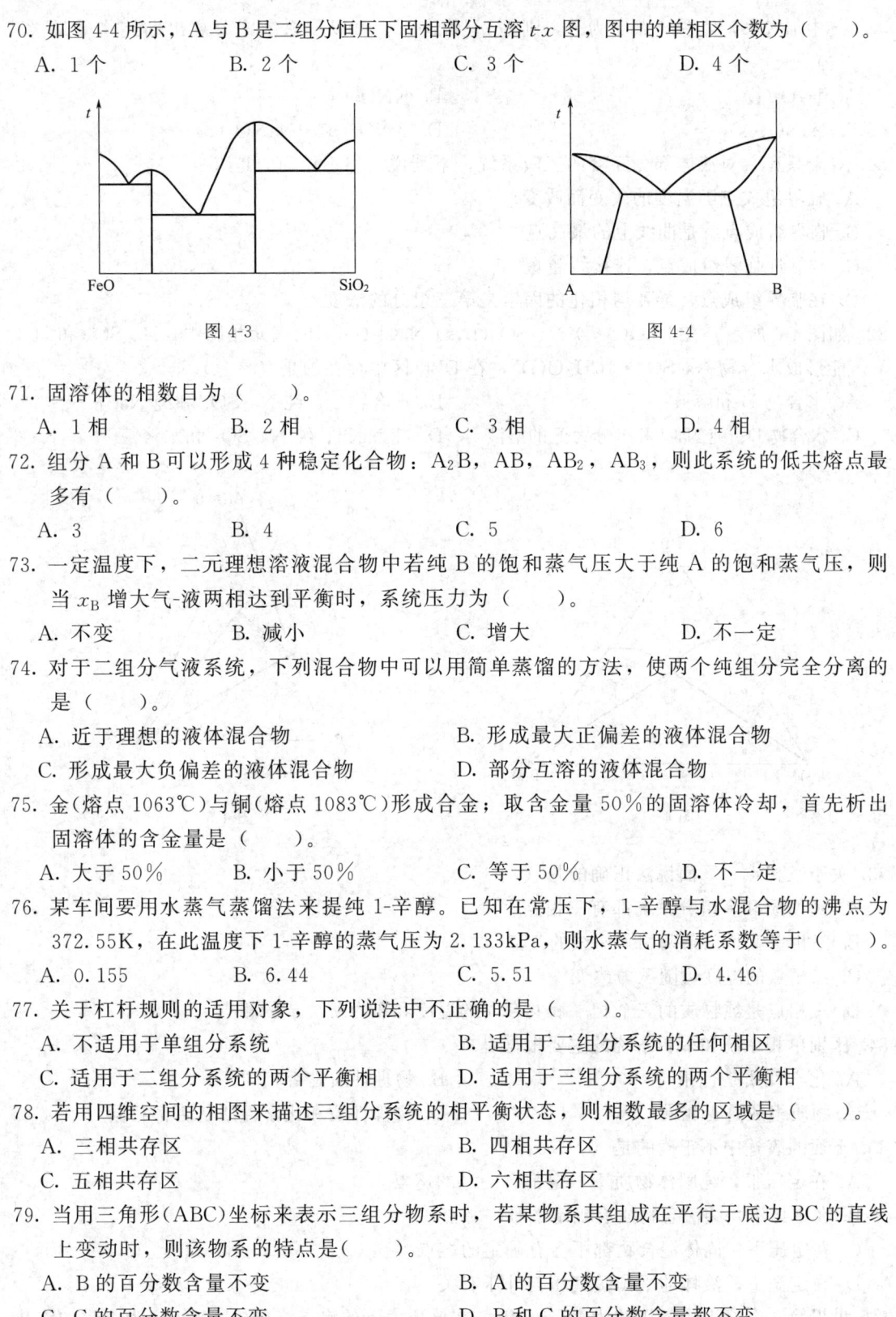

图 4-3   图 4-4

71. 固溶体的相数目为（   ）。
    A. 1 相   B. 2 相   C. 3 相   D. 4 相

72. 组分 A 和 B 可以形成 4 种稳定化合物：A_2B，AB，AB_2，AB_3，则此系统的低共熔点最多有（   ）。
    A. 3   B. 4   C. 5   D. 6

73. 一定温度下，二元理想溶液混合物中若纯 B 的饱和蒸气压大于纯 A 的饱和蒸气压，则当 x_B 增大气-液两相达到平衡时，系统压力为（   ）。
    A. 不变   B. 减小   C. 增大   D. 不一定

74. 对于二组分气液系统，下列混合物中可以用简单蒸馏的方法，使两个纯组分完全分离的是（   ）。
    A. 近于理想的液体混合物   B. 形成最大正偏差的液体混合物
    C. 形成最大负偏差的液体混合物   D. 部分互溶的液体混合物

75. 金（熔点 1063℃）与铜（熔点 1083℃）形成合金；取含金量 50% 的固溶体冷却，首先析出固溶体的含金量是（   ）。
    A. 大于 50%   B. 小于 50%   C. 等于 50%   D. 不一定

76. 某车间要用水蒸气蒸馏法来提纯 1-辛醇。已知在常压下，1-辛醇与水混合物的沸点为 372.55K，在此温度下 1-辛醇的蒸气压为 2.133kPa，则水蒸气的消耗系数等于（   ）。
    A. 0.155   B. 6.44   C. 5.51   D. 4.46

77. 关于杠杆规则的适用对象，下列说法中不正确的是（   ）。
    A. 不适用于单组分系统   B. 适用于二组分系统的任何相区
    C. 适用于二组分系统的两个平衡相 D. 适用于三组分系统的两个平衡相

78. 若用四维空间的相图来描述三组分系统的相平衡状态，则相数最多的区域是（   ）。
    A. 三相共存区   B. 四相共存区
    C. 五相共存区   D. 六相共存区

79. 当用三角形（ABC）坐标来表示三组分物系时，若某物系其组成在平行于底边 BC 的直线上变动时，则该物系的特点是（   ）。
    A. B 的百分数含量不变   B. A 的百分数含量不变
    C. C 的百分数含量不变   D. B 和 C 的百分数含量都不变

80. $NaNO_3$（A，s）-KNO_3（B，s）-H_2O（C，l）三组分系统相图如图 4-5 所示，今有系统点 a_0，向系

统中加入水，使系统点变为 a_1，则在 a_1 状态下，可以从系统中分离出的纯物质是（　　）。

  A. $H_2O(l)$ B. $KNO_3(s)$

  C. $NaNO_3(s)$ D. $KNO_3(s)+NaNO_3(s)$

81. 对于只有一对液体部分互溶的三液系统，下列说法中不正确的是（　　）。

  A. 临界组成点随温度的改变而改变

  B. 临界组成点就是曲线上的最高点

  C. 越靠近临界组成点，连接线越短

  D. 在临界组成点，导致均相化的因素是第三组分的浓度

82. 如图 4-6 所示，在 $H_2O(A,l)$-$Na_2SO_4(B,s)$-$NaCl$-(C,s) 的三元相图中，Na_2SO_4 和 H_2O 能形成水合物 $Na_2SO_4 \cdot 10H_2O(D)$，在 DBC 区中存在的是（　　）。

  A. 水合物 D 和溶液   B. 水合物 D、纯 Na_2SO_4 和纯 NaCl

  C. 水合物 D、纯 NaCl 和组分为 F 的溶液   D. 纯 NaCl、纯 Na_2SO_4 和水溶液

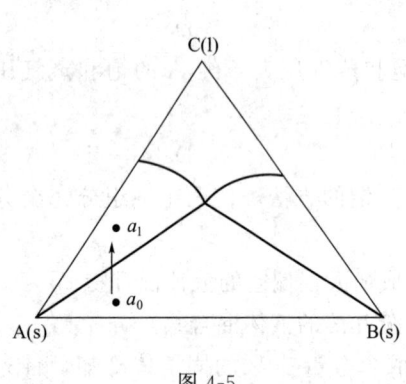

图 4-5

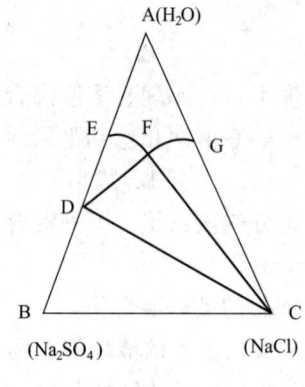

图 4-6

83. 关于三相点，下面说法正确的是（　　）。

  A. 纯物质和多组分系统都有三相点

  B. 三相点就是三条两相平衡线的交点

  C. 三相点的温度可随压力改变

  D. 三相点是纯物质的三个相平衡共存时的温度和压力所决定的相点

84. 区别单相系统和多相系统的主要根据是（　　）。

  A. 化学性质是否相同   B. 物理性质是否相同

  C. 物质组成是否相同   D. 物理性质和化学性质是否都相同

85. 下面的表述中不正确的是（　　）。

  A. 在定压下，纯固体物质不一定都有确定的熔点

  B. 在定压下，纯液态物质有确定的唯一沸点

  C. 在定压下，固体混合物都不会有确定的熔点

  D. 在定温下，液体的平衡蒸气压与外压有关

86. 世界第一高峰上大气压约为 35.46kPa，在该压力下的沸点（单位：K）应为（水的汽化热为 $40.76 kJ \cdot mol^{-1}$）（　　）。

A. 345.5　　　　B. 323　　　　　C. 373.6　　　　　D. 333

87. 蒸气冷凝为液体时，所放出的潜热可用来（　　）。
    A. 使系统对环境做有用功　　　　B. 使环境对系统做有用功
    C. 不能做有用功　　　　　　　　D. 不能判定

88. 在实验室的敞口容器中装有单组分液体，如对其不断加热，将看到的现象是（　　）。
    A. 沸腾现象　　　B. 三相共存现象　　　C. 临界现象　　　D. 升华现象

89. 对于下述结论，正确的是（　　）。
    A. 在恒压下有确定沸点的液态系统一定是纯物质
    B. 在一定温度下，纯液体的平衡蒸气压与液体所受外压力无关
    C. 任何纯固体物质都有熔点
    D. 纯固体物质的熔点可以有很多个

90. 关于相，下列说法不正确的是（　　）。
    A. 任一聚集态内部的物理、化学性质均匀的部分是同一相
    B. 系统中有界面的两部分各属于不同的相
    C. 相的存在与该相物质的量的多少无关
    D. 低压时混合气体只有一个相

91. 绝热刚性真空哑铃形连通容器中，左边放入－1℃的过冷水，右边有同样温度的冰。如果过冷水中始终没有冰出现，则容器中发生的变化将是（　　）。
    A. 水消失　　　B. 冰消失　　　C. 水、冰都消失　　　D. 冰的质量增加

92. 涉及化合物分解压力的下列表述中正确的是（　　）。
    A. 各化合物都有特定的分解压力
    B. 化合物分解时，其分解压力必须等于外界压力
    C. 化合物分解压力越大，它越不易分解
    D. 化合物的分解压力与温度有关

93. 可以区分固溶体和低共熔混合物的仪器是（　　）。
    A. 放大镜　　　B. 超显微镜　　　C. 电子显微镜　　　D. 金相显微镜

第五章 化学平衡

1. 对于化学平衡,以下说法中不正确的是(   )。
   A. 化学平衡态就是化学反应的限度
   B. 化学平衡时系统的热力学性质不随时间变化
   C. 化学平衡时各物质的化学势相等
   D. 任何化学反应都有化学平衡态

2. 在一定条件下,$2NO+O_2 \rightleftharpoons 2NO_2$ 达到平衡的标志是(   )。
   A. NO,O_2,NO_2 分子数目比是 2∶1∶2
   B. 反应混合物中各组分的物质的量浓度相等
   C. 混合气体的颜色不再变化
   D. 混合气体的平均相对分子质量改变

3. 对于反应的摩尔吉布斯自由能变 $\Delta_r G_m$,下列理解错误的是(   )。
   A. $\Delta_r G_m$ 是在 T、p、ξ 一定的条件下,进行一个单位反应时吉布斯自由能的改变
   B. $\Delta_r G_m$ 是在有限反应系统终态和始态吉布斯自由能的差值,即实际过程的 ΔG
   C. $\Delta_r G_m$ 是指定条件下反应自发进行趋势的量度,$\Delta_r G_m<0$,反应自发向右进行
   D. $\Delta_r G_m = \left(\dfrac{\partial G}{\partial \xi}\right)_{T,p}$,等于 G-ξ 图中反应进度为 ξ 时的曲线斜率

4. 化学反应的平衡状态随下列因素当中的哪一个而改变(   )。
   A. 系统组成
   B. 标准态
   C. 浓度标度
   D. 化学反应式中的计量系数 ν_B

5. 化学反应系统在恒温恒压下发生 $\xi=1$mol 的反应,该反应引起系统吉布斯自由能的改变值 $\Delta_r G_m$ 的数值正好等于系统化学反应吉布斯自由能 $\left(\dfrac{\partial G}{\partial \xi}\right)_{T,p}$ 的条件是(   )。
   A. 系统发生单位反应
   B. 反应达到平衡
   C. 反应物处于标准状态
   D. 无穷大系统中所发生的单位反应

6. 化学反应若严格按系统的"摩尔吉布斯自由能-反应进度"的曲线进行,则该反应最终处于(   )。
   A. 曲线的最低点
   B. 最低点与起点或终点之间的某一侧
   C. 曲线上的每一点
   D. 曲线以外的某点进行着热力学可逆过程

7. 25℃时反应 $\dfrac{1}{2}N_2(g)+\dfrac{3}{2}H_2(g) \Longrightarrow NH_3(g)$,$\Delta_r G_m^\ominus = -16.5$kJ·mol^{-1},在25℃、101325Pa 下,将 1mol $N_2(g)$、3mol $H_2(g)$ 和 2mol $NH_3(g)$ 混合,则反应(   )。
   A. 正向自发进行
   B. 逆向自发进行
   C. 系统处于平衡
   D. 无反应发生

8. 恒温恒压下,当反应的 $\Delta_r G_m^\ominus = 5$kJ·mol^{-1} 时,该反应能否正向自发进行(   )。
   A. 能正向进行
   B. 能逆向自发进行
   C. 不能判断
   D. 不能进行

9. 气相反应 $CO(g)+2H_2(g) \Longrightarrow CH_3OH(g)$ 的 $\Delta_r G_m^\ominus$ 与温度 T 的关系为 $\Delta_r G_m^\ominus = (-21660+52.92T)$ J·mol^{-1},若要使反应的平衡常数 $K_p^\ominus > 1$,则应控制的反应温度(   )。
   A. 必须低于 409.3℃
   B. 必须高于 409.3K

C. 必须低于 409.3K   D. 必须等于 409.3K

10. 设反应 $aA(g) \Longrightarrow yY(g) + zZ(g)$，在 $p^{\ominus}$、300K 下，A 的转化率是 600K 时的 2 倍，而且在 300K 下系统压力为 $p^{\ominus}$ 的转化率是 $2p^{\ominus}$ 的 2 倍，故可推断该反应（　　）。
    A. 平衡常数与温度，压力成反比
    B. 是一个体积增加的吸热反应
    C. 是一个体积增加的放热反应
    D. 平衡常数与温度成正比，与压力成反比

11. 某反应 $A(s) \Longrightarrow Y(g) + Z(g)$ 的 $\Delta_r G_m^{\ominus}$ 与温度的关系为 $\Delta_r G_m^{\ominus} = (-45000 + 110T) \text{J} \cdot \text{mol}^{-1}$，在标准压力下，要防止该反应发生，温度必须（　　）。
    A. 高于 136℃   B. 低于 184℃   C. 高于 184℃   D. 低于 136℃

12. 实际气体反应的平衡常数 K_f 的数值与下列因素中的哪一个无关（　　）。
    A. 标准态   B. 温度   C. 压力   D. 系统的平衡组成

13. 某温度下，一密闭的刚性容器中的 $PCl_5(g)$ 达到分解平衡，若往此容器中充入 $N_2(g)$ 使系统压力增大 2 倍（此时系统仍可按理想气体处理），则 $PCl_5(g)$ 的离解度将（　　）。
    A. 增大   B. 减小   C. 不变   D. 视温度而定

14. 某反应的 $\Delta_r H_m = -102 \text{kJ} \cdot \text{mol}^{-1}$，$\Delta_r S_m = -330 \text{J} \cdot \text{mol}^{-1} \cdot \text{K}^{-1}$，该反应的转折温度是（　　）。
    A. 300K   B. 309K   C. 400K   D. 无法确定

15. 下列平衡常数中，均无量纲的是（　　）。
    A. $K_f, K_p, K_c^{\ominus}, K_m$
    B. $K_f^{\ominus}, K_p^{\ominus}, K_c^{\ominus}, K_x$
    C. $K_f, K_p, K_c^{\ominus}, K_c$
    D. $K_f, K_p^{\ominus}, K_x, K_m^{\ominus}$

16. 对于气相反应，当系统总压力 p 变化时（　　）。
    A. 对 $K_f^{\ominus}$ 无影响
    B. 对 K_r 无影响
    C. 对 $K_p^{\ominus}$ 无影响
    D. 对 $K_f^{\ominus}, K_p^{\ominus}, K_r$ 无影响

17. 对于理想气体反应，以各种形式表示的平衡常数中，其值与温度和压力都有关的是（　　）。
    A. K_a B. K_c C. K_p D. K_x

18. 在溶液反应中，标准平衡常数的值与溶质标准态的选择（　　）。
    A. 有关   B. 没有关系   C. 可能没有关系   D. 不确定

19. 某化学反应在 298K 时的标准自由能变化为负值，则该温度时反应的 $K_p^{\ominus}$ 将是（　　）。
    A. $K_p^{\ominus} < 0$ B. $0 < K_p^{\ominus} < 1$ C. $K_p^{\ominus} = 0$ D. $K_p^{\ominus} > 1$

20. 某化学反应在 298K 时的标准吉布斯自由能变化为正值，则该温度时反应的 $K_p^{\ominus}$ 将是（　　）。
    A. $K_p^{\ominus} = 1$ B. $K_p^{\ominus} = 0$ C. $K_p^{\ominus} > 1$ D. $K_p^{\ominus} < 1$

21. 1000K 时气相反应 $2SO_3(g) \Longrightarrow 2SO_2(g) + O_2(g)$ 其 $K_p^{\ominus}$ 为 0.290，则 K_c 为（　　）。
    A. 0.0595   B. 0.00353   C. 0.290   D. 0.539

22. 在 298K 时，气相反应 $H_2 + I_2 \Longrightarrow 2HI$ 的 $\Delta_r G_m^{\ominus} = -16.778 \text{kJ} \cdot \text{mol}^{-1}$，则反应的标准平衡常数 $K^{\ominus}$ 为（　　）。
    A. 2.0×10^{12} B. 5.91×10^6 C. 873   D. 18.9

23. 在某温度下，反应 $SO_2(g) + \frac{1}{2}O_2(g) \Longrightarrow SO_3(g)$ 的标准平衡常数 $K^{\ominus} = 0.54$，相同温度下，$2SO_2(g) + O_2(g) \Longrightarrow 2SO_3(g)$ 的标准平衡常数 $K^{\ominus}$ 为（　　）。

A. 0.54　　　　　B. 1.08　　　　　C. 0.27　　　　　D. 0.2916

24. 已知反应 $2NH_3(g) \rightleftharpoons N_2(g)+3H_2(g)$ 的标准平衡常数为0.25。同一条件下反应 $\frac{1}{2}N_2(g)+\frac{3}{2}H_2(g) \rightleftharpoons NH_3(g)$ 的标准平衡常数为（　　）。

　　A. 4　　　　　　B. 0.5　　　　　C. 2　　　　　　D. 1

25. 某实际气体反应，用逸度表示的平衡常数 K_f 随下列哪些因素而变（　　）。

　　A. 系统的总压力　　B. 催化剂　　　　C. 温度　　　　　D. 惰性气体的量

26. 在 T、p 时，理想气体反应 $C_2H_6(g) \rightleftharpoons H_2(g)+C_2H_4(g)$ 的平衡常数 $\dfrac{K_c}{K_x}$ 的比值为（　　）。

　　A. RT　　　　　B. $\dfrac{1}{RT}$　　　　C. $\dfrac{RT}{p}$　　　　D. $\dfrac{p}{RT}$

27. 有两个反应：① $SO_2(g)+\frac{1}{2}O_2(g) \rightleftharpoons SO_3(g)$，$K_1^{\ominus}$；② $2SO_2(g)+O_2(g) \rightleftharpoons 2SO_3(g)$，$K_2^{\ominus}$；则 $K_1^{\ominus}$ 与 $K_2^{\ominus}$ 的关系是（　　）。

　　A. $K_1^{\ominus}=K_2^{\ominus}$　　B. $(K_1^{\ominus})^2=K_2^{\ominus}$　　C. $K_1^{\ominus}=(K_2^{\ominus})^2$　　D. $K_1^{\ominus}=2K_2^{\ominus}$

28. 已知温度 T 时反应 $H_2O(g) \rightleftharpoons H_2(g)+\frac{1}{2}O_2(g)$ 的 $K_{p,1}^{\ominus}$，$CO_2(g) \rightleftharpoons CO(g)+\frac{1}{2}O_2(g)$ 的 $K_{p,2}^{\ominus}$，则相同温度下反应 $CO(g)+H_2O(g) \rightleftharpoons CO_2(g)+H_2(g)$ 的 $K_{p,3}^{\ominus}$ 为（　　）。

　　A. $K_{p,3}^{\ominus}=K_{p,2}^{\ominus}+K_{p,1}^{\ominus}$　　　　　　B. $K_{p,3}^{\ominus}=K_{p,2}^{\ominus} \times K_{p,1}^{\ominus}$

　　C. $K_{p,3}^{\ominus}=\dfrac{K_{p,2}^{\ominus}}{K_{p,1}^{\ominus}}$　　　　　　　D. $K_{p,3}^{\ominus}=\dfrac{K_{p,1}^{\ominus}}{K_{p,2}^{\ominus}}$

29. 在 NH_2COONH_4 分解反应平衡常数测定的实验中，是将纯 NH_2COONH_4 置于抽空的容器中并浸没在恒温浴中测定其平衡压力 p 来进行的。反应 $NH_2COONH_4(s) \rightleftharpoons 2NH_3(g)+CO_2(g)$ 的平衡常数是（　　）。

　　A. $\dfrac{1}{9}p^3$　　　　B. $\dfrac{4}{27}p^3$　　　　C. $\dfrac{1}{4}p^3$　　　　D. $\dfrac{4}{9}p^3$

30. 在25℃和恒定容器内进行某化学反应 $A+B \rightleftharpoons 2L+M$。初始时刻 A 和 B 各为 101.325 kPa，而没有 L 和 M，平衡时 A 和 B 均为 33.775 kPa，则该反应的 K_c 为（　　）。

　　A. 0.436　　　　B. 8　　　　　　C. 10.67　　　　D. 16

31. 某温度时，$NH_4Cl(s)$ 分解压力为标准压力，则分解反应的平衡常数 $K^{\ominus}$ 为（　　）。

　　A. 1　　　　　　B. $\dfrac{1}{2}$　　　　　C. $\dfrac{1}{4}$　　　　　D. $\dfrac{1}{8}$

32. 已知下列反应 $H_2(g)+S(s) \rightleftharpoons H_2S(g)$，$K_1^{\ominus}$；$S(s)+O_2(g) \rightleftharpoons SO_2(g)$，$K_2^{\ominus}$。则反应 $H_2S(g)+O_2(g) \rightleftharpoons H_2(g)+SO_2(g)$ 的平衡常数为（　　）。

　　A. $\dfrac{K_2^{\ominus}}{K_1^{\ominus}}$　　　　B. $K_1^{\ominus}-K_2^{\ominus}$　　　　C. $K_1^{\ominus}K_2^{\ominus}$　　　　D. $\dfrac{K_1^{\ominus}}{K_2^{\ominus}}$

33. 气相反应 $2NO+O_2 \rightleftharpoons 2NO_2$ 在27℃时的 K_p 与 K_c 的比值约为（　　）。

　　A. 4.0×10^{-4}　　B. 4.0×10^{-3}　　C. 2.5×10^3　　D. 2.5×10^2

34. 在温度为 T、压力为 p 时，反应 $3O_2(g) \rightleftharpoons 2O_3(g)$ 的 K_p 与 K_x 的比值为（　　）。

　　A. RT　　　　　B. p　　　　　C. $(RT)^{-1}$　　　　D. p^{-1}

35. 关于理想气体标准平衡常数 $K^{\ominus}$，下列表示方法正确的是（　　）。

    A. $K^{\ominus}=f(T,p)$　　　　　　　　B. $K^{\ominus}=f(T,p,n)$

    C. $K^{\ominus}=f(p)$　　　　　　　　　D. $K^{\ominus}=f(T)$

36. 在 300K 的真空容器中放有过量的 A(s) 并发生下列反应 A(s)⟶B(s)+2D(g)，达到平衡时系统中 D(g) 的压力 $p_D=120$kPa，则此反应 $K^{\ominus}$ 为（　　）。

    A. 1.20　　　　　B. 0.64　　　　　C. 1.40　　　　　D. 无法确定

37. HgS(红)⟶HgS(黑)，反应 $\Delta G^{\ominus}=1710-25.5T$，在 373K 时，下列说法正确的是（　　）。

    A. HgS（红）比 HgS（黑）稳定　　　　B. 达平衡

    C. HgS（黑）比 HgS（红）稳定　　　　D. 无法判断

38. 对于反应：$CO(g)+H_2O(g) \Longrightarrow H_2(g)+CO_2(g)$，下列结论正确的是（　　）。

    A. $K_p=1$　　　　B. $K_p=K_c$　　　　C. $K_p>K_c$　　　　D. $K_p<K_c$

39. 理想气体反应 $N_2O_4(g) \Longrightarrow 2NO_2(g)$，$K_p^{\ominus}$ 和 K_p 之间的关系是（　　）。

    A. $K_p^{\ominus}=K_p$　　B. $K_p^{\ominus}=\dfrac{K_p}{p^{\ominus}}$　　C. $K_p^{\ominus}=K_p\times p^{\ominus}$　　D. $K_p^{\ominus}=K_p\times (p^{\ominus})^2$

40. 对反应 $C_2H_6(g) \Longrightarrow C_2H_4(g)+H_2(g)$，在 27℃ 时其 K_p 和 K_c 的比值（单位：J·mol^{-1}）为（　　）。

    A. 596.1　　　　B. 2494.2　　　　C. 0.0407　　　　D. 1

41. 分解反应 A(s)⟶B(g)+C(g) 此反应的平衡常数 K_p 与分解压 p 之间关系为（　　）。

    A. $K_p=4p^2$　　B. $K_p=\dfrac{1}{4}p^2$　　C. $K_p=\dfrac{1}{2}p^2$　　D. $K_p=p^2$

42. 下列平衡常数中与温度有关而与压力无关的是（　　）。

    A. $K_a^{\ominus}$，K_p　　　　　　　　　　　　B. K_f，K_x（理想气体）

    C. K_x（理想气体），$K_a^{\ominus}$　　　　　　　D. K_c（理想气体），K_c（溶液）

43. 将 20g $CaCO_3$(s) 和 60g 的 $CaCO_3$(s) 分别放入抽真空、同容积的 a 容器和 b 容器中，且与同一定温热源相接触，达到化学平衡时 $CaCO_3$(s) 部分分解为 CaO(s) 与 CO_2(g)，若忽略固体体积，则两容器中 $CaCO_3$(s) 的分解量为（　　）。

    A. a 容器中的多　　B. b 容器中的多　　C. 一样多　　D. 不确定

44. 温度升高时，固体氧化物的分解压力（分解反应是吸热反应）（　　）。

    A. 降低　　　　　B. 增大　　　　　C. 恒定　　　　　D. 无法确定

45. 在 298K 时反应 $CuSO_4·3H_2O(s) \Longrightarrow CuSO_4(s)+3H_2O(g)$ 的 $K_p^{\ominus}$ 为 10^{-6}，则此时平衡的水蒸气分压为（　　）。

    A. $10^{-6}\,p^{\ominus}$　　　B. $10^{-2}\,p^{\ominus}$　　　C. $10^{-3}\,p^{\ominus}$　　　D. $10^{-4}\,p^{\ominus}$

46. 对于理想气体化学反应，下列关系式正确的是（　　）。

    A. $\Delta_r H_m^{\ominus}=-RT\ln K_p$　　　　　　B. $\Delta_r G_m^{\ominus}=-RT\ln K_p^{\ominus}$

    C. $\Delta_r H_m^{\ominus}=-RT\ln K_x$　　　　　　D. $\Delta_r G_m^{\ominus}=-RT\ln K_c$

47. 已知 445℃ 时，Ag_2O(s) 的分解压力为 20974kPa，则此时分解反应 $Ag_2O(s)⟶2Ag(s)+\dfrac{1}{2}O_2(g)$ 的 $\Delta_r G_m^{\ominus}$（单位：kJ·mol^{-1}）为（　　）。

    A. 14.387　　　　B. 15.917　　　　C. −15.917　　　　D. −31.83

48. PCl_5 的分解反应 $PCl_5(g) \Longrightarrow PCl_3(g) + Cl_2(g)$ 在 473K 达到平衡时 $PCl_5(g)$ 有 48.5% 分解，在 573K 达到平衡时，有 97% 分解，则此反应是（   ）。
    A. 吸热反应　　　　　B. 反应的标准摩尔焓变为零的反应
    C. 放热反应　　　　　D. 在这两个温度下标准平衡常数相等的反应

49. 可逆反应 A+B(s) $\Longrightarrow$ C 达到平衡后，无论加压或降温，B 的转化率都增大，则下列结论正确的是（   ）。
    A. A 为气体，C 为固体，正反应为放热反应
    B. A 为固体，C 为气体，正反应为放热反应
    C. A 为气体，C 为固体，正反应为吸热反应
    D. A、C 均为气体，正反应为吸热反应

50. 对于化学反应 $K_p^{\ominus}$ 与 T 的关系中，正确的是（   ）。
    A. 若 $\Delta_r H^{\ominus} > 0$，T 增加，$K_p^{\ominus}$ 增加
    B. 若 $\Delta_r H^{\ominus} < 0$，T 增加，$K_p^{\ominus}$ 增加
    C. $\Delta_r H^{\ominus} > 0$ 或 $\Delta_r H^{\ominus} < 0$，T 变而 $K_p^{\ominus}$ 不变
    D. $K_p^{\ominus}$ 的单位是 $N \cdot m^{-2}$

51. 298K 时，反应 $CH_3OH(g) \Longrightarrow HCHO(g) + H_2(g)$；$HCHO(g) \Longrightarrow CO(g) + H_2(g)$；$CH_3OH(g)$，$HCHO(g)$ 和 $CO(g)$ 的 $\Delta_f H_m^{\ominus}$（$kJ \cdot mol^{-1}$）分别为 -200.66、-108.57、-110.525。若要提高平衡混合物中 HCHO 的含量，应采取的措施是（   ）。
    A. 升高温度　　　B. 降低温度　　　C. 增加压力　　　D. 减小压力

52. 已知等温反应：① $CH_4(g) \Longrightarrow C(s) + 2H_2(g)$；② $CO(g) + 2H_2(g) \Longrightarrow CH_3OH(g)$，若提高系统总压力，则平衡移动的方向为（   ）。
    A. ①向左，②向右　　B. ①向右，②向左　　C. ①和②都向右　　D. ①和②都向左

53. 理想气体反应 $N_2O_5(g) \Longrightarrow N_2O_4(g) + \frac{1}{2}O_2(g)$ 的 $\Delta_r H_m^{\ominus}$ 为 $41.84 kJ \cdot mol^{-1}$。要增加 $N_2O_4(g)$ 的产率可以（   ）。
    A. 降低温度　　　B. 提高温度　　　C. 提高压力　　　D. 定温定容加入惰性气体

54. 影响任意一个化学反应的标准平衡常数值的因素为（   ）。
    A. 催化剂　　　　B. 温度　　　　C. 压力　　　　D. 浓度

55. 下列措施中肯定使理想气体反应的标准平衡常数改变的是（   ）。
    A. 增加某种产物的浓度　　　　B. 加入反应物
    C. 加入惰性气体　　　　　　　D. 改变反应温度

56. 反应 $2NO(g) + O_2(g) \Longrightarrow 2NO_2(g)$ 是放热的，当反应在某温度和压力下达平衡时，若使反应向右移动，则应采取的措施为（   ）。
    A. 降低温度和减小压力　　　　B. 降低温度和增大压力
    C. 升高温度和减小压力　　　　D. 升高压力和增大压力

57. 放热反应 $2NO(g) + O_2(g) \Longrightarrow 2NO_2(g)$ 达平衡后，若分别采取①增加压力；②减少 NO_2 的分压；③增加 O_2 分压；④升高温度；⑤加入催化剂。能使平衡向产物方向移动的是（   ）。
    A. ①，②，③　　B. ②，③，④　　C. ③，④，⑤　　D. ①，②，⑤

58. 有可逆反应 $AB(g) \rightleftharpoons A(g)+B(g)$，$\Delta_r H_m > 0$，要使平衡向右移动，应采用下述哪组措施（　　）。

   A. T，p 均下降
   B. T，p 均上升
   C. T 上升，p 下降
   D. T 下降，p 上升

59. 在一定温度下，一定量的 $PCl_5(g)$ 在某种条件下的解离度为 α，欲使 α 增加则需采用（　　）。

   A. 增加压力使体积缩小一半
   B. 保持体积不变，通入 N_2 气使压力增加一倍
   C. 保持压力不变，通入 N_2 气使体积增加一倍
   D. 保持体积不变，通入 Cl_2 气使压力增加一倍

60. 已知 298K 时反应 $N_2O_4(g) \rightleftharpoons 2NO_2(g)$ 的 $K_p^{\ominus}$ 为 0.1132，今在同温度且 $N_2O_4(g)$ 及 $NO_2(g)$ 的分压均为 101.325kPa 的条件下，反应将是（　　）。

   A. 向生成 NO_2 的方向进行
   B. 正好达到平衡
   C. 难以判断进行方向
   D. 向生成 N_2O_4 的方向进行

61. 定温下，反应 $2NO_2(g) \rightleftharpoons N_2O_4(g)$ 达到平衡后向系统中加入惰性气体，则平衡（　　）。

   A. 向右移动
   B. 向左移动
   C. 条件不充分，无法判断
   D. 不移动

62. 定压下，加入惰性气体后，能使下列哪一个反应平衡转化率增大（　　）。

   A. $NH_3(g) \rightleftharpoons \frac{1}{2}N_2(g) + \frac{3}{2}H_2(g)$
   B. $\frac{1}{2}N_2(g) + \frac{3}{2}H_2(g) \rightleftharpoons NH_3(g)$
   C. $CO_2(g) + H_2(g) \rightleftharpoons CO(g) + H_2O(g)$
   D. $C_2H_5OH(l) + CH_3COOH(l) \rightleftharpoons CH_3COOC_2H_5(l) + H_2O(l)$

63. 设有理想气体反应 $A(g) + B(g) \rightleftharpoons C(g)$，在温度 T、体积 V 的容器中，三个组分的分压分别为 p_A、p_B、p_C 时达到平衡，如果在 T、V 恒定时，注入物质的量为 n_D 的惰性组分，则平衡将（　　）。

   A. 向右移动 B. 向左移动 C. 不移动 D. 不能确定

64. 在刚性密闭容器中，理想气体反应 $A(g) + B(g) \rightleftharpoons Y(g)$ 达平衡，若在定温下加入一定量的惰性气体，则平衡将（　　）。

   A. 向右移动 B. 向左移动 C. 不移动 D. 无法确定

65. 一密闭容器处于 283.15K 的恒温环境中，内有水及与其相平衡的水蒸气。现充入惰性气体(该气体既不与水反应，也不溶于水中)，则水蒸气的压力（　　）。

   A. 增加 B. 减少 C. 不变 D. 无法确定

66. 不能用化学平衡移动原理说明的事实是（　　）。

   A. 合成氨在高压下进行是有利的
   B. 温度过高对合成氨不利
   C. 使用催化剂能使合成氨速率加快
   D. 及时分离从合成塔中出来的混合气，有利于合成氨

67. 某温度下，一定量的 PCl₅ 在 101325Pa 下体积为 0.001m³，离解 50%，在下列哪种情况下其解离度不变（　　）。

　　A. 气体的总压力降低，直到体积增加为 0.002m³

　　B. 通入氮气，使体积增加为 0.002m³ 而压力不变

　　C. 通入氮气，使压力增加为 202650Pa 而体积不变

　　D. 通入氯气，使压力增加为 202650Pa 而体积不变

68. 当下列反应达到平衡时保持温度不变，向容器中通入氩气，则化学平衡一定不移动的是（　　）。

　　A. $PCl_5(g) \rightleftharpoons PCl_3(g)+Cl_2(g)$　　　　B. $N_2(g)+3H_2(g) \rightleftharpoons 2NH_3(g)$

　　C. $2HI(g) \rightleftharpoons H_2(g)+I_2(g)$　　　　　　D. $C_2H_4(g)+H_2(g) \rightleftharpoons C_2H_6(g)$

69. 反应 $A(g)+2B(g) \rightleftharpoons 2D(g)$，在温度 T 时的 $K^{\ominus}=1$。若在恒定温度为 T 的真空密封容器中通入 A、B、D 三种理想气体，而且它们的分压 $p_A=p_B=p_D=100$kPa，在此条件下反应（　　）。

　　A. 从左向右进行　　　　　　　　　B. 从右向左进行

　　C. 处于平衡状态　　　　　　　　　D. 条件不足，无法判断

70. 理想气体反应 $N_2O_5(g) \rightleftharpoons N_2O_4(g)+\frac{1}{2}O_2(g)$ 的 $\Delta_r H_m^{\ominus}$ 为 41.84kJ·mol⁻¹，$\Delta C_{p,m}=0$，要增加 N_2O_4 的产率可以（　　）。

　　A. 降低温度　　　　　　　　　　　B. 升高温度

　　C. 增大压力　　　　　　　　　　　D. 等温等容加入惰性气体

71. 理想气体化学反应 $A(g) \rightleftharpoons C(g)+D(g)$，在恒温下增大总压时，反应物转化率（　　）。

　　A. 增大　　　B. 减少　　　C. 不变　　　D. 不能确定

72. 反应 $CH_3COOH(l)+C_2H_5OH(l) \rightleftharpoons CH_3COOC_2H_5(l)+H_2O(l)$ 在 25℃ 时其平衡常数 K_c 为 4.0。今以 CH_3COOH 及 C_2H_5OH 各 1mol 混合进行反应，则达平衡时酯的最大产率为（　　）。

　　A. 0.334%　　　B. 33.4%　　　C. 50%　　　D. 66.7%

73. 加热 A_2B_5 气体按下式分解 ① $A_2B_5(g) \rightleftharpoons A_2B_3(g)+B_2(g)$；② $A_2B_3(g) \rightleftharpoons A_2B(g)+B_2(g)$。在容积为 2dm³ 的密闭容器中将 4mol A_2B_5 加热至 t℃ 达平衡后，浓度为 0.5mol·dm⁻³，A_2B_5 浓度为 0.7mol·dm⁻³，则 t（℃）时，B_2 的平衡浓度（单位：mol·dm⁻³）是（　　）。

　　A. 0.1　　　B. 0.2　　　C. 0.9　　　D. 1.5

74. 体积相同的甲、乙两个容器中，分别充有等物质的量的 SO_2 和 O_2，在相同条件下发生反应：$2SO_2(g)+O_2(g) \rightleftharpoons 2SO_3(g)$ 并达到平衡，在这个过程中，甲容器保持体积不变，乙容器保持压强不变，若甲容器中 SO_2 转化率为 $p\%$，则乙容器中 SO_2 转化率为（　　）。

　　A. 等于 $p\%$　　B. 大于 $p\%$　　C. 小于 $p\%$　　D. 无法判断

75. 在一定条件下，可逆反应 $2X(g)+3Y(g) \rightleftharpoons 2Z(g)$ 达到平衡时，测得 X 的转化率为 50%，Y 的转化率为 75%，则反应开始时，充入容器中的 X、Y 的摩尔比为（　　）。

　　A. 1∶3　　　B. 3∶1　　　C. 1∶1　　　D. 1∶2

76. 在一定体积的密闭容器中放入 3dm³ 气体 R 和 5dm³ 气体 Q，在一定条件下发生 2R(g)

$+5Q(g) \Longrightarrow 4X(g) + nY(g)$ 反应完全后，容器温度不变，混合气体的压强是原来的 87.5%，由化学方程式知 n 的值是（　　）。

A. 2　　　　B. 3　　　　C. 4　　　　D. 5

77. $t\ ℃$ 时，在一密闭容器中充 2mol A 和 3mol B，发生如下化学反应：$aA + B \Longrightarrow C + D$ 平衡后测知各物质浓度有如下关系：$[A]^a \times [B] = [C] \times [D]$，然后在温度不变的情况下，扩大容器容积至原来的 10 倍，结果 A 的百分含量始终未有改变，则这时 B 的转化率是（　　）。

A. 60%　　　B. 40%　　　C. 4%　　　D. 无法确定

78. 某放热反应在 800K、压力 p 下进行，达平衡后产物的含量是 50%，若反应在 200K、压力 p 下进行，平衡时产物含量（　　）。

A. 增大　　　B. 减少　　　C. 不变　　　D. 不确定

79. 在 1000K 时，反应 $Fe(s) + CO_2(g) \Longrightarrow FeO(s) + CO(g)$ 的 $K_p = 1.84$，若气相中 CO_2 含量大于 65%，则（　　）。

A. Fe 将不被氧化　　　　　　B. Fe 将被氧化
C. 反应是可逆平衡　　　　　D. 无法判断

80. 密闭容器中存在下列化学反应：$CO(g) + H_2O(g) \Longrightarrow CO_2(g) + H_2(g)$，当反应容器中充入 1mol CO 和 1mol 水蒸气，在一定条件下达到平衡时生成了 0.67mol CO_2，当充入的水蒸气改为 4mol，其他条件不变，平衡时生成的 CO_2 的物质的量可能为（　　）。

A. 0.5mol　　B. 0.93mol　　C. 0.67mol　　D. 1mol

81. 反应 $N_2(g) + 3H_2(g) \Longrightarrow 2NH_3(g)$，达到平衡后，采取下列哪种方法能使平衡向右移动（　　）。

A. 加入催化剂　　　　　　　B. 降低温度
C. 增加 H_2 的压力　　　　D. 降低系统总压

82. 将固体 NH_4I 置于密闭容器中，在某温度下发生下列反应：$NH_4I(s) \Longrightarrow NH_3(g) + HI(g)$；$2HI(g) \Longrightarrow H_2(g) + I_2(g)$，当反应达到平衡时，$[H_2] = 0.5 mol \cdot dm^{-3}$；$[HI] = 4 mol \cdot dm^{-3}$，则 NH_3 的浓度（单位：$mol \cdot dm^{-3}$）是（　　）。

A. 5　　　　B. 4.5　　　　C. 4　　　　D. 3.5

83. 下列叙述中不正确的是（　　）。

A. 标准平衡常数仅是温度的函数
B. 催化剂不能改变平衡常数的大小
C. 平衡常数发生变化，化学平衡必定发生移动，达到新的平衡
D. 化学平衡发生新的移动，平衡常数必发生变化

84. 标准状态的选择对下列有影响的是（　　）。

A. μ，f，标准吉布斯自由能变　　B. m_B，μ，f
C. a，μ，标准吉布斯自由能变　　D. μ，f

85. 下述说法中正确的是（　　）。

A. 增加压力一定有利于液体变为固体
B. 增加压力一定不利于液体变为固体
C. 增加压力不一定有利于液体变为固体
D. 增加压力与液体变为固体无关

86. 已知 FeO(s)＋C(s)⇌CO(g)＋Fe(s)反应的 $\Delta_r H_m^{\ominus}$ 为正，$\Delta_r S_m^{\ominus}$ 为正（假定 $\Delta_r H_m^{\ominus}$，$\Delta_r S_m^{\ominus}$ 不随温度而变化），下列说法中正确的是（　　）。

   A. 低温下自发过程，高温下非自发过程

   B. 任何温度下均为非自发过程

   C. 高温下自发过程，低温下非自发过程

   D. 任何温度下均为自发过程

87. Ag_2O 分解可用下面两个计量方程之一表示，其相应的平衡常数也一并列出：$Ag_2O(s) \longrightarrow 2Ag(s)+\frac{1}{2}O_2(g)$，$K_{p,1}^{\ominus}$；$2Ag_2O(s) \longrightarrow 4Ag(s)+O_2(g)$，$K_{p,2}^{\ominus}$。设气相为理想气体，且已知反应是吸热的，试判断下列结论正确的是（　　）。

   A. O_2 的平衡压力与计量方程式的写法有关

   B. $K_{p,2}^{\ominus}=K_{p,1}^{\ominus}$

   C. $K_{p,2}^{\ominus}$ 随温度的升高而增大

   D. $K_{p,1}^{\ominus}=(K_{p,2}^{\ominus})^2$

88. 下列说法正确的是（　　）。

   A. 在高温下，将氯化铵晶体加入处于平衡状态的合成氨反应时，平衡不发生移动

   B. 在密闭容器中，当 $CaCO_3(s) \rightleftharpoons CaO(s)+CO_2(g)$ 处于平衡状态时，再加入 Na_2O_2 固体，$CaCO_3$ 的量会减少

   C. 有固体参加的可逆反应达平衡后，若改变压强，不会影响平衡的移动

   D. 在合成氨反应中，使用催化剂能提高反应速率，使氨的质量分数增加，从而增加氨的产量

89. 在温度 117～237℃ 区间得出甲醇脱氧反应的平衡常数与温度的关系为：$\ln K^{\ominus} = -\frac{10593.8\text{K}}{T}+6.470$。该反应在此温度区间的 $\Delta_r H_m^{\ominus}$（单位为：kJ·mol^{-1}）为（　　）。

   A. −88.087　　B. 88.087　　C. −38.247　　D. 38.247

90. 对化学反应 A＋B⇌C＋D，若在 T、p 时，$\mu_C+\mu_D<\mu_A+\mu_B$，则（　　）。

   A. 正向反应为自发

   B. 1mol A 和 1mol B 反应自发生成 1mol C 和 1mol D

   C. 逆向反应为自发

   D. 1mol C 和 1mol D 反应自发生成 1mol A 和 1mol B

91. 某体积可变的密闭容器，盛有适量的 A 和 B 的混合气体，在一定条件下发生反应：A＋3B⇌2C，若维持温度和压强不变，当达到平衡时，容器的体积为 V(L)，其中 C 气体的体积占 10%，下列推断正确的是（　　）。

   A. 原混合气体的体积为 1.2V(L)　　B. 原混合气体的体积为 1.3V(L)

   C. 反应达平衡时气体 B 消耗 0.05V(L)　　D. 反应达平衡时气体 A 消耗 0.05V(L)

第六章 电解质溶液

1. 下列关于电解质溶液导电特点的描述中，不正确的是（　　）。
   A. 电阻随温度升高而升高　　　　　B. 其电阻随温度升高而下降
   C. 导电的原因是离子的存在　　　　D. 当电流通过时在电极上有化学反应发生
2. 电解质溶液属于离子导体。其离子来源于（　　）。
   A. 电流通过溶液，引起电解质电离
   B. 偶极水分子的作用，引起电解质离解
   C. 溶液中粒子的热运动，引起电解质分子的分裂
   D. 电解质分子之间的静电作用引起分子电离
3. 下列关于电解质溶液导电能力的叙述不正确的是（　　）。
   A. 随离子浓度（从零开始）增大先增大后减小　B. 与离子大小成正比
   C. 与离子运动速度成正比　　　　　D. 与离子电荷成正比
4. 下列说法正确的是（　　）。
   A. 对电解池来说，负极是阴极，正极是阳极
   B. 对电解池来说，负极是阳极，正极是阴极
   C. 对原电池来说，负极是阴极，正极是阳极
   D. 对原电池和电解池来说，均是正极为阳极，负极为阴极
5. 1mol 电子的电量与下列哪个量相同（　　）。
   A. 安培秒　　　　B. 库仑　　　　C. 法拉第　　　　D. 单位电荷
6. 在单一电解质溶液中，正负离子传导的电量之比为（　　）。
   A. 等于 1　　　　　　　B. 等于正负离子所带电荷数之比
   C. 无法确定　　　　　　D. 等于正负离子的运动速率之比
7. 已知铜的摩尔质量为 $63.54\ g\cdot mol^{-1}$，用 $0.5F$ 电量可以从硫酸铜溶液中沉淀出多少克铜（　　）。
   A. 64　　　　　　B. 127　　　　　　C. 32　　　　　　D. 16
8. 用 2 个铂电极电解 KOH 溶液，问当析出 1mol 氢气和 0.5mol 氧气时，需要通过的电量是多少法拉第（　　）。
   A. 1　　　　　　　B. 1.5　　　　　　C. 2　　　　　　　D. 4
9. 描述电极上通过的电量与已发生电极反应的物质的量之间关系的是（　　）。
   A. 欧姆（Ohm）定律　　　　　　　B. 离子独立运动定律
   C. 法拉第（Faraday）定律　　　　　D. 能斯特（Nernst）定律
10. 溶液中氢离子和氢氧根离子的淌度特别大，究其原因，下述分析中正确的是（　　）。
    A. 发生电子传导　　B. 发生质子传导　　C. 离子荷质比大　　D. 离子水化半径小
11. 在一般情况下，电位梯度只影响（　　）。
    A. 离子的电迁移率　B. 离子迁移速率　　C. 电导率　　　　　D. 离子的电流分数
12. 电解质溶液中离子迁移数（t_i）与离子淌度（U_i）成正比。当温度与溶液浓度一定时，

离子淌度是一定的，则 25℃时，0.1 mol·dm^{-3} NaOH 中 Na$^+$ 的迁移数 t_1 与 0.1mol·dm^{-3} NaCl 溶液中 Na$^+$ 的迁移数 t_2，两者之间的关系为（　　）。

  A. 相等 B. $t_1 > t_2$ C. $t_1 < t_2$ D. 大小无法比较

13. 离子运动速率直接影响离子的迁移数，它们的关系是（　　）。

  A. 离子运动速率越大，迁移量越多，迁移数越大

  B. 同种离子运动速率是一定的，故在不同的电解质溶液中，其迁移数相同

  C. 在某种电解质溶液中，离子运动速率越大，迁移数越大

  D. 离子迁移数与离子本性无关，只决定于外电场强度

14. 下面阳离子的离子迁移率最大的是（　　）。

  A. Be^{2+} B. Mg^{2+} C. Na$^+$ D. H$^+$

15. 298K 时，无限稀释的溶液中，离子摩尔电导率最大的是（　　）。

  A. Al^{3+} B. Mg^{2+} C. H$^+$ D. K$^+$

16. 下列哪个是离子电迁移率的单位（　　）。

  A. m·s^{-1} B. m·s^{-1}·V^{-1} C. m^2·s^{-1}·V^{-1} D. s^{-1}

17. 正离子的迁移数等于（　　）。

  A. 迁移的正离子个数 B. 在电极发生还原反应的正离子个数

  C. 正离子的运动速率 D. 正离子迁移的电量与通过溶液的总电量之比

18. 下面哪种因素能影响电解质离子的迁移速率，而不影响迁移数（　　）。

  A. 溶液的温度 B. 溶液的浓度 C. 溶质的性质 D. 电位梯度

19. 298K 时，Λ_m(LiI)、Λ_m(H$^+$)、Λ_m(LiCl) 的值（S·m^2·mol^{-1}）分别为 1.17×10^{-2}、3.50×10^{-2} 和 1.15×10^{-2}，已知 LiCl 中的 $t_+ = 0.34$，则 HI 中 H$^+$ 的迁移数为（　　）。

  A. 0.82 B. 0.18 C. 0.34 D. 0.66

20. 在一定条件下，强电解质 AB 的溶液中只存在 A$^+$ 和 B$^-$ 两种离子（水的电离可忽略不计）。已知 A$^+$ 和 B$^-$ 运动的速率存在下列关系：$r_+ = 1.5 r_-$ 则 B$^-$ 的迁移数 t_- 为（　　）。

  A. 0.4 B. 0.5 C. 0.6 D. 0.7

21. 在希托夫（Hittorff）法测迁移数的实验中，用 Ag 电极电解 AgNO$_3$ 溶液，测出在阳极部 AgNO$_3$ 增加了 x(mol)，而串联在电路中的 Ag 库仑计上有 $y$mol 的 Ag 析出，则 Ag$^+$ 迁移数为（　　）。

  A. $\dfrac{x}{y}$ B. $\dfrac{y}{x}$ C. $\dfrac{x-y}{x}$ D. $\dfrac{y-x}{y}$

22. 用界面移动法测量离子迁移数，应选用下列哪一对电解质溶液（　　）。

  A. HCl 与 CuSO$_4$ B. CuCl$_2$ 与 CuSO$_4$ C. HCl 与 CdCl$_2$ D. H$_2$SO$_4$ 与 CdCl$_2$

23. 在希托夫法测定迁移数实验中，用铂电极电解硝酸银溶液，在 100g 阳极部的溶液中含银离子的物质的量在反应前后分别为 a(mol)、b(mol)，在串联的铜库仑计中有 c(g) 铜析出，则银离子迁移数的计算式为（Cu 的摩尔质量：63.6 g·mol^{-1}）（　　）。

  A. $\dfrac{63.6(a-b)}{c}$ B. $c - \dfrac{a-b}{31.8}$ C. $\dfrac{31.8(a-b)}{c}$ D. $\dfrac{31.8(b-a)}{c}$

24. 在迁移管中放入 AgNO$_3$ 溶液，用 Ag 作电极，对阳极区的 Ag$^+$ 进行分析，用 $n_{始}$、$n_{终}$、$n_{迁}$、$n_{反}$ 分别表示：阳极区原始溶液中、终态溶液中、电迁移和反应的 Ag 的物质的量，则下列哪个式子成立（　　）。

A. $n_{反}+n_{终}=n_{始}+n_{迁}$
B. $n_{反}+n_{始}=n_{终}+n_{迁}$
C. $n_{反}+n_{迁}=n_{始}+n_{终}$
D. $n_{反}+n_{终}=n_{始}-n_{迁}$

25. 用银电极电解质量分数为 0.1494 的 KCl 溶液，通电一定时间后，与电池串联的库仑计中沉积了 0.1602g Ag，并测知阴极区溶液重 120.99g，KCl 的质量分数为 0.1940，试计算 KCl 溶液中 K^+ 的迁移数（Ag 的摩尔质量为 107.9 g·mol^{-1}，KCl 的摩尔质量为 74.6 g·mol^{-1}）为（ ）。
    A. 0.630 B. 0.310 C. 0.488 D. 0.530

26. 在界面移动法测定离子迁移数的实验中，其实验结果的准确性主要取决于（ ）。
    A. 界面移动清晰程度 B. 外加电压大小
    C. 正负离子的价数是否相等 D. 正负离子运动速率是否相同

27. 关于电解质溶液电导率的概念，下述说法中正确的是（ ）。
    A. 电解质溶液的电导率是两电极面积各为 1 m²，两电极间距离为 1 m 时溶液的电导
    B. 电解质溶液的电导率是单位浓度电解质溶液的电导
    C. 电解质溶液的电导率相当于摩尔电导率的倒数
    D. 电解质溶液的电导率等于电阻的倒数

28. 298.2K 时，0.1 mol·dm^{-3} NaCl 溶液的电阻率为 93.6 Ω·m，其电导率（单位为：S·m^{-1}）为（ ）。
    A. 6.4 B. 0.936 C. 9.36 D. 0.011

29. 用同一电导池分别测定浓度为 0.01 mol·kg^{-1} 和 0.1 mol·kg^{-1} 的不同电解质溶液，测得电阻分别为 1000Ω 和 500Ω，则它们的摩尔电导率之比为（ ）。
    A. 1:5 B. 5:1 C. 10:5 D. 5:10

30. 298K 时，KNO$_3$ 溶液的浓度由 1 mol·dm^{-3} 增大到 2 mol·dm^{-3}，其摩尔电导率将（ ）。
    A. 增大 B. 减小 C. 不变 D. 不确定

31. 下列电解质溶液（浓度均为 0.01 mol·kg^{-1}）中摩尔电导率最大的是（ ）。
    A. HAc B. KCl C. KOH D. HCl

32. 摩尔电导率的定义中固定的因素有（ ）。
    A. 两个电极间的距离 B. 两个电极间的面积
    C. 电解质的数量固定 D. 固定一个立方体溶液的体积

33. 下列 4 种电解质溶液的浓度均为 0.01 mol·dm^{-3}，按摩尔电导率值将它们从大到小排序，排列正确的是（ ）。
    A. HCl>NaCl>KCl>KOH B. NaCl>KCl>KOH>HCl
    C. HCl>KOH>KCl>NaCl D. HCl>KOH>NaCl>KCl

34. 在一定温度和浓度的溶液中，带相同电荷数的 Li$^+$、Na$^+$、K$^+$、Rb$^+$，它们的离子半径依次增大，其摩尔电导率恰也依次增大，这是由于（ ）。
    A. 离子淌度依次减小 B. 离子的水化作用依次减弱
    C. 离子的迁移数依次减小 D. 电场强度的作用依次减小

35. 下列电解质溶液中，摩尔电导率最大的是（ ）。
    A. 0.01 mol·kg^{-1} 的 HCl B. 0.01 mol·kg^{-1} 的 NaOH
    C. 0.01 mol·kg^{-1} 的 NaCl D. 1 mol·kg^{-1} 的 NaOH

36. 在表达离子的摩尔电导率时有必要指明涉及的基本单元，下列式中正确的是（ ）。

A. $\Lambda_m(Mg^{2+}) = 2\Lambda_m(\frac{1}{2}Mg^{2+})$ B. $2\Lambda_m(Mg^{2+}) = \Lambda_m(\frac{1}{2}Mg^{2+})$

C. $\Lambda_m(Mg^{2+}) = \Lambda_m(\frac{1}{2}Mg^{2+})$ D. 以上都不对

37. 某电导池的电导池常数 K_{cell} 为 150 m^{-1}，用此电导池测得浓度为 0.02 mol·dm^{-3} 的电解质（AB）溶液的电阻为 900Ω，由此可计算出该电解质溶液的摩尔电导率（单位：S·m^2·mol^{-1}）为（ ）。

    A. 0.00833   B. 0.000167   C. 8.33   D. 数据不全，无法计算

38. 按国标（GB），如下单位不正确的是（ ）。

    A. 摩尔电导率：S·m^{-1}·mol^{-1} B. 离子摩尔电导率：S·m^2·mol^{-1}

    C. 电导：S   D. 电导率：S·m^{-1}

39. 不能通过测定电解质溶液的电导来计算的物理量是（ ）。

    A. 离子迁移数   B. 难溶盐溶解度

    C. 弱电解质的电离度   D. 电解质溶液的浓度

40. 电导法测定弱电解质电离常数的实验中，直接测定的物理量是（ ）。

    A. 电离度   B. 摩尔电导率   C. 电阻   D. 电导率

41. 在 HAc 电离常数测定的实验中，直接测定的物理量是不同浓度的 HAc 溶液的（ ）。

    A. 电导率   B. 电阻   C. 摩尔电导率   D. 电离度

42. 欲要比较各种电解质导电能力的大小，更为合理的是比较（ ）。

    A. 电解质的电导率值   B. 电解质的摩尔电导率值

    C. 电解质的电导值   D. 电解质的极限摩尔电导率值

43. 用电导率仪测未知溶液的电导，将一定浓度的标准 KCl 溶液注入电导池中进行测定，其目的是（ ）。

    A. 做空白试验   B. 校正零点   C. 求电导池常数   D. 做工作曲线

44. 用 HCl 滴定 NaOH 溶液，体系的电导率（ ）。

    A. 不断下降   B. 不断上升   C. 先上升后下降   D. 先下降后上升

45. 在测定电解质溶液的电阻时，一般是应用惠斯顿电桥，作为电桥平衡点的指零仪器，不能选用的是（ ）。

    A. 阴极射线示波器   B. 直流检流计   C. 电导率仪   D. 耳机

46. 测定电解质溶液的电导实验中，所用的电源是（ ）。

    A. 普通家用交流电   B. 超高频交流电   C. 低压直流电   D. 中频交流电

47. AgCl 在以下溶液(a) 0.1 mol·dm^{-3} NaNO$_3$；(b) 0.1 mol·dm^{-3} NaCl；(c) H$_2$O；(d) 0.1 mol·dm^{-3} Ca(NO$_3$)$_2$；(e) 0.1 mol·dm^{-3} NaBr 中溶解度递增次序为（ ）。

    A. (a)<(b)<(c)<(d)<(e)   B. (b)<(c)<(a)<(d)<(e)

    C. (c)<(a)<(b)<(e)<(d)   D. (c)<(b)<(a)<(e)<(d)

48. 在一定温度下，浓度 $c=0.1$ mol·dm^{-3} 的 NH$_3$·H$_2$O 的溶液，其解离度为 $\alpha=0.0134$，电导率 κ(NH$_3$·H$_2$O) = 0.0365 S·m^{-1}，则 NH$_3$·H$_2$O 的摩尔电导率（单位为：S·m^2·mol^{-1}）为（ ）。

    A. 3.65×10^{-4} B. 4.89×10^{-6}

    C. 272.4×10^{-4} D. 数据不够，无法计算

49. 在 25 ℃下，水的离子积 $K_w = 1.008 \times 10^{-14}$，已知在 25 ℃下 HCl、NaOH、NaCl 的极限摩尔电导率（$S \cdot m^2 \cdot mol^{-1}$）分别为 426.16×10^{-4}、248.11×10^{-4}、126.4×10^{-4}。则在 25 ℃下纯水的电导率（单位为：$S \cdot m^{-1}$）为（　　）。
    A. 5.50×10^{-9}　　　　B. 3.06×10^{-6}　　　　C. 5.50×10^{-6}　　　　D. 5.50×10^{-5}

50. 一定温度下对于同一电解质溶液，当其浓度逐渐增加时，下列哪个物理量将随之增加（　　）。
    A. 在稀溶液范围内的电导率　　　　B. 摩尔电导率
    C. 离子平均活度系数　　　　D. 离子电迁移率

51. 若向摩尔电导率为 1.4×10^{-2} $S \cdot m^2 \cdot mol^{-1}$ 的 $CuSO_4$ 溶液中加入 $1\ m^3$ 的纯水，这时 $CuSO_4$ 摩尔电导率将（　　）。
    A. 降低　　　　B. 增大　　　　C. 不变　　　　D. 不能确定

52. 在其他条件不变的情况下，电解质溶液的摩尔电导率随溶液浓度的增加而（　　）。
    A. 增大　　　　B. 减小　　　　C. 先增后减　　　　D. 不变

53. 已知 25℃下，$\lambda_m^\infty(K^+) = 73.52 \times 10^{-4} S \cdot m^2 \cdot mol^{-1}$，$\lambda_m^\infty(\frac{1}{2}SO_4^{2-}) = 79.8 \times 10^{-4} S \cdot m^2 \cdot mol^{-1}$，则 K_2SO_4 的无限稀摩尔电导率 $\Lambda_m^\infty(K_2SO_4)$（单位为：$10^{-4} S \cdot m^2 \cdot mol^{-1}$）为（　　）。
    A. 153.32　　　　B. 266.84　　　　C. 233.12　　　　D. 306.64

54. 在一定温度和较小浓度的情况下，增大强电解质溶液的浓度，则溶液的电导率 κ 和摩尔电导 Λ_m 的变化为（　　）。
    A. κ 增大，Λ_m 增大　　　　B. κ 增大，Λ_m 减小
    C. κ 减少，Λ_m 增大　　　　D. κ 减少，Λ_m 减少

55. 强电解质稀溶液的摩尔电导率随电解质浓度的减小（　　）。
    A. 先增后减　　　　B. 先减后增　　　　C. 总是增大　　　　D. 总是减小

56. 在强电解质稀溶液中，强电解质的摩尔电导率与（　　）。
    A. 浓度平方成正比　　B. 浓度成正比　　C. 浓度成反比　　D. 浓度的平方根成正比

57. 强电解质溶液的电导率与浓度的关系是（　　）。
    A. 电导率随浓度的增大而增大　　　　B. 电导率随浓度的增加而减小
    C. 电导率随浓度的增加先增加后减小　　　　D. 电导率随浓度的增加先减小后增加

58. 在一定的温度下，当电解质溶液被冲稀时，其摩尔电导变化为（　　）。
    A. 强电解质溶液与弱电解质溶液都增大　　　　B. 强电解质溶液与弱电解质溶液都减小
    C. 强电解质溶液增大，弱电解质溶液减小　　　　D. 强弱电解质溶液都不变

59. 分别将 $CuSO_4$、H_2SO_4、HCl、NaCl 从 $0.1\ mol \cdot dm^{-3}$ 降低到 $0.01\ mol \cdot dm^{-3}$，则摩尔电导率变化最大的是（　　）。
    A. $CuSO_4$　　　　B. H_2SO_4　　　　C. HCl　　　　D. NaCl

60. 298.15K，当 H_2SO_4 溶液的浓度从 $0.01\ mol \cdot kg^{-1}$ 增至 $0.1\ mol \cdot kg^{-1}$ 时，其电导率和摩尔电导率将（　　）。
    A. 电导率减小，摩尔电导率增加　　　　B. 电导率增加，摩尔电导率增加
    C. 电导率减小，摩尔电导率减小　　　　D. 电导率增加，摩尔电导率减小

61. 电解质溶液的摩尔电导率可以看作是正负离子的摩尔电导率之和，这一规律只适用于

( )。
   A. 强电解质 B. 强电解质的稀溶液
   C. 无限稀释溶液 D. 摩尔浓度为 1mol·dm^{-3} 的溶液

62. 已知 298K 时 λ_m^∞（CH_3COO^-）$= 4.09 \times 10^{-3}$ S·m^2·mol^{-1}，若在极稀的醋酸盐溶液中，在相距 0.112 m 的两电极上施加 5.60V 电压，那么 CH_3COO^- 的迁移速率（单位：m·s^{-1}）为（   ）。
   A. 2.12×10^{-6} B. 4.23×10^{-8} C. 8.47×10^{-5} D. 2.04×10^{-3}

63. 科尔劳奇（Kohlrausch）离子独立运动定律适合于（   ）。
   A. 任意浓度的强电解质溶液 B. 任意浓度的弱电解质溶液
   C. 无限稀释的强或弱电解质溶液 D. 只适用于无限稀释的强电解质溶液

64. 下列化合物中哪种溶液的无限稀释摩尔电导率可以用 Λ_m 对 $\sqrt{c}$ 作图外推至 $c \longrightarrow 0$ 求得（   ）。
   A. HAc B. NaCl C. $NH_3 \cdot H_2O$ D. CH_3CH_2OH

65. 氯化镁可采用基本单元 $MgCl_2$ 或 $\frac{1}{2}MgCl_2$。在一定温度和无限稀释溶液中，两者的极限摩尔电导率的关系为（   ）。
   A. $2\Lambda_m^\infty(\frac{1}{2}MgCl_2) = \Lambda_m^\infty(MgCl_2)$ B. $2\Lambda_m^\infty(MgCl_2) = \Lambda_m^\infty(\frac{1}{2}MgCl_2)$
   C. $\Lambda_m^\infty(\frac{1}{2}MgCl_2) = \Lambda_m^\infty(MgCl_2)$ D. 两者不存在任何关系

66. 无限稀释 KCl 溶液中，Cl^- 的迁移数为 0.505，该溶液中 K^+ 的迁移数为（   ）。
   A. 0.505 B. 0.495 C. 67.5 D. 64.3

67. LiCl 的无限稀释摩尔电导率为 0.011503 S·m^2·mol^{-1}，在 298K 时，测得 LiCl 稀溶液中 Li^+ 的迁移数为 0.3364，则 Cl^- 的摩尔电导率（单位为:S·m^2·mol^{-1}）为（   ）。
   A. 0.007633 B. 0.011303 C. 0.003870 D. 7633

68. 相同温度下，无限稀释时 HCl、KCl、$CdCl_2$ 三种溶液，下列说法中不正确的是（   ）。
   A. Cl^- 的淌度相同 B. Cl^- 的迁移数都相同
   C. Cl^- 的摩尔电导率都相同 D. Cl^- 的迁移速率不一定相同

69. 298K 时，无限稀释的 NH_4Cl 溶液中正离子迁移数 $t_+ = 0.491$。已知 $\Lambda_m(NH_4Cl) = 0.0150$ S·m^2·mol^{-1}，则下列答案正确的是（   ）。
   A. $\lambda_m(Cl^-) = 0.00737$ S·m^2·mol^{-1} B. $\lambda_m(NH_4^+) = 0.00764$ S·m^2·mol^{-1}
   C. 淌度 $U(Cl^-) = 737$ m^2·s^{-1}·V^{-1} D. 淌度 $U(Cl^-) = 7.92 \times 10^{-8}$ m^2·s^{-1}·V^{-1}

70. 科尔劳施（Kohlrausch）关于电解质溶液的摩尔电导率与其浓度关系的公式仅适用于（   ）。
   A. 强电解质溶液 B. 弱电解质溶液
   C. 无限稀的溶液 D. 浓度为 1mol·L^{-1} 的溶液

71. 醋酸的极限摩尔电导率数值是根据下列何种方法得到的（   ）。
   A. D-H 极限公式 B. Kohlrausch 经验公式外推值
   C. 离子独立运动定律 D. 实验直接测得

72. 在 25℃、无限稀释时，H^+、Li^+、Na^+、K^+ 迁移数大小的顺序为（   ）。

A. $t(H^+)>t(K^+)>t(Na^+)>t(Li^+)$ B. $t(Li^+)>t(Na^+)>t(K^+)>t(H^+)$

C. $t(Na^+)>t(H^+)>t(K^+)>t(Li^+)$ D. $t(K^+)>t(Li^+)>t(H^+)>t(Na^+)$

73. 在无限稀释的电解质溶液中，正离子淌度 U_+^∞、正离子的摩尔电导率 $\lambda_{m,+}^\infty$ 和法拉第常数 F 之间的关系是（   ）。

   A. $\dfrac{U_+^\infty}{\lambda_{m,+}^\infty}=F$ B. $U_+^\infty \lambda_{m,+}^\infty=F$ C. $U_+^\infty \lambda_{m,+}^\infty F=1$ D. $\dfrac{\lambda_{m,+}^\infty}{U_+^\infty}=F$

74. 已知 298K，$\frac{1}{2}$CuSO$_4$、CuCl$_2$、NaCl 的极限摩尔电导率 Λ_m^∞ 分别为 a、b、c（单位为 S·m^2·mol^{-1}），那么 Λ_m^∞(Na$_2$SO$_4$) 是（   ）。

   A. $c+a-b$ B. $2a-b+2c$ C. $2c-2a+b$ D. $2a-b+c$

75. 无限稀释时 HCl、KCl 和 NaCl 三种溶液在相同温度、相同浓度、相同电位梯度下，三种溶液中 Cl$^-$ 的运动速度和迁移数（   ）。

   A. 运动速度和迁移数都相同   B. 运动速度相同，迁移数不同

   C. 运动速度不同，迁移数相同   D. 不能确定

76. 在①浓度、②溶剂、③温度、④电极间距离、⑤离子电荷中对离子极限摩尔电导率有影响的是（   ）。

   A. ①，②   B. ②，③   C. ③，④   D. ②，③，⑤

77. 在 25 ℃无限稀释的溶液中，下列离子中离子摩尔电导率最大的是（   ）。

   A. CH$_3$COO$^-$ B. Br$^-$ C. Cl$^-$ D. OH$^-$

78. CaCl$_2$ 摩尔电导率与其离子的摩尔电导率的关系是（   ）。

   A. $\Lambda_m^\infty(CaCl_2)=\lambda_m^\infty(Ca^{2+})+\lambda_m^\infty(Cl^-)$ B. $\Lambda_m^\infty(CaCl_2)=\frac{1}{2}\lambda_m^\infty(Ca^{2+})+\lambda_m^\infty(Cl^-)$

   C. $\Lambda_m^\infty(CaCl_2)=\lambda_m^\infty(Ca^{2+})+2\lambda_m^\infty(Cl^-)$ D. $\Lambda_m^\infty(CaCl_2)=2[\lambda_m^\infty(Ca^{2+})+\lambda_m^\infty(Cl^-)]$

79. 298K，无限稀释的溶液中（   ）。

   A. Na$^+$ 的迁移数为定值   B. Na$^+$ 的迁移速率为定值

   C. Na$^+$ 的电导率为定值   D. Na$^+$ 的摩尔电导率为定值

80. 无限稀释溶液中，KCl 的摩尔电导率为 130×10^{-4} S·m^2·mol^{-1}，同温度下 KCl 溶液中，Cl$^-$ 的迁移数为 0.505，则溶液中 K$^+$ 的迁移率 (m^2·s^{-1}·V^{-1}) 为（   ）。

   A. 0.495   B. 130   C. 6.67×10^{-8} D. 6.80×10^{-8}

81. 固体 AgCl 在下列哪个电解质溶液（浓度相同）中溶解度最大（   ）。

   A. AgNO$_3$ B. NaCl   C. NaNO$_3$ D. Ca(NO$_3$)$_2$

82. 25℃时，纯水的摩尔电导率 $\Lambda_m(H_2O)=\Lambda_m^\infty(H_2O)=\lambda_m^\infty(H^+)+\lambda_m^\infty(OH^-)=547.82\times10^{-4}$ S·m^2·mol^{-1}；纯水之中，$c(H^+)=c(OH^-)=1.00\times10^{-7}$ mol·dm^{-3}。25℃时纯水的电导率(单位为:S·m^{-1})为（   ）。

   A. 304.1×10^4 B. 5.48×10^{-6} C. 545.64   D. 5.48×10^{-4}

83. 电解质分为强电解质和弱电解质，其原因在于（   ）。

   A. 电解质为离子晶体和非离子晶体   B. 全解离和非全解离

   C. 溶剂为水和非水   D. 离子间作用强和弱

84. 电导测定在实验室或实际生产中被广泛应用，下列哪个不能通过电导测定得以解决（   ）。

A. 难溶盐的溶解度 B. 弱电解质的电离度
C. 平均活度系数 D. 电解质溶液的浓度

85. 强电解质 $MgCl_2$ 溶液，其离子平均活度 $a_\pm$ 与电解质活度 a_B 之间的关系是（ ）。

A. $a_\pm = a_B$ B. $a_\pm = a_B^3$ C. $a_\pm = a_B^{1/3}$ D. $a_\pm = a_B^{1/2}$

86. 在一定温度下，弱电解质溶液的电导率随浓度增大，其变化为（ ）。

A. 增大   B. 减小   C. 先增后减   D. 几乎不变

87. 若下列电解质溶液溶质的质量摩尔浓度都是 $0.01 mol \cdot kg^{-1}$，那么离子平均活度系数最小的是（ ）。

A. $ZnSO_4$ B. $CaCl_2$ C. KCl D. $NaCl$

88. 电解质溶液的离子平均活度系数受多种因素的影响，当温度一定时，其主要的影响因素是（ ）。

A. 离子的本性 B. 共存的它种离子的性质
C. 电解质的强弱 D. 离子浓度及离子电荷数

89. 对于质量摩尔浓度为 m，离子的平均活度系数为 $r_\pm$ 的 K_3PO_4 溶液，其离子平均活度 $a_\pm$ 为（ ）。

A. $4^{1/3} r_\pm^3 \dfrac{m^3}{m^\ominus}$ B. $27^{1/4} r_\pm^4 \dfrac{m^4}{m^\ominus}$ C. $r_\pm^3 \dfrac{m^3}{m^\ominus}$ D. $27^{1/4} r_\pm \dfrac{m}{m^\ominus}$

90. 质量摩尔浓度为 m 的 Na_3PO_4 溶液，平均活度系数为 $r_\pm$，则电解质的活度为（ ）。

A. $4 \dfrac{m^4}{m^\ominus} r_\pm^4$ B. $4 \dfrac{m}{m^\ominus} r_\pm^4$ C. $27 \dfrac{m^4}{m^\ominus} r_\pm^4$ D. $27 \dfrac{m}{m^\ominus} r_\pm^4$

91. 在 298.15K 时，$0.002 mol \cdot kg^{-1}$ 的 HCl 溶液的平均离子活度系数 $r_{\pm,1}$ 与 $0.002 mol \cdot kg^{-1}$ 的 H_2SO_4 溶液的平均离子活度系数 $r_{\pm,2}$ 之间的关系是（ ）。

A. $r_{\pm,1} = r_{\pm,2}$ B. $r_{\pm,1} > r_{\pm,2}$ C. $r_{\pm,1} < r_{\pm,2}$ D. 无法确定

92. 若离子平均活度系数小于1，主要原因是（ ）。

A. 正负离子间的作用力大 B. 溶质与溶剂间的作用力大
C. 离子的溶剂化作用力大 D. 溶剂分子间的作用力大

93. 对于 $BaCl_2$ 溶液，以下等式成立的是（ ）。

A. $a^3 = r$ B. $a = a_+ a_-$ C. $m = m_+ m_-$ D. $m_\pm^3 = m_+ m_-^2$

94. 下列浓度都是 $0.01 mol \cdot kg^{-1}$ 的电解质溶液，其平均活度系数最大的是（ ）。

A. KCl B. $CaCl_2$ C. Na_2SO_4 D. $AlCl_3$

95. 在25℃时的 NaOH 溶液中，当 $m(NaOH) = 0.10 mol \cdot kg^{-1}$ 时，其正、负离子的平均活度系数 $r_\pm = 0.766$，则正、负离子的平均活度 $a_\pm$ 为（ ）。

A. 0.766   B. 0.0766   C. 7.66   D. 0.1532

96. 298K 时，$0.1 mol \cdot kg^{-1}$ 的 $CaCl_2$ 溶液其平均活度系数 $r_\pm = 0.219$，则离子平均活度为（ ）。

A. 3.476×10^{-4} B. 3.476×10^{-2} C. 6.964×10^{-2} D. 1.385×10^{-2}

97. $0.002 mol \cdot kg^{-1}$ 的 Na_2SO_4 溶液，其平均质量摩尔浓度为（ ）。

A. 3.175×10^{-3} B. 2.828×10^{-3} C. 1.789×10^{-3} D. 4×10^{-3}

98. 质量摩尔浓度为 m 的 H_2SO_4 溶液，其离子平均活度 $a_\pm$ 与平均活度系数 $r_\pm$ 及 m 之间的关系是（ ）。

A. $a_\pm = r_\pm \dfrac{m}{m^\ominus}$ B. $a_\pm = 4^{1/3} r_\pm \dfrac{m}{m^\ominus}$ C. $a_\pm = 27^{1/4} r_\pm \dfrac{m}{m^\ominus}$ D. $a_\pm = 4 r_\pm^3 \left(\dfrac{m}{m^\ominus}\right)^3$

99. 下列关于界面移动法测量离子迁移数的说法中正确的是(   )。
    A. 界面移动法测量离子迁移数的精确度比希托夫法高
    B. 界面移动法测量离子迁移数的精确度不如希托夫法
    C. 界面移动法可测量 HCl 与 $CuSO_4$ 组成体系的 Cu^{2+} 迁移数
    D. 界面移动法不能测量 H_2SO_4 与 $CdSO_4$ 组成体系的 Cd^{2+} 迁移数

100. NaCl 水溶液中 Na^+ 和 Cl^- 的迁移数为 t_+ 和 t_-,则下列关系式中不正确的是(   )。
    A. $t_+ = \dfrac{n_+}{n_+ + n_-},\ t_- = \dfrac{n_-}{n_+ + n_-}$ B. $t_+ = \dfrac{r_+}{r_+ + r_-},\ t_- = \dfrac{r_-}{r_+ + r_-}$
    C. $t_+ = \dfrac{q_+}{q_+ + q_-},\ t_- = \dfrac{q_-}{q_+ + q_-}$ D. $t_+ = \dfrac{\lambda_+}{\lambda_+ + \lambda_-},\ t_- = \dfrac{\lambda_-}{\lambda_+ + \lambda_-}$

101. 298.15K 浓度为 $0.005\,mol \cdot kg^{-1}$ 的 $ZnCl_2$ 溶液的离子平均活度系数为(   )。
    A. 0.219   B. 3.476×10^{-2}
    C. 0.7504   D. 6.964×10^{-2}

102. 相同温度下,下列溶液中离子平均活度系数最大的是(   )。
    A. $0.01\,mol \cdot kg^{-1}\,HCl$ B. $0.02\,mol \cdot kg^{-1}\,HCl$
    C. $0.01\,mol \cdot kg^{-1}\,CuCl_2$ D. $0.01\,mol \cdot kg^{-1}\,CuSO_4$

103. $1.0\,mol \cdot kg^{-1}$ 的 $K_4Fe(CN)_6$ 溶液的离子强度(单位为:$mol \cdot kg^{-1}$)为(   )。
    A. 15   B. 10   C. 7   D. 4

104. 某电解质溶液的浓度 $m = 0.05\,mol \cdot kg^{-1}$,离子强度 $I = 0.15\,mol \cdot kg^{-1}$,该电解质是(   )。
    A. A^+B^- 型   B. $A_2^+B^{2-}$ 型
    C. $A^{2+}B^{2-}$ 型   D. $A^{3+}B^{3-}$ 型

105. 电解质溶液的离子强度与其浓度的关系为(   )。
    A. 浓度增大,离子强度增强   B. 浓度增大,离子强度变弱
    C. 浓度不影响离子强度   D. 随浓度变化,离子强度变化无规律

106. 质量摩尔浓度为 m 的硫酸铜溶液的离子强度 I 等于(   )。
    A. m B. $2m$ C. $3m$ D. $4m$

107. $0.001\,mol \cdot kg^{-1}\,K_2SO_4$ 和 $0.003\,mol \cdot kg^{-1}\,Na_2SO_4$ 溶液,在 298 K 时的离子强度(单位为:$mol \cdot kg^{-1}$)为(   )。
    A. 0.001   B. 0.003   C. 0.002   D. 0.012

108. 同浓度(m)的 1-3 价型和 1-4 价型电解质的离子强度分别为(   )。
    A. $2m,6m$ B. $6m,10m$ C. $6m,8m$ D. $6m,12m$

109. 在稀溶液范围内,离子平均活度系数与电解质溶液的离子强度的关系,下列说法正确的是(   )。
    A. 离子强度增大,平均活度系数变大
    B. 离子强度增大,平均活度系数变小
    C. 离子强度不影响平均活度系数的数值
    D. 随离子强度发生变化,平均活度系数变化无规律

110. 德拜-休克尔极限公式适用于（　　）。
    A. 弱电解质稀溶液　　　　　　　B. 强电解质浓溶液
    C. 弱电解质浓溶液　　　　　　　D. 强电解质稀溶液

111. 德拜-休克尔理论及导出的关系中，未考虑到的因素是（　　）。
    A. 实际溶液与理想溶液行为的偏差主要是离子间静电引力所致
    B. 每一个离子都是溶剂化的
    C. 强电解质在溶液中完全电离
    D. 每一个离子都被带相反电荷的离子所包围

112. 奥斯特瓦尔德稀释定律适用于（　　）。
    A. 无限稀释的电解质溶液　　　　B. 非电解质溶液
    C. 强电解质溶液　　　　　　　　D. 电离度较小的弱电解质溶液

第七章　可逆电池电动势及其应用

1. 对原电池的描述，下述说法不准确的是（　　）。
   A. 当电动势为正值时电池反应是自发的
   B. 电池内部由离子输送电荷
   C. 在电池外线路上电子从阴极流向阳极
   D. 在阳极上发生氧化反应
2. 原电池是指（　　）。
   A. 将电能转换成化学能的装置
   B. 将化学能转换成电能的装置
   C. 可以对外做电功的装置
   D. 对外做电功同时从环境吸热的装置
3. 对于原电池阴极特性论述，下述说法正确的是（　　）。
   A. 荷正的电荷，发生氧化反应
   B. 荷正的电荷，发生还原反应
   C. 荷负的电荷，发生氧化反应
   D. 荷负的电荷，发生还原反应
4. 对于原电池来说，下列说法正确的是（　　）。
   A. 正极是阴极，电池放电时，溶液中带负电荷的离子向阴极迁移
   B. 负极是阳极，电池放电时，溶液中阴离子向正极迁移
   C. 负极是阳极，电池放电时，溶液中带负电荷的离子向负极迁移
   D. 负极是阴极，电池放电时，溶液中带负电荷的离子向阳极迁移
5. 丹尼尔电池（铜-锌电池）在放电和充电时锌电极分别称为（　　）。
   A. 负极和阴极　　B. 正极和阳极　　C. 负极和阳极　　D. 正极和阴极
6. 下述说法中，正确的是（　　）。
   A. 原电池反应的 $\Delta_r H_m < Q_p$
   B. 原电池反应的 $\Delta_r H_m = Q_r$
   C. 原电池反应体系的吉布斯自由能减少值等于它对外做的电功
   D. 原电池工作时越接近可逆过程，对外做电功的能力愈大
7. 下列说法不属于可逆电池特性的是（　　）。
   A. 电池的工作过程肯定为热力学可逆过程
   B. 电池放电与充电过程电流无限小
   C. 电池内的化学反应在正逆方向彼此相反
   D. 电池所对应的化学反应 $\Delta_r G_m = 0$
8. 下列电池中，哪个电池反应不可逆（　　）。
   A. $Pt|H_2(g)|HCl(aq)|AgCl(s)|Ag(s)$
   B. $Zn(s)|H_2SO_4(aq)|Cu(s)$
   C. $Pb|PbSO_4(s)|H_2SO_4(aq)|PbSO_4(s)|PbO_2(s)$
   D. $Zn(s)|Zn^{2+}(aq)\|Cu^{2+}(aq)|Cu(s)$
9. 对于可逆电池，下列关系式中成立的是（　　）。
   A. $\Delta_r G = -nEF$　　B. $\Delta_r G < nEF$　　C. $\Delta_r G > nEF$　　D. $\Delta_r G = nEF = 0$
10. 对于可逆电池中电极上发生的反应，下列论述不正确的是（　　）。
    A. 电极上同时分别进行着氧化反应和还原反应，只是二者速度不同
    B. 负极上只进行氧化反应，正极上只进行还原反应
    C. 宏观上观察不到电极上有反应发生
    D. 两极上发生的反应都是可逆反应，且速度彼此相等
11. 满足电池可逆条件意味着（　　）。

A. 电池内通过的电流比较大 　　　　B. 没有电流通过电池
C. 有限电流通过电池 　　　　　　　D. 电池通过无限小的电流

12. 根据可逆电极分类，下列电极中不属于氧化-还原电极的是（　　）。
    A. $Pt\,|\,Fe^{3+},\,Fe^{2+}$ 　　　　　　　　B. $Pt\,|\,Tl^{3+},\,Tl^{+}$
    C. $Pt\,|\,H_2\,|\,H^{+}$ 　　　　　　　　　D. $Pt\,|\,Sn^{4+},\,Sn^{2+}$

13. 金属电极、气体电极、汞齐电极可归类为（　　）。
    A. 第一类电极　　B. 第二类电极　　C. 第三类电极　　D. 第四类电极

14. 用对消法测定由电极 $Ag(s)\,|\,AgNO_3(aq)$ 与电极 $Ag,\,AgCl(s)\,|\,KCl(aq)$ 组成电池的电动势，下列哪一项是不能采用的（　　）。
    A. 标准电池　　　B. 电位计　　　C. 直流检流计　　D. 饱和 KCl 盐桥

15. 用电位差计测定电池电动势时，若发现检流计始终偏向一方，可能的原因是（　　）。
    A. 检流计不灵 　　　　　　　　　B. 被测定的电池电动势太大
    C. 浓度不均匀 　　　　　　　　　D. 被测电池的两个电极接反了

16. 用补偿法（对消法）测定可逆电池的电动势时，主要为了（　　）。
    A. 消除电极上的副反应 　　　　　B. 减少标准电池的损耗
    C. 在可逆情况下测定电池电动势　　D. 简便易行

17. 应用电位差计测定电池电动势的实验中，下列哪一个是必须使用的（　　）。
    A. 标准氢电极组成电池 　　　　　B. 甘汞电极组成电池
    C. 活度为 1 的电解质溶液 　　　　D. 标准电池

18. 电池电动势测量不能直接应用伏特计测量，必须使用对消法，这是因为（　　）。
    A. 伏特计使用不方便 　　　　　　B. 伏特计不准确
    C. 伏特计本身电阻大
    D. 伏特计不能保证电池满足可逆工作条件，且本身内阻大

19. 测定电池电动势时，采用补偿法，其目的是为了（　　）。
    A. 测量时保持回路电流稳定 　　　B. 测量时保持回路电压恒定
    C. 测量时回路电流接近于零 　　　D. 测量时回路电压接近于零

20. 在测定电池电动势时，标准电池的作用（　　）。
    A. 提供标准电极电势 　　　　　　B. 提供标准电流
    C. 提供标准电位 　　　　　　　　D. 提供稳定的电压

21. 对韦斯顿（Weston）标准电池，下列叙述不正确的是（　　）。
    A. 电池电动势保持长期稳定不变 　B. 可逆电池
    C. 正极为含 12.5% 镉的汞齐 　　　D. 温度系数小

22. 电极①$Pt\,|\,Cl_2(g)\,|\,KCl(a_1)$ 与②$Ag(s)\,|\,AgCl(s)\,|\,KCl(a_2)$，这两个电极的电极反应相界面有几个（　　）。
    A. ①2个,②2个　B. ①1个,②2个　C. ①2个,②1个　D. ①1个,②1个

23. 电池 $Ag(s)\,|\,AgCl(s)\,|\,Cl^{-}(l)\,\|\,Ag^{+}(l)\,|\,Ag(s)$ 可用作盐桥的是（　　）。
    A. KCl 　　　　　B. KNO_3 　　　　C. $NaNO_3$ 　　　D. H_2SO_4

24. 盐桥的作用是（　　）。
    A. 将液接电势完全消除
    B. 将不可逆电势变为可逆电势

C. 使双液可逆电池的电动势可用能斯特方程进行计算

D. 增大液接电势

25. 如图 7-1 所示的电池，下列说法中正确的是（　　）。

　　A. 电池由 $Cu|Cu^{2+}$ 电极和 $Zn|Zn^{2+}$ 电极组成

　　B. 电池由 Cu 电极和 Zn 电极及电解质溶液组成

　　C. 电池阴极反应为 $Zn \longrightarrow Zn^{2+} + 2e^-$

　　D. 电池的符号是 $Zn|ZnSO_4(a_1)|CuSO_4(a_2)|Cu$

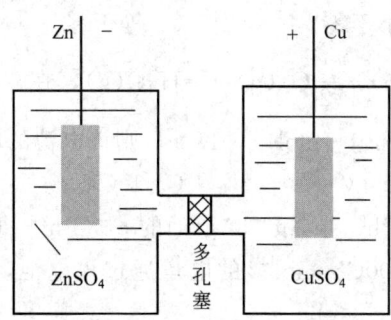

图 7-1

26. 将反应 $H^+ + OH^- \Longrightarrow H_2O$ 设计成可逆电池，下列电池正确的是（　　）。

　　A. $Pt|H_2(g)|H^+(aq) \parallel OH^-|O_2(g)|Pt$

　　B. $Pt|H_2(g)|NaOH(aq)|O_2(g)|Pt$

　　C. $Pt|H_2(g)|NaOH(aq) \parallel HCl(aq)|H_2(g)|Pt$

　　D. $Pt|H_2(p_1)|H_2O(l)|H_2(p_2)|Pt$

27. 将反应 $AgCl(s) + I^- \Longrightarrow AgI(s) + Cl^-$ 设计成电池，下列电池表达式正确的是（　　）。

　　A. $AgI(s)|I^-|Cl^-|AgCl(s)$　　　　B. $Ag(s)|AgCl(s)|Cl^- \parallel I^-|AgI(s)|Ag(s)$

　　C. $AgI(s)|I^- \parallel Cl^-|AgCl(s)$　　　D. $Ag(s)|AgI(s)|I^- \parallel Cl^-|AgCl(s)|Ag(s)$

28. 为求 AgCl 的活度积，应设计的电池为（　　）。

　　A. $Ag(s)|AgCl(s)|HCl(a)|Cl_2(g)|Pt$

　　B. $Pt|Cl_2(g)|HCl(a_1) \parallel AgNO_3(a_2)|Ag(s)$

　　C. $Ag(s)|AgNO_3(a_1) \parallel HCl(a_2)|AgCl(s)|Ag(s)$

　　D. $Ag(s)|AgCl(s)|HCl(a)|AgCl(s)|Ag(s)$

29. 下列电池中能直接用于测定 AgI(s) 的 K_{sp} 的是（　　）。

　　A. $Ag(s)|AgI(s)|KI(aq)|I_2|Pt$　　　　B. $Ag(s)|Ag^+(aq) \parallel I^-(aq)|AgI(s)|Ag(s)$

　　C. $Ag(s)|Ag^+(aq) \parallel I^-(aq)|Pt$　　　D. $Ag(s)|AgI(s)|KI(aq) \parallel Ag(s)$

30. 某电池在 298K、$p^{\ominus}$ 压力下，可逆放电的热效应为 $Q_r = -100J$，则该电池反应的 $\Delta_r H_m$（单位：$J \cdot mol^{-1}$）值应为（　　）。

　　A. $\Delta_r H_m = 100$　　B. $\Delta_r H_m = -100$　　C. $\Delta_r H_m > 100$　　D. $\Delta_r H_m < -100$

31. $H_2(p^{\ominus}) + \frac{1}{2}O_2(p^{\ominus}) \Longrightarrow H_2O(l)$，该反应可通过爆鸣反应完成，也可以通过氢氧可逆电池完成，两者的焓变分别为 $\Delta_r H_{m,1}^{\ominus}$ 和 $\Delta_r H_{m,2}^{\ominus}$，若反应物和生成物的 T、p 均相同，则两个焓变的关系为（　　）。

　　A. $\Delta_r H_{m,1}^{\ominus} = \Delta_r H_{m,2}^{\ominus}$　　B. $\Delta_r H_{m,1}^{\ominus} > \Delta_r H_{m,2}^{\ominus}$　　C. $\Delta_r H_{m,1}^{\ominus} < \Delta_r H_{m,2}^{\ominus}$　　D. 无法确定

32. 恒温恒压下，电池以实际工作电压 E' 放电，其过程热效应 Q 为（　　）。
    A. $T\Delta_r S_m$　　　　B. $\Delta_r H_m$　　　　C. $\Delta_r H_m + zFE'$　　　　D. $T\Delta_r S_m - zFE'$

33. 298K 时，电池 $Zn(s)|ZnCl_2(m=0.5mol\cdot kg^{-1})|AgCl(s), Ag(s)$ 的电动势 $E=1.015V$，其温度系数为 $-4.92\times 10^{-3}V\cdot K^{-1}$。若电池以可逆方式输出 2F 的电量，则电池反应的 $\Delta_r H_m$（单位为：$kJ\cdot mol^{-1}$）应为（　　）。
    A. -196　　　　B. -95　　　　C. 479　　　　D. -479

34. 有一电池，已知 298K 时电动势的温度系数小于零，则该电池反应的 $\Delta_r H_m$ 为（　　）。
    A. 大于零　　　　B. 小于零　　　　C. 等于零　　　　D. 难以判断

35. 某燃料电池的反应为 $H_2(g) + \frac{1}{2}O_2(g) = H_2O(g)$，在 400K 时，$\Delta_r H_m$ 和 $\Delta_r S_m$ 分别为 $-251.6\ kJ\cdot mol^{-1}$ 和 $-50J\cdot mol^{-1}\cdot K^{-1}$，则该电池的电动势为（　　）。
    A. 1.2V　　　　B. 2.4V　　　　C. 1.4V　　　　D. 2.8V

36. 已知 298K 时电池 $Pb(s)|Pb^{2+}\|Ag^+|Ag(s)$ 的 $\varphi^\ominus(Pb^{2+}|Pb)=-0.1265V$，$\varphi^\ominus(Ag^+|Ag)=0.7994V$，若有 $96500C\cdot mol^{-1}$ 的电量通过该电池，则该电池反应的 $\Delta_r G_m^\ominus$（单位为：$kJ\cdot mol^{-1}$）值为（　　）。
    A. 89.349　　　　B. 178.70　　　　C. -89.349　　　　D. -178.70

37. 298 K 时，$\varphi^\ominus(Fe^{3+}, Fe^{2+})=0.771V$，$\varphi^\ominus(Sn^{4+}, Sn^{2+})=0.150V$，反应 $2Fe^{3+}(a=1) + Sn^{2+}(a=1) = Sn^{4+}(a=1) + 2Fe^{2+}(a=1)$ 的 $\Delta_r G_m^\ominus$（单位为：$kJ\cdot mol^{-1}$）为（　　）。
    A. 268.7　　　　B. -177.8　　　　C. -119.9　　　　D. 119.9

38. 电动势与温度的关系为：$E/V=1.01845-4.05\times 10^{-5}(t/℃-20)-9.5\times 10^{-7}(t/℃-20)^2$，298K 时，电池可逆放电的热效应为（　　）。
    A. $Q>0$　　　　B. $Q<0$　　　　C. $Q=0$　　　　D. 不能确定

39. 电池在恒温恒压及可逆条件下放电，则系统与环境间的热交换 Q_r 的值是（　　）。
    A. $\Delta_r H_m$　　　　B. $T\Delta_r S_m$　　　　C. $\Delta_r H_m - T\Delta_r S_m$　　　　D. 0

40. 若某电池反应的热效应为负值，那么电池进行可逆工作时与环境交换的热（　　）。
    A. 放热　　　　B. 吸热　　　　C. 无热交换　　　　D. 无法确定

41. 已知 298.15K 及 1013298kPa 下，反应 $A(s)+2BD(aq)=AD_2(aq)+B_2(g)$ 在电池中可逆地进行，完成一个单位的反应时，系统做电功 150kJ，放热 80kJ，该反应的摩尔恒压反应热（单位为：$kJ\cdot mol^{-1}$）为（　　）。
    A. -80　　　　B. -230　　　　C. -232.5　　　　D. -277.5

42. 在可逆电池中进行反应 $Cu^{2+}+Zn=Cu+Zn^{2+}$，通过 2F 电量，下列说法正确的是（　　）。
    A. 热效应为该反应的 $\Delta_r H_m$　　　　B. 热效应为 $2F\left(\dfrac{dE}{dT}\right)$
    C. 热效应为该反应的 $\Delta_r G_m$　　　　D. 电功为 $-2FE$

43. 某电池电动势的温度系数 $\left(\dfrac{\partial E}{\partial T}\right)_p = 0$，下列说法正确的是（　　）。
    A. 电池反应放热　　　　B. 电池反应不吸热也不放热
    C. 电池反应吸热　　　　D. 电池反应可能吸热也可能放热

44. 298K 时，电池反应 $Ag + \frac{1}{2}Hg_2Cl_2 = AgCl + Hg$ 的电池电动势为 0.0193V，反应时所

对应的 $\Delta_r S_m$ 为 32.9 J·mol^{-1}·K^{-1}，则电池电动势的温度系数 $\left(\frac{\partial E}{\partial T}\right)_p$（单位：V·K^{-1}）为（　　）。

    A. 1.70×10^{-4} B. 1.10×10^{-6} C. 0.101   D. 3.409×10^{-4}

45. 恒压下可逆放电 2F 与以一定的电压放电 2F 二者相比不同的有（　　）。
    A. 对环境做的电功   B. 电池反应的吉布斯自由能变
    C. 电池反应的熵变   D. 电池反应的焓变

46. 金属和溶液间电势差的大小和符号主要取决于（　　）。
    A. 金属的表面性质   B. 溶液中金属离子的浓度
    C. 金属与溶液的接触面积   D. 金属的本性和溶液中原有的金属离子浓度

47. 三种电极表示式：(1) Pt｜$H_2(p^\ominus)$｜$H^+(a=1)$，(2) Cu｜Pt｜$H_2(p^\ominus)$｜$H^+(a=1)$，(3) Cu｜Hg(l)｜Pt｜$H_2(p^\ominus)$｜$H^+(a=1)$，则氢电极的电极电势彼此关系为（　　）。
    A. 逐渐变大   B. 逐渐变小   C. 不能确定   D. 彼此相等

48. 常用的甘汞电极反应为 $Hg_2Cl_2(s) + 2e^- \rightleftharpoons 2Hg(l) + 2Cl^-(aq)$，设饱和甘汞电极、摩尔甘汞电极和 0.1 mol·dm^{-3} 甘汞电极的电极电势相应地为 φ_1、φ_2、φ_3，请比较三者的大小（　　）。
    A. $\varphi_1 > \varphi_2 > \varphi_3$ B. $\varphi_1 < \varphi_2 < \varphi_3$ C. $\varphi_2 > \varphi_1 > \varphi_3$ D. $\varphi_3 > \varphi_1 = \varphi_2$

49. 铅电极 Pb(汞齐)(a=0.1)｜$Pb^{2+}(a=1)$ 和 Pb｜$Pb^{2+}(a=1)$ 的电极电势分别为 φ_1 和 φ_2，则 φ_1 与 φ_2 的关系（比较二者的大小）为（　　）。
    A. $\varphi_1 > \varphi_2$ B. $\varphi_1 < \varphi_2$ C. $\varphi_1 = \varphi_2$ D. 不能确定

50. 影响 Zn｜Zn^{2+} 的标准电极电势大小的因素是（　　）。
    A. 温度   B. 离子活度   C. 离子强度   D. 电流密度

51. 已知 Tl^{3+}，Tl^+｜Pt 的标准电极电势为 1.252V，Tl^+｜Tl 的标准电极电势为 -0.336V，则电极 Tl^{3+}｜Tl 的标准电极电势为（　　）。
    A. 0.305V   B. 0.721V   C. 0.941V   D. 1.586V

52. 298K 时，反应：$Fe^{3+} + 3e^- \longrightarrow Fe$，$\varphi^\ominus(Fe^{3+}｜Fe) = -0.036V$；$Fe^{2+} + 2e^- \longrightarrow Fe$，$\varphi^\ominus(Fe^{2+}｜Fe) = -0.439V$；则反应 $Fe^{3+} + e^- \longrightarrow Fe^{2+}$ 的 $\varphi^\ominus(Pt｜Fe^{3+}, Fe^{2+})$ 等于（　　）。
    A. 0.184   B. 0.352   C. -0.184   D. 0.770

53. 已知 298K 时电极反应：$Ba^{2+} + 2e^- \longrightarrow Ba(s)$ 所对应电极的标准电极电势 $\varphi^\ominus(Ba｜Ba^{2+}) = -2.90V$，此电极反应的 $\Delta_r G_m^\ominus$（单位为：kJ·mol^{-1}）为（　　）。
    A. -559.7   B. 559.7   C. 279.81   D. -279.81

54. 298K 时，将含有 Fe^{2+} 及 Fe^{3+} 的溶液与 Fe 粉一起振荡，使其达平衡，求出 $K^\ominus = \frac{[Fe^{2+}]^3}{[Fe^{3+}]^2} = 9.47 \times 10^{40}$，其中 $\varphi^\ominus(Fe^{2+}｜Fe) = -0.4402V$，则下述答案正确的是（　　）。
    A. $\varphi^\ominus(Fe^{3+}, Fe^{2+}) = 0.771V$，$\varphi^\ominus(Fe^{3+}｜Fe) = 0.3308V$
    B. $\varphi^\ominus(Fe^{3+}, Fe^{2+}) = 1.6514V$，$\varphi^\ominus(Fe^{3+}｜Fe) = 0.8439V$
    C. $\varphi^\ominus(Fe^{3+}, Fe^{2+}) = 0.771V$，$\varphi^\ominus(Fe^{3+}｜Fe) = -0.0365V$
    D. $\varphi^\ominus(Fe^{3+}, Fe^{2+}) = 1.6514V$，$\varphi^\ominus(Fe^{3+}｜Fe) = -0.0365V$

55. 电极反应 $O_2 + 2H^+ + 2e^- \rightleftharpoons H_2O_2$，标准电极电势 $\varphi^\ominus = 0.68V$，而 $\varphi^\ominus(O_2｜OH^-) = 0.401V$，水的离子积为 10^{-14}，则反应 $H_2O_2 + 2H^+ + 2e^- \rightleftharpoons 2H_2O$ 在 298K 时标准电

极电势 $\varphi^{\ominus}$ 为（　　）。

    A. 0.122V　　　　B. 1.777V　　　　C. -0.122V　　　　D. -0.207V

56. 298K 时电极 $H_2|OH^-(H_2O)$ 的标准电极电势为（已知：H_2O 的 $K_w=10^{-14}$）（　　）

    A. 0　　　　B. 0.401V　　　　C. 0.828V　　　　D. -0.828V

57. 下列电池中，哪个电池的电动势与 Cl^- 的活度无关（　　）。

    A. $Zn(s)|ZnCl_2(aq)|Cl_2(g)|Pt$

    B. $Zn(s)|ZnCl_2(aq)\|KCl(aq)|AgCl(s)|Ag$

    C. $Ag(s)|AgCl(s)|KCl(aq)|Cl_2(g)|Pt$

    D. $Hg(l)|Hg_2Cl_2(s)|KCl(aq)\|AgNO_3(aq)|Ag(s)$

58. 对于电池电动势下述说法正确的是（　　）。

    A. 电动势是一强度性质　　　　B. 电动势即电池端电压

    C. 电动势是一容量性质　　　　D. 电动势数值与电池反应书写形式无关

59. 电池 $Hg(l)|Zn(a_1)|ZnSO_4(a_2)|Zn(a_3)|Hg(l)$ 的电动势（　　）。

    A. 仅与 a_1 和 a_3 有关，与 a_2 无关　　　　B. 仅与 a_1 和 a_2 有关，与 a_3 无关

    C. 仅与 a_2 和 a_3 有关，与 a_1 无关　　　　D. 与 a_1，a_2，a_3 均无关

60. 下列说法中不正确的是（　　）。

    A. 能斯特方程适用于可逆电池

    B. 能斯特方程不适用于有极化存在的电池

    C. 能斯特方程表达了可逆电池的电动势与温度及有关物质的浓度或活度的关系

    D. 能斯特方程反映了原电池的电动势与温度的变化关系

61. 如果规定标准氢电极的电极电势为 1V，则所测可逆电极的电极电势值和电池的电动势值怎么变化（　　）。

    A. 电极电势不变，电动势增 1V　　　　B. 各减小 1V

    C. 电动势不变，电极电势减 1V　　　　D. 各增加 1V

62. 当以 $Zn|Zn^{2+}$ 为阳极组成电池时，下列电池标准电动势最大的是（已知 $\varphi^{\ominus}_{Ag|Ag^+}=0.8V$，$\varphi^{\ominus}_{I_2|I^-}=0.54V$，$\varphi^{\ominus}_{Zn|Zn^{2+}}=-0.76V$，$\varphi^{\ominus}_{Cd|Cd^{2+}}=-0.40V$）（　　）。

    A. $Zn(s)|Zn^{2+}(aq)\|Cd^{2+}(aq)|Cd(s)$　　　　B. $Zn(s)|Zn^{2+}(aq)\|H^+(aq)|H_2(g)|Pt$

    C. $Zn(s)|Zn^{2+}(aq)\|I^-(aq)|I_2(s)|Pt$　　　　D. $Zn(s)|Zn^{2+}(aq)\|Ag^+(aq)|Ag(s)$

63. 指出下列浓差电池中实际的正、负极①$Pt|H_2(p_1)|HCl(aq)|H_2(p_2)|Pt(p_2>p_1)$；②$Pt|Cl_2(p_1)|HCl(aq)|Cl_2(p_2)|Pt(p_2>p_1)$（　　）。

    A. ①左为正极，右为负极　　　　B. ①左为阳极，右为阴极

    C. ②左为阴极，右为阳极　　　　D. ②左为正极，右为负极

64. 有反应 $Cu^{2+}(a_1)\longrightarrow Cu^{2+}(a_2)(a_1>a_2)$，可构成两种电池，①$Cu|Cu^{2+}(a_2)\|Cu^{2+}(a_1)|Cu$，$E_1$；②$Pt|Cu^{2+}(a_2)$，$Cu^+(a_3)\|Cu^+(a_1)$，$Cu^+(a_3)|Cu$，$E_2$。则两电池电动势的关系为（　　）。

    A. $E_1=E_2$　　　　B. $E_1=\frac{1}{2}E_2$　　　　C. $E_1=2E_2$　　　　D. $\frac{1}{4}E_1=E_2$

65. 某电池的电池反应可以写为：$H_2(g)+\frac{1}{2}O_2(g)\longrightarrow H_2O(l)$；$2H_2(g)+O_2(g)\longrightarrow 2H_2O(l)$。相应的电动势和化学反应平衡常数分别用 E_1、E_2 和 $K_1^{\ominus}$、$K_2^{\ominus}$ 表示，则下列关

系正确的是（　　）。

A. $E_1=E_2$，$K_1^{\ominus}=K_2^{\ominus}$ B. $E_1\neq E_2$，$K_1^{\ominus}=K_2^{\ominus}$

C. $E_1=E_2$，$K_1^{\ominus}\neq K_2^{\ominus}$ D. $E_1\neq E_2$，$K_1^{\ominus}\neq K_2^{\ominus}$

66. 在电池 Pt│$H_2(p^{\ominus})$│HCl(mol·kg^{-1})‖$CuSO_4$(0.01mol·kg^{-1})│Cu 的阴极中加入下面 4 种溶液（浓度均为：0.1mol·kg^{-1}），使电池电动势增大的是（　　）。

A. $CuSO_4$ B. Na_2SO_4 C. Na_2S D. $NH_3\cdot H_2O$

67. 在电池中恒温恒压可逆进行的化学反应，其 $\Delta_r S_m$ 等于（　　）。

A. $\dfrac{\Delta H}{T}$ B. $ZFT\left(\dfrac{\partial E}{\partial T}\right)_p$ C. $\dfrac{Q}{T}$ D. $\dfrac{\Delta H-\Delta G}{T}$

68. 醌氢醌[$C_6H_4O_2\cdot C_6H_4(OH)_2$]电极属于（　　）。

A. 第一类电极 B. 氧化-还原电极 C. 第二类电极 D. 离子选择电极

69. 298K 时，在电池 Pt│$H_2(p^{\ominus})$│$H^+(a=1)$‖$CuSO_4$(0.01mol·kg^{-1})│Cu(s) 的右边溶液中加入 0.1mol·kg^{-1} Na_2SO_4 溶液时（不考虑稀释效应），则电池的电动势将（　　）。

A. 上升 B. 下降 C. 基本不变 D. 无法判断

70. 在 298.15K 时，电池 Pb(Hg)(a_1)│$Pb(NO_3)_2$(aq)│Pb(Hg)(a_2) 中 $a_1>a_2$，则其电动势 E（　　）。

A. 大于零 B. 小于零 C. 等于零 D. 无法确定

71. 在 298.15K 时，质量摩尔浓度为 0.1mol·kg^{-1} 和 0.01mol·kg^{-1} HCl 溶液的液接电势为 E_1；质量摩尔浓度为 0.1mol·kg^{-1} 和 0.01mol·kg^{-1} KCl 溶液中的液接电势为 E_2，则有（　　）。

A. $E_1=E_2$ B. $E_1>E_2$ C. $E_1<E_2$ D. E_1 与 E_2 无关

72. 电池 Cu│Cu^{2+}‖Cu^{2+}，Cu^+│Pt 及 Cu│Cu^+‖Cu^{2+}，Cu^+│Pt 的电池反应均可写成 Cu+Cu^{2+}=2Cu^+，则 298K 时如上两电池的（　　）。

A. $\Delta_r G_m$ 与 $E^{\ominus}$ 均不相同 B. $\Delta_r G_m$ 与 $E^{\ominus}$ 均相同

C. $\Delta_r G_m$ 相同而 $E^{\ominus}$ 不相同 D. $\Delta_r G_m$ 不相同而 $E^{\ominus}$ 相同

73. 已知 298 K 时，$\varphi^{\ominus}(Fe^{3+},Fe^{2+})=0.77V$，$\varphi^{\ominus}(Sn^{4+},Sn^{2+})=0.15V$，今若利用反应 $2Fe^{3+}+Sn^{2+}$=$Sn^{4+}+2Fe^{2+}$ 组成电池，则电池的标准电动势 $E^{\ominus}$ 为（　　）。

A. 1.39V B. 0.62V C. 0.92V D. 1.07V

74. 298K 时电池反应：$H_2(p^{\ominus})+0.5O_2(p^{\ominus})\longrightarrow H_2O(l)$ 所对应电池的电动势 E_1=1.229V，那么 298K 时电池反应：$2H_2O(l)\longrightarrow 2H_2(p^{\ominus})+O_2(p^{\ominus})$ 所对应电池电动势 E_2 为（　　）。

A. -2.458V B. 2.458V C. -1.229V D. 1.229V

75. 按书写习惯，298K 时下列电池：Pt│$H_2(p^{\ominus})$│HI(0.01mol·kg^{-1})│AgI(s)│Ag(s)-Ag(s)│AgI(s)│HI(0.001mol·kg^{-1})│$H_2(p^{\ominus})$│Pt 的电动势约为（　　）。

A. 0.118V B. -0.059V C. 0.059V D. -0.118V

76. 298K 时，在下列电池 Pt│$H_2(p^{\ominus})$│$H^+(a=1)$‖$CuSO_4$(0.01mol·kg^{-1})│Cu(s) 右边的溶液中通入 NH_3，电池电动势将（　　）。

A. 升高 B. 下降 C. 不变 D. 无法比较

77. 有两个电池，Pt│H_2(g)│KOH(0.1mol·kg^{-1})│O_2(g)│Pt，E_1；Pt│H_2(g)│H_2SO_4(0.01mol·kg^{-1})│O_2(g)│Pt，E_2。比较其电动势大小（　　）。

A. $E_1 < E_2$ B. $E_1 > E_2$ C. $E_1 = E_2$ D. 不能确定

78. 在298K 将两个Zn(s)极分别浸入Zn^{2+}活度为0.02和0.2的溶液中,这样组成的浓差电池的电动势为（　　）。
   A. 0.059V B. 0.0296V C. -0.059V D. (0.059lg0.004)V

79. Na(汞齐,0.206%)|NaI(在酒精中)|Na(s)的电动势是（　　）。
   A. 正值 B. 负值 C. 零 D. 与NaI的活度有关

80. 298K 时电池 Pt|H_2(0.1$p^{\ominus}$)|HCl(m)|H_2($p^{\ominus}$)|Pt 的电动势约为（　　）。
   A. 2×0.059V B. -0.059V C. 0.0295V D. -0.0295V

81. 两个半电池之间用盐桥连接,测得电动势为0.059V,当拿走盐桥,使两溶液接触,这时测得电动势为0.048V,测得的液接电势为（　　）。
   A. -0.011V B. 0.011V C. 0.107V D. -0.107V

82. 关于液体液接电势 E_j 正确的说法是（　　）。
   A. 无论电池中有无外电流通过,只要电池中有液体液界存在,E_j 总存在
   B. 只有两种浓度种类不同的电解质溶液相互接触时 E_j 才存在
   C. 电池中无电流通过时才有 E_j 存在
   D. 只有电流通过时电池才有 E_j 存在

83. 为测定溶液的 pH 值,实验室里常用醌氢醌电极。下列对该电极性能的描述中,不正确的是（　　）。
   A. 可在 pH=1~14 的广泛范围内使用 B. 电极属于氧化-还原电极
   C. 醌氢醌在水中溶解度小,易于建立平衡 D. 操作方便,精确度高

84. 下列电池中液体接界电位不能被忽略的是（　　）。
   A. Pt|H_2(p_1)|HCl(m_1)|H_2(p_2)|Pt
   B. Pt|H_2(p_1)|HCl(m_1)‖HCl(m_2)|H_2(p_2)|Pt
   C. Pt|H_2(p_1)|HCl(m_1)|HCl(m_2)|H_2(p_2)|Pt
   D. Pt|H_2(p)|HCl(m_1)|AgCl(s)|Ag(s)-Ag(s)|AgCl(s)|HCl(m_2)|H_2(p)|Pt

85. 下列电解质溶液,在一定浓度下,其正离子的迁移数（t_B）如下所列,选用哪一种物质作盐桥,可使双液电池的液体接界电势减至最小（　　）。
   A. $BaCl_2$(t_+=0.4298) B. NaCl(t_+=0.3854)
   C. KNO_3(t_+=0.5103) D. $AgNO_3$(t_+=0.4682)

86. 电池反应为 $2Hg(l)+O_2(g)+2H_2O(l)$══$2Hg^{2+}+4OH^-$,当电池反应达到平衡时,电池的 E 必然是（　　）。
   A. $E>0$ B. $E<0$ C. $E=E^{\ominus}$ D. $E=0$

87. 298K 时,要使电池 Na(Hg)(a_1)|Na^+(aq)|Na(Hg)(a_2) 成为自发电池,则 a_1 和 a_2 关系为（　　）。
   A. $a_1 < a_2$ B. $a_1 = a_2$ C. $a_1 > a_2$ D. a_1 和 a_2 可取任意值

88. 电池电动势为负值时,表示此电池反应是（　　）。
   A. 正向进行 B. 逆向进行 C. 不可能进行 D. 反应方向不确定

89. 298K,当电池的电动势 $E=0$ 时,表示（　　）。
   A. 电池反应中,反应物的活度与产物活度相等
   B. 电池中各物质都处于标准态

C. 正极与负极的电极电势相等

D. 电池反应的平衡常数 $K_a = 1$

90. 某反应，当反应物和产物的活度都等于1时，要使该反应能在电池内自发进行，则（　　）。

   A. E 为负值　　B. $E^{\ominus}$ 为负值　　C. E 为零　　D. 上述都不正确

91. 一个电池反应确定的电池，E 值的正负说明（　　）。

   A. 电池是否可逆　　　　　　　　B. 电池反应自发进行的方向和限度

   C. 电池反应自发进行的方向　　　D. 电池反应是否达到平衡

92. 298K 时，若要使电池 $Pt|H_2(p_1)|HCl$ 溶液$|H_2(p_2)|Pt$ 的电动势 E 为正值，则 p_1 和 p_2 的关系为（　　）。

   A. $p_1 = p_2$　　　　　　　　　B. $p_1 > p_2$

   C. $p_1 < p_2$　　　　　　　　　D. p_1 和 p_2 均可任意取值

93. 用能斯特方程计算出电池的 $E < 0$，则表示电池的反应（　　）。

   A. 反应已达平衡　　B. 反应能进行，但方向和电池的书面表示式刚好相反

   C. 不可能进行　　　D. 反应方向不能确定

94. 下列能直接用于测定水的离子积 K_w 的电池是（　　）。

   A. $H_2(p^{\ominus})|H_2SO_4(aq)|O_2(p^{\ominus})|Pt$

   B. $Pt|H_2(110kPa)|(OH^-)(aq) \| H^+(aq)|H_2(100kPa)|Pt$

   C. $Pt|H_2(p^{\ominus})|NaOH(aq)|O_2(p^{\ominus})|Pt$

   D. $Pt|H_2(p^{\ominus})|H^+(aq) \| (OH^-)(aq)|H_2(p^{\ominus})|Pt$

95. 298K 时，电池反应 $Fe^{2+} + Zn = Zn^{2+} + Fe$ 的 $E^{\ominus}$ 为 0.323V，则其标准平衡常数为（　　）。

   A. 2.89×10^5　　B. 8.46×10^{10}　　C. 5.53×10^4　　D. 2.35×10^2

96. 对于 $E^{\ominus} = \dfrac{RT}{zF} \ln K^{\ominus}$ 一式，下列说法正确的是（　　）。

   A. 表示电池内各物质都处于标准态

   B. 表示电池反应已达平衡

   C. 表示电池内部各物质都处于标准态且反应已达平衡

   D. $E^{\ominus}$ 与 $K^{\ominus}$ 仅在数值上满足上述关系，两者所处状态并不相同

97. 298K 时，$\varphi^{\ominus}(Au^+|Au) = 1.68V$，$\varphi^{\ominus}(Au^{3+}|Au) = 1.50V$，$\varphi^{\ominus}(Fe^{3+}, Fe^{2+}) = 0.77V$。则反应 $2Fe^{2+} + Au^{3+} = 2Fe^{3+} + Au^+$ 的平衡常数 $K^{\ominus}$ 值为（　　）。

   A. 4.49×10^{21}　　B. 2.29×10^{-22}　　C. 6.61×10^{10}　　D. 7.65×10^{-23}

98. 电池 $Pt|H_2(p^{\ominus})|HCl(aq)|O_2(p^{\ominus})|Pt$ 的电池反应为 $H_2 + \dfrac{1}{2}O_2 = H_2O$，其 298K 时的标准电动势 $E^{\ominus}$ 为 1.229V，则电池反应的标准平衡常数 $K^{\ominus}$ 为（　　）。

   A. 1.44×10^{83}　　B. 6.15×10^{20}　　C. 3.79×10^{41}　　D. 1.13×10^{18}

99. 已知 298K 时，电池 $Pt|H_2(g)|H_2SO_4(m)|Ag_2SO_4(s)|Ag(s)$ 的 $E^{\ominus} = 0.6501V$，$\varphi^{\ominus}(Ag^+|Ag) = 0.799V$，则 Ag_2SO_4 的活度积 K_{sp} 为（　　）。

   A. 3.8×10^{-17}　　B. 2.98×10^{-3}　　C. 2.1×10^{-3}　　D. 9.17×10^{-6}

100. 测定溶液的 pH 值最常用的指示电极为玻璃电极，它是（　　）。

A. 第一类电极　　B. 第二类电极　　C. 氧化还原电极　　D. 氢离子选择性电极

101. 不能用于测定溶液 pH 值的电极是（　　）。

A. 氢电极　　B. 醌氢醌电极　　C. 玻璃电极　　D. 汞电极

102. 以下关于玻璃电极的说法正确的是（　　）。

A. 玻璃电极是一种不可逆电极

B. 玻璃电极的工作原理是根据膜内外溶液中被测离子的交换

C. 玻璃电极易受溶液中存在的氧化剂、还原剂的干扰

D. 玻璃电极是离子选择性电极的一种

103. 电解硫酸铜溶液时，溶液的 pH 将如何变化（　　）。

A. 升高　　B. 降低　　C. 不变　　D. 不能确定

104. 在 298K 和 101.325kPa 下，把 Zn 和 $CuSO_4$ 溶液的置换反应设计在可逆电池中进行，将做电功 100kJ，并放热 3kJ，则过程中热力学能 ΔU 的变化为（　　）。

A. -103kJ　　B. -97kJ　　C. 97kJ　　D. 103kJ

105. 电池在下列 3 种情况(1) $i \to 0$，(2) 有一定电流，(3) 短路。忽略电池内阻，下列说法正确的是（　　）。

A. 电池输出电压不变　　　　B. 电池电动势不改变

C. 对外输出电能相等　　　　D. 对外输出功率相等

106. 醌氢醌电极电势能反映氢离子的活度，称为氢离子指示电极。实验中测量 pH 时该电极在一定范围内电极电势稳定，稳定范围是（　　）。

A. 大于 8.5　　B. 小于 8.5　　C. 等于 8.5　　D. 没有限定

第八章 电解与极化作用

1. 298K，以 1A 电流电解 $CuSO_4$ 溶液，析出 0.1mol Cu(s)，需时间约为（　　）。
   A. 20.2h　　　　　B. 5.4h　　　　　C. 2.7h　　　　　D. 1.5h

2. 电池容量是指电池所能输出的（　　）。
   A. 电量　　　　　B. 电能　　　　　C. 电压　　　　　D. 电流

3. 当电池的端电压小于它的开路电动势时，则表示电池在（　　）。
   A. 放电　　　　　B. 充电　　　　　C. 没有工作　　　D. 交替地充放电

4. 如阳极析出 22.4L 标准状况下的 O_2（电流效率 100%）通过电解池的电量一定是（　　）。
   A. 1F　　　　　　B. 2F　　　　　　C. 3F　　　　　　D. 4F

5. 电解时，当一定的电流通过一含有金属离子的电解质溶液时，在阴极上析出的量正比于（　　）。
   A. 阴极表面积　　B. 通过的电量　　C. 电解质溶液的浓度　D. 溶液温度

6. 下列关于电解池的两个电极特征的说明中不正确的是（　　）。
   A. 在阳极，其电势较高，进行氧化反应　　B. 电子密度较低的电极，称为阴极
   C. 电子密度较高的电极，进行还原反应　　D. 在阴极进行还原反应

7. 理论分解电压是（　　）。
   A. 当电解质开始电解反应时，所必须施加的最小电压
   B. 在两极上析出的产物所组成的原电池的可逆电动势
   C. 大于实际分解电压
   D. 电解时阳极超电势与阴极超电势之和

8. 如果使电解池正常工作，必须使其阴阳两极的电势分别满足（　　）。
   A. 阳极电势＞阳极平衡电势＋阳极超电势，阴极电势＜阴极平衡电势＋阴极超电势
   B. 阳极电势＞阳极平衡电势＋阳极超电势，阴极电势＜阴极平衡电势－阴极超电势
   C. 阳极电势＞阳极平衡电势－阳极超电势，阴极电势＜阴极平衡电势－阴极超电势
   D. 阳极电势＞阳极平衡电势＋阳极超电势，阴极电势＞阴极平衡电势＋阴极超电势

9. 一般来说实际分解电压比理论分解电压（　　）。
   A. 大　　　　　　B. 小　　　　　　C. 相等　　　　　D. 无法比较

10. 298K 时，用 Pt 作电极电解 $a(H^+)=1$ 的 H_2SO_4 溶液，当 $i=52\times10^{-4} A\cdot cm^{-2}$ 时，$\eta(H_2)=0$，$\eta(O_2)=0.487V$。已知 $\varphi^{\ominus}(O_2|H_3O^+)=1.229V$，那么分解电压是（　　）。
    A. 0.742V　　　　B. 1.315V　　　　C. 1.216V　　　　D. 1.716V

11. 在电解池中，随着电流密度的增加，电解池的端电压（　　）。
    A. 增大　　　　　B. 减小　　　　　C. 不变　　　　　D. 无法确定

12. 原电池放电时，随电流密度增加，则有（　　）。
    A. 正极电势变高，负极电势变高　　B. 正极电势变高，负极电势变低
    C. 正极电势变低，负极电势变高　　D. 正极电势变低，负极电势变低

13. 当发生极化现象时，两电极的电极电势将发生如下哪种变化（　　）。

A. $\varphi_阳$ 变大，$\varphi_阴$ 变小 　　　　　　B. $\varphi_阳$ 变小，$\varphi_阴$ 变大

C. 两者都变大 　　　　　　　　　　　　　D. 两者都变小

14. 电极极化的结果使（　　）。

    A. 阳极的电极电势升高

    B. 使原电池的阳极电势升高，使电解池的阴极电势升高

    C. 阴极的电极电势升高

    D. 使原电池的阴极电势升高，使电解池的阳极电势升高

15. 在有限的电流通过时，电极极化的结果使（　　）。

    A. 原电池负极的电势变得更低　　　B. 电解池阴极的电势变得更低

    C. 电解池的分解电压变得更小　　　D. 原电池的端电压变得更大

16. 电流密度增加时，在原电池中，电极极化遵循的规律是（　　）。

    A. 正极电势减小，负极电势增加　　B. 正极电势减小，负极电势减小

    C. 正极电势增加，负极电势减小　　D. 正极电势增加，负极电势增加

17. 由于极化而使电极电势降低的电极是（　　）。

    A. 原电池的负极　　B. 原电池的阳极　　C. 电解池的阳极　　D. 电解池的负极

18. 当电极上有净电流通过时，随电流密度的增加，则（　　）。

    A. 阳极超电势增加，阴极超电势减小　　B. 阳极超电势减小，阴极超电势增加

    C. 阳极超电势增加，阴极超电势增加　　D. 阳极超电势减小，阴极超电势减小

19. 由于超电势的存在，在实际电解时，要使阳离子在阴极析出，外加于阴极的电势必须比可逆电势（　　）。

    A. 大　　　　B. 小　　　　C. 相等　　　　D. 无法比较

20. 不论是电解池还是原电池，极化的结果将使阳极电势（　　）。

    A. 变大　　　B. 变小　　　C. 不发生变化　　　D. 变化无规律

21. 不论是电解池还是原电池，极化的结果将使阴极电势（　　）。

    A. 变大　　　B. 变小　　　C. 不发生变化　　　D. 变化无规律

22. 在电解池的阴极上，首先发生还原作用而放电的是（　　）。

    A. 标准还原电极电势最大的反应　　B. 标准还原电极电势最小的反应

    C. 极化电极电势最大的反应　　　　D. 极化电极电势最小的反应

23. 当有电流通过电极时，电极发生极化。电极极化遵循的规律是（　　）。

    A. 电流密度增加时，阴极极化电势增加，阳极极化电势减少

    B. 电流密度增加时，原电池，正极电势减少，负极电势增加；电解池，阳极电势增加，阴极电势减少

    C. 电流密度增加时，原电池，正极电势增加，负极电势减少；电解池，阳极电势增加，阴极电势减少

    D. 电流密度增加时，原电池，正极电势减少，负极电势增加；电解池，阳极电势减少，阴极电势增加

24. 当原电池放电，在外电路中有电流通过时，其电极电势的变化规律是（　　）。

    A. 阴极不可逆电势比可逆电势更正　　B. 阳极电势高于阴极电势

    C. 正极不可逆电势比可逆电势更负　　D. 负极电势高于正极电势

25. 对于①电解池的阴极；②原电池的正极；③电解池的阳极；④原电池的负极。由于极化

使电极电势负移的电极是其中的（　　）。

　　A. ①和②　　　　B. ①和④　　　　C. ②和③　　　　D. ③和④

26. 电池不可逆放电时，随电流密度的增加，阳极的电极电势，阴极的电极电势和两极的电势差如何变化（　　）。

　　A. 正，负，减小　　B. 正，负，增加　　C. 负，正，减小　　D. 负，正，增加

27. 阴极发生浓差极化的原因是（　　）。

　　A. 电子在电极溶液界面上的交换要克服活化能

　　B. 电解时反应物的电极表面浓度低于本体浓度

　　C. 电解时反应物的电极表面浓度高于本体浓度

　　D. 以上答案都不对

28. 电解 $CdSO_4$ 溶液时，决定在阴极上是否发生浓差极化的是（　　）。

　　A. 在电极上的反应速率（若不存在浓差极化现象）

　　B. Cd^{2+} 从溶液本体迁移到电极附近的速率

　　C. SO_4^{2-} 从溶液本体迁移到电极附近的速率

　　D. OH^- 从电极附近扩散到本体溶液中的速率

29. 造成活化极化的主要因素是（　　）。

　　A. 电极反应的迟缓性　　　　　　B. 电极表面形成氧化膜

　　C. 离子扩散缓慢　　　　　　　　D. 电流密度过大，电极反应太快

30. 若在 $CuSO_4$ 溶液中插入两个铜电极进行电解，不加以搅拌，则会出现：① $CuSO_4$ 在阳极区浓度大于阴极区的浓度；② $CuSO_4$ 在阳极区浓度大于电解前溶液的浓度；③ $CuSO_4$ 在阳极区浓度小于阴极区的浓度；④ $CuSO_4$ 在阳极区的浓度小于电解前溶液中的浓度。其中正确的说法是（　　）。

　　A. ①，②　　　　B. ①，④　　　　C. ②，③　　　　D. ③，④

31. 极谱分析，所用的测量阴极为（　　）。

　　A. 电化学极化电极　B. 浓差极化电极　C. 理想可逆电极　D. 难极化电极

32. 在极化曲线测定时，鲁金毛细管的作用是（　　）。

　　A. 盐桥　　　　　　　　　　　　B. 降低溶液欧姆电势降的影响

　　C. 减少活化超电势　　　　　　　D. 增大测定电路的电势

33. 在极化曲线的测定中，参比电极的作用是（　　）。

　　A. 与待测电极构成闭合回路，使电流通过电解池

　　B. 作为理想的极化电极

　　C. 具有较小的交换电流密度和良好的电势稳定性

　　D. 近似为理想不极化电极，与被测电极构成可逆原电池

34. 电极极化曲线是指（　　）。

　　A. 通过电解槽的电流强度与电解槽两端电势差的关系曲线

　　B. 是电解池（或原电池）工作时的电流密度与超电势的关系曲线

　　C. 是电解池（或原电池）工作时的电流密度与电极电势的关系曲线

　　D. 是在某一电流密度下电解池的分解电压与电极电势的关系曲线

35. 如图 8-1 所示的极化曲线中 a，b，c，d 所代表的极化曲线如表所示，其中正确的一组是（　　）。

	原电池		电解池	
	阴极(+)	阳极(-)	阴极	阳极
A.	a	b	c	d
B.	b	a	c	d
C.	c	d	a	b
D.	d	c	b	a

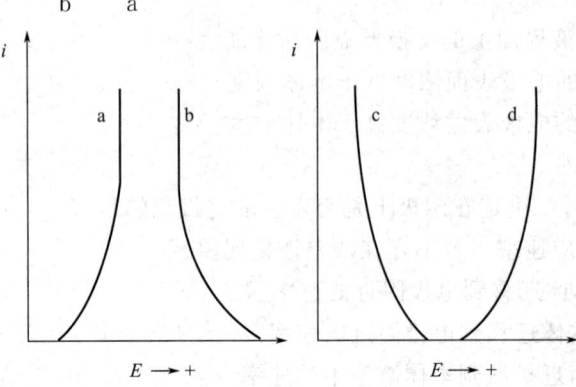

图 8-1

36. Na^+，H^+ 的还原电势分别为 $-2.71V$ 和 $-0.83V$，但用 Hg 作阴极电解 NaCl 溶液得 Na，因为（   ）。
    A. Na 和 Hg 形成液体合金　　　　　　B. 还原电势预示 Na 更易析出
    C. H_2 在汞电极上的超电势可能超过 2V　　D. 上述原因都不是

37. Tafel 公式适用于（   ）。
    A. 任何过程　　　　　　　　　　　　B. 浓差极化步骤是电极反应的控制步骤
    C. 化学步骤是电极反应的控制步骤　　D. 界面极化步骤是电极反应的控制步骤

38. 对于 Tafel 公式的理解，下列说法错误的是（   ）。
    A. Tafel 公式是电化学极化时，过电位与电流密度关系式
    B. 当极化电流很小时，该公式不适用
    C. Tafel 公式仅适用于阴极电化学极化时过电位与电流密度关系
    D. Tafel 公式也适用于阳极电化学极化时过电位与电流密度关系

39. Tafel 公式 $\eta = a + b\lg i$ 中，i 的物理意义是（   ）。
    A. 交换电流密度　　　　　　　　　　B. 电极表面在还原方向的电流密度
    C. 极限电流密度　　　　　　　　　　D. 电极与溶液界面上的净电流密度

40. 电极电势的高低代表了电极反应物质得到或失去电子的能力的大小，所以还原电极电势越负（   ）。
    A. 越易失去电子，发生氧化反应　　　B. 越易失去电子，发生还原反应
    C. 越易得到电子，发生氧化反应　　　D. 越易得到电子，发生还原反应

41. 电极电势的高低代表了电极反应物质得到或失去电子的能力的大小，所以还原电极电势越正（   ）。
    A. 越易失去电子，发生氧化反应　　　B. 越易失去电子，发生还原反应
    C. 越易得到电子，发生氧化反应　　　D. 越易得到电子，发生还原反应

42. 电解金属盐溶液时，在阴极上（   ）。

A. 还原电势越正的金属离子越容易析出

B. 还原电势与超电势之和越正的金属离子越容易析出

C. 还原电势越负的金属离子越容易析出

D. 还原电势与超电势之和越负的金属离子越容易析出

43. 室温下，用铂作电极电解 $1\text{mol} \cdot \text{dm}^{-3}$ NaOH 溶液，阴极上发生的电极反应为（已知：$\varphi^{\ominus}_{\text{Na}|\text{Na}^+}=-2.71\text{V}, \varphi^{\ominus}_{\text{O}_2|\text{OH}^-}=0.40\text{V}, \varphi^{\ominus}_{\text{H}_2|\text{OH}^-}=-0.83\text{V}$）（　　）。

A. $\text{Na}^+ + \text{e}^- \longrightarrow \text{Na}$

B. $\text{H}_2\text{O} + \frac{1}{2}\text{O}_2 + 2\text{e}^- \longrightarrow 2\text{OH}^-$

C. $2\text{H}_2\text{O} + 2\text{e}^- \longrightarrow \text{H}_2 + 2\text{OH}^-$

D. $\text{H}_2\text{O} \longrightarrow 2\text{H}^+ + \frac{1}{2}\text{O}_2 + 2\text{e}^-$

44. 298K 时，某溶液中含 $\text{Ag}^+(a=0.05)$、$\text{Ni}^{2+}(a=0.1)$、$\text{H}^+(a=0.01)$ 等离子，已知 H_2 在 Ag、Ni 上的超电势分别为 0.20V、0.24V，$\varphi^{\ominus}_{\text{Ag}|\text{Ag}^+}=0.799\text{V}, \varphi^{\ominus}_{\text{Ni}|\text{Ni}^{2+}}=-0.250\text{V}$，当电解时外加电压从零开始逐渐增加，则在阴极上析出物质的顺序是（　　）。

A. Ag $\longrightarrow$ Ni $\longrightarrow$ Ni 上逸出 H_2

B. Ni $\longrightarrow$ Ag $\longrightarrow$ Ni 上逸出 H_2

C. Ag $\longrightarrow$ Ni $\longrightarrow$ Ag 上逸出 H_2

D. Ni $\longrightarrow$ Ag $\longrightarrow$ Ag 上逸出 H_2

45. 298K 时，有一电池反应 $\text{Sn}+\text{Pb}^{2+}(a_1) \longrightarrow \text{Pb}+\text{Sn}^{2+}(a_2)$，已知 $\varphi^{\ominus}_{\text{Pb}|\text{Pb}^{2+}}=-0.126\text{V}$，$\varphi^{\ominus}_{\text{Sn}|\text{Sn}^{2+}}=-0.140\text{V}$。将固体锡投入铅离子溶液中，则 Sn^{2+} 与 Pb^{2+} 的活度比约为（　　）。

A. 1.725　　　　B. 1.605　　　　C. 2.977　　　　D. 1.267

46. 组成不同的混合溶液，当把金属铅分别插入各组溶液中时，能从下列溶液中置换出金属锡的是（已知：$\varphi^{\ominus}_{\text{Pb}|\text{Pb}^{2+}}=-0.126\text{V}, \varphi^{\ominus}_{\text{Sn}|\text{Sn}^{2+}}=-0.140\text{V}$）（　　）。

A. $a(\text{Sn}^{2+})=1.0, a(\text{Pb}^{2+})=0.1$

B. $a(\text{Sn}^{2+})=1.0, a(\text{Pb}^{2+})=1.0$

C. $a(\text{Sn}^{2+})=0.1, a(\text{Pb}^{2+})=1.0$

D. $a(\text{Sn}^{2+})=0.5, a(\text{Pb}^{2+})=0.5$

47. 实际电解时，在阴极上首先发生还原作用而放电的是（　　）。

A. 标准还原电极电位最大者

B. 考虑极化后实际上的不可逆还原电位最小者

C. 标准还原电极电位最小者

D. 考虑极化后实际上的不可逆还原电位最大者

48. 实际电解时，在阳极上首先发生氧化作用而放电的是（　　）。

A. 标准还原电势最大者

B. 考虑极化后，实际上的不可逆还原电势最大者

C. 标准还原电势最小者

D. 考虑极化后，实际上的不可逆还原电势最小者

49. 298 K，$0.1\text{mol} \cdot \text{dm}^{-3}$ 的 HCl 溶液中氢电极的热力学电势为 -0.06V，电解此溶液时，氢在铜电极上的析出电势 φ 为（　　）。

A. 大于 -0.06V　　B. 等于 -0.06V　　C. 小于 -0.06V　　D. 不能判定

50. 电解硫酸铜溶液时，在阴极发生的反应属于（　　）。

A. 分解反应　　B. 还原反应　　C. 氧化反应　　D. 离子交换反应

51. 电解 NaCl 溶液，用 Fe 作阴极。已知 $[\text{OH}^-]=2.5\text{mol} \cdot \text{dm}^{-3}$，$\text{H}_2$ 在 Fe 上的过电位是 0.82V。那么 H_2 的析出电位与用能斯特方程计算值 $\varphi_{\text{H}^+|\text{H}_2}$ 相比是（　　）。

A. 正移　　　B. 负移　　　C. 不移　　　D. 可能正移，可能负移

52. 在 $p^{\ominus}$、298K 时，用铜作电极电解 $1.0\text{mol} \cdot \text{dm}^{-3}\text{CuSO}_4$（pH=3）溶液，在阴极和阳极上的反应是（已知：$\varphi^{\ominus}_{\text{Cu}|\text{Cu}^{2+}}=0.337\text{V}, \varphi^{\ominus}_{\text{O}_2|\text{H}_3\text{O}^+}=1.229\text{V}$）（　　）。

A. 阴极析出铜,阳极析出氧 　　　　　B. 阴极析出氢气,阳极析出氧气
C. 阴极析出铜,阳极铜溶解　　　　　　D. 阴极析出氢气,阳极铜溶解

53. 已知 $\varphi^{\ominus}_{Ag|Ag^+}=0.799V$，$\varphi^{\ominus}_{Pb|Pb^{2+}}=-0.126V$，在 298K、$p^{\ominus}$ 下，电解含 Ag^+、Pb^{2+} 活度各为 1 的溶液，当 Pb^{2+} 开始析出时，Ag^+ 的浓度（单位：$mol \cdot dm^{-3}$）是（　　）。
A. 10^{-7}　　　　B. 1　　　　C. 10^{-16}　　　　D. 无法计算

54. 298K，$p^{\ominus}$ 时，以 Pt 为阴极，石墨为阳极，电解含有 $FeCl_2$（$0.01mol \cdot dm^{-3}$）和 $CuCl_2$（$0.02mol \cdot dm^{-3}$）的溶液，若电解过程中不断搅拌，并设超电势均可忽略不计，活度系数均为 1。问哪种金属先析出（已知：$\varphi^{\ominus}_{Cu|Cu^{2+}}=0.337V$，$\varphi^{\ominus}_{Fe|Fe^{2+}}=-0.440V$）（　　）。
A. Cu 先析出　　B. Fe 先析出　　C. 两种一起析出　　D. 两种均不析出

55. 已知氢在铜上的超电势为 0.23V，$\varphi^{\ominus}_{Cu|Cu^{2+}}=0.34V$，电解 $0.1mol \cdot dm^{-3}$ 的 $CuSO_4$ 溶液，电极电势的值只有控制在大于下列哪个数值时，氢就不会析出（　　）。
A. 0.13V　　　　B. −0.23V　　　　C. 0.23V　　　　D. −0.27V

56. 通电于含有相同浓度的 Fe^{2+}，Ca^{2+}，Zn^{2+}，Cu^{2+} 的电解质溶液，已知 $\varphi^{\ominus}_{Fe|Fe^{2+}}=-0.440V$，$\varphi^{\ominus}_{Ca|Ca^{2+}}=-2.866V$，$\varphi^{\ominus}_{Zn|Zn^{2+}}=-0.7628V$，$\varphi^{\ominus}_{Cu|Cu^{2+}}=0.337V$。当不考虑超电势时，在电极上金属析出的次序是（　　）。
A. Cu → Fe → Zn → Ca　　　　B. Ca → Fe → Zn → Cu
C. Ca → Zn → Fe → Cu　　　　D. Ca → Cu → Zn → Fe

57. 298K 时，$\varphi^{\ominus}_{Zn|Zn^{2+}}=-0.763V$，$H_2$ 在锌上的超电势为 0.7V，电解一含有 Zn^{2+}（$a=0.01$）的溶液，为了不使 H_2 析出，溶液的 pH 值至少应控制在（　　）。
A. pH>2.06　　B. pH>2.72　　C. pH>7.10　　D. pH>8.02

58. 电解硫酸铜溶液时，溶液的 pH 值将（　　）。
A. 不变　　　　B. 升高　　　　C. 降低　　　　D. 无法确定

59. 将两个铂电极插入 $0.1dm^3$ 浓度为 $3mol \cdot dm^{-3}$ 的氯化钾溶液中，在两极之间放置隔膜，并于两电极附近分别滴入几滴酚酞溶液，通以直流电。片刻，观察到溶液中的显色情况是（　　）。
A. 阴极区显红色　　　　　　　　B. 阴极区和阳极区只有气泡冒出，均不显色
C. 阳极区显红色　　　　　　　　D. 阴极区和阳极区同时显红色

60. 用铜电极电解氯化铜溶液，在阳极发生的反应是（　　）。
A. 析出氯气　　B. 析出氧气　　C. 铜电极溶解　　D. 析出金属铜

61. 298K 时，以石墨为电极，电解 $0.01mol \cdot kg^{-1}$ NaCl 溶液，已知 $\varphi^{\ominus}_{Cl_2|Cl^-}=1.36V$，$\eta_{Cl_2}=0V$，$\varphi^{\ominus}_{O_2|OH^-}=0.401V$，$\eta_{O_2}=0.8V$，则在阳极上首先析出（　　）。
A. Cl_2　　　　B. O_2　　　　C. Cl_2 与 O_2 混合气体　　D. 无气体析出

62. 已知 298K，$\varphi^{\ominus}_{Cl_2|Cl^-}=1.360V$，$\varphi^{\ominus}_{O_2|OH^-}=0.401V$，$\varphi^{\ominus}_{Cu|Cu^{2+}}=0.337V$。现以铜板作电极，电解 $0.001mol \cdot kg^{-1}$ $CuCl_2$ 溶液，设 O_2 和 Cl_2 在铜电极上的超电势均可忽略，则当电解池的电压由小到大变化时，在阳极上首先进行的电极反应为（　　）。
A. $2OH^- - 2e^- \longrightarrow \frac{1}{2}O_2 + H_2O$　　　　B. $Cu - 2e^- \longrightarrow Cu^{2+}$
C. $2Cl^- - 2e^- \longrightarrow Cl_2$　　　　　　　　　　D. 无法确定

63. 根据给定的电极电势数据：$\varphi^{\ominus}_{Cl_2|Cl^-}=1.36V$，$\varphi^{\ominus}_{Br_2|Br^-}=1.07V$，$\varphi^{\ominus}_{I_2|I^-}=0.54V$，$\varphi^{\ominus}_{Fe^{3+},Fe^{2+}}=0.77V$。判断在同温度和标准态下，下列说法正确的是（　　）。
   A. 卤离子中 I^- 能被 Fe^{3+} 所氧化
   B. 卤离子都不能为 Fe^{3+} 所氧化
   C. 卤离子中 Br^- 和 Cl^- 能被 Fe^{3+} 所氧化
   D. 卤离子全部能为 Fe^{3+} 所氧化

64. 在电解硝酸银溶液的电解池中，随着通过的电流的加大，下列说法正确的是（　　）。
   A. 阴极的电势向负方向变化　　B. 阴极附近银离子浓度增加
   C. 电解池电阻减小　　　　　　D. 两极之间的电势差减少

65. 阴极电流密度与浓差超电势 η 的关系是（　　）。

   A. j↑ 曲线上升　　B. j↑ 曲线上升　　C. j↑ 曲线下降　　D. j↑ 曲线趋于饱和

66. 298K、p 下，电解 HCl 溶液（$a=1$）制备 H_2 和 Cl_2，若以 Pt 作电极，当电极上有气泡产生时，外加电压与电极电位关系为（　　）。
   A. $V_{外}=\varphi_{Cl_2|Cl^-}-\varphi_{H_2|H^+}$
   B. $V_{外}>\varphi_{Cl_2|Cl^-}-\varphi_{H_2|H^+}$
   C. $V_{外}\geqslant\varphi_{Cl_2,析}-\varphi_{H_2,析}$
   D. $V_{外}\geqslant\varphi_{Cl_2|Cl^-}-\varphi_{H_2|H^+}$

67. 将金属插入含该金属离子的溶液中，由于金属的溶解或溶液中金属离子在金属表面上沉积，可能使金属表面带上某种电荷，产生界面电势。若已知 $\varphi^{\ominus}_{Zn|Zn^{2+}}=-0.763V$，则金属锌表面上所带的电荷一定是（　　）。
   A. 正电荷
   B. 不带电荷，因为溶液始终是电中性的
   C. 负电荷
   D. 无法判断，可能是正电荷也可能是负电荷

68. 电极电势的改变可以改变电极反应的速率，其直接的原因是改变了（　　）。
   A. 反应的活化能　　　　　　B. 电极过程的超电势
   C. 活性粒子的化学势　　　　D. 电极-溶液界面的双电层厚度

69. 铅蓄电池负极反应的交换电流密度比正极反应的交换电流密度约小两个数量级，这表明（　　）。
   A. 正极反应的可逆性大，易出现极化　　B. 正极反应的可逆性小，易出现极化
   C. 负极反应的可逆性大，易出现极化　　D. 负极反应的可逆性小，易出现极化

70. 一储水铁箱上被腐蚀了一个洞，今用一金属片焊接在洞外面以堵洞，为了延长铁箱的寿命，选用哪种金属为好（　　）。
   A. 铜片　　　　B. 铁片　　　　C. 镀锡铁片　　　　D. 锌片

71. 为了防止金属的腐蚀，在溶液中加入阳极缓蚀剂，其作用是（　　）。
   A. 降低阳极极化程度　　　　B. 增加阳极极化程度
   C. 降低阴极极化程度　　　　D. 增加阴极极化程度

72. 在一块铜板上，有一个锌制铆钉，在潮湿空气中放置后，则（　　）。

A. 锌被腐蚀,铜不被腐蚀 B. 锌不被腐蚀,铜不被腐蚀
C. 锌不被腐蚀,铜被腐蚀 D. 锌被腐蚀,铜被腐蚀

73. 铁在下列哪种介质中更易发生腐蚀(　　)。
    A. H_2O　　　　B. 潮湿空气　　　C. 干燥空气　　　D. 氢气

74. 牺牲阳极保护法是将被保护的金属与下列哪种类型的金属连接在一起(　　)。
    A. 低于氧还原电势的金属　　　　B. 比被保护的金属的电极电势低的金属
    C. 低于氢析出电势的金属　　　　D. 比被保护的金属的电极电势高的金属

75. 在金属的电化学腐蚀过程中,极化作用使其腐蚀速度(　　)。
    A. 降低　　　　B. 增加　　　　C. 不变　　　　D. 无法判断

76. 在海上航行的轮船,常将锌块镶嵌于船底四周,这样船身可减轻腐蚀,此种方法称为
    (　　)。
    A. 牺牲阳极阴极保护法　　　　B. 阳极保护法
    C. 金属保护层法　　　　　　　D. 电化学保护法

77. 把一钢制设备放入电解质溶液中,并与直流电源的正极相连,引入惰性电极,使其与直
    流电源的负极相连,其结果是(　　)。
    A. 减轻金属的腐蚀　　　　　　B. 加速金属的腐蚀
    C. 金属不发生腐蚀　　　　　　D. 是否腐蚀取决于正负两极的电势差

78. 在海水中的船底钢板上焊有下列哪种金属可以防止腐蚀(　　)。
    A. 锌块　　　　B. 铅块　　　　C. 铜块　　　　D. 锡块

79. 电化学腐蚀中金属作为腐蚀电池的(　　)。
    A. 阴极　　　　B. 阳极　　　　C. 负极　　　　D. 正极

80. 碳钢(为阳极)在碳铵溶液中的腐蚀属于(已知:$\varphi^{\ominus}_{H_2|OH^-}=-0.828V$,$\varphi^{\ominus}_{O_2|OH^-}=0.401V$)(　　)。
    A. 析氢腐蚀　　B. 化学腐蚀　　C. 吸氧腐蚀　　D. 浓差腐蚀

81. 下列对铁表面防腐方法中属于"电化保护"的是(　　)。
    A. 表面喷漆　　B. 电镀　　　　C. Fe件上嵌Zn块　D. 加缓蚀剂

82. 下列关于燃料电池效率η的说法错误的是(　　)。
    A. η小于1　　B. η可以大于1　　C. η等于1　　D. η不可能大于1

83. 蓄电池在充放电时的反应正好相反,则其充电时正极和负极、阴极和阳极的关系为(　　)。
    A. 正负极不变,阴阳极不变　　　B. 正负极不变,阴阳极正好相反
    C. 正负极改变,阴阳极不变　　　D. 正负极改变,阴阳极正好相反

第九章　化学动力学基础（一）

1. 涉及化学动力学的以下说法中不正确的是（　　）。
   A. 一个反应的反应趋势大，其速率却不一定快
   B. 一个实际进行的反应，它一定同时满足热力学条件和动力学条件
   C. 化学动力学不研究能量的传递或变化问题
   D. 快速进行的化学反应，其反应趋势不一定大

2. 化学动力学是物理化学的重要分支，它主要研究反应的速率和机理。下面有关化学动力学和化学热力学的陈述中不正确的是（　　）。
   A. 动力学研究的反应系统不是热力学平衡系统
   B. 原则上，平衡态的问题也能用化学动力学方法处理
   C. 反应速率问题不能用热力学方法处理
   D. 化学动力学不涉及状态函数的问题

3. 用物理化学方法测定化学反应速率的主要优点在于（　　）。
   A. 不要控制反应温度　　　　　　　B. 不要准确记录时间
   C. 不需要很多玻璃仪器和药品　　　D. 可连续操作、迅速、准确

4. 反应 A+2D══3G 在 298K、2dm³ 的容器中进行，若某时刻反应进度随时间变化率为 0.3mol·s⁻¹，则此时 G 的生成速率为（单位：mol·dm⁻³·s⁻¹）（　　）。
   A. 0.15　　　　　B. 0.9　　　　　C. 0.45　　　　　D. 0.2

5. 对于化学反应速率，下列说法不正确的是（　　）。
   A. 反应速率与系统的大小无关而与浓度的大小有关
   B. 反应速率与系统中各物质浓度标度的选择有关
   C. 反应速率可为正值也可为负值
   D. 反应速率与反应方程式写法无关

6. 反应 A+2B⟶3D 的反应速率 $-\dfrac{dc_A}{dt}$ 等于（　　）。
   A. $-2\dfrac{dc_B}{dt}$　　　B. $-3\dfrac{dc_D}{dt}$　　　C. $\dfrac{1}{2}\times\dfrac{dc_D}{dt}$　　　D. $-\dfrac{1}{2}\times\dfrac{dc_B}{dt}$

7. 下列几种变化中，能引起反应速率常数改变的是（　　）。
   A. 反应温度改变　　B. 反应体积改变　　C. 反应压力改变　　D. 反应物浓度改变

8. 如果反应 2A+B══2D 的速率可表示为：$r=\dfrac{1}{2}\left(-\dfrac{dc_A}{dt}\right)=-\dfrac{dc_B}{dt}=\dfrac{1}{2}\times\dfrac{dc_D}{dt}$ 则其反应分子数为（　　）。
   A. 单分子　　　　B. 双分子　　　　C. 三分子　　　　D. 不能确定

9. 某反应的反应级数为负值时，表明该反应的反应速率随物质浓度的（　　）。
   A. 升高而增大　　B. 升高而减小　　C. 升高而不变　　D. 降低而减小

10. 基元反应的分子数是个微观的概念，其值为（　　）。

A. 0,1,2,3 B. 只能是 1,2,3 这三个正整数
C. 也可是小于 1 的数值 D. 可正，可负，可为零

11. 如果臭氧分解反应 $2O_3 \longrightarrow 3O_2$ 的反应机理是：$O_3 \longrightarrow O+O_2$，$O+O_3 \longrightarrow 2O_2$。请指出这个反应对 O_3 而言可能是几级反应（　　）。
    A. 零级反应   B. 一级反应   C. 二级反应   D. 1.5 级反应

12. 某化学反应的方程式为 $2A \longrightarrow P$，则在动力学研究中表明该反应为（　　）。
    A. 二级反应   B. 基元反应   C. 双分子反应   D. 无法确定

13. 反应 $A+B \longrightarrow C+D$ 的速率方程为 $r=k[A][B]$，则该反应（　　）。
    A. 是双分子反应
    B. 是二级反应但不一定是双分子反应
    C. 不是双分子反应
    D. 是对反应物各为一级的双分子反应

14. 基元反应：$H+Cl_2 \longrightarrow HCl+Cl$ 的反应分子数是（　　）。
    A. 单分子反应   B. 双分子反应   C. 三分子反应   D. 不确定

15. 下列说法错误的是（　　）。
    A. 没有零分子反应
    B. 基元反应的级数一定是正整数
    C. 反应物的初始浓度越大，其半衰期也一定越长
    D. 反应的活化能越大，升高温度时反应速率增加得就越快

16. 对于反应级数，下列说法正确的是（　　）。
    A. 只有基元反应的级数是正整数   B. 反应级数不会小于零
    C. 催化剂不会改变反应级数   D. 反应级数都可以通过试验确定

17. 在基元反应中（　　）。
    A. 反应级数与反应分子数一定一致   B. 反应级数一定大于反应分子数
    C. 反应级数一定小于反应分子数   D. 反应级数与反应分子数不一定总一致

18. 下列说法中正确的是（　　）。
    A. 反应级数等于反应分子数
    B. 具有简单级数的反应是基元反应
    C. 不同反应若具有相同的级数形式，一定具有相同的反应机理
    D. 反应级数不一定是简单的正整数

19. 下列叙述中，正确的是（　　）。
    A. 复杂反应是由若干元反应组成的
    B. 在反应速率方程中，各物质浓度的指数等于反应方程式中各物质的计量数时，此反应必为元反应
    C. 反应级数等于反应方程式中反应物的计量数之和
    D. 反应速率等于反应物浓度的乘积

20. 下列各种叙述中，正确的是（　　）。
    A. 质量作用定律适用于一切化学反应
    B. 在一定条件下，任一化学反应都有相应的速率方程
    C. 非基元反应的速率方程式一定与质量作用定律不同
    D. 非基元反应的每一步反应的速率方程式不符合质量作用定律

21. 在指定条件下，任一基元反应的反应分子数与反应级数之间的关系是（　　）。

A. 反应级数等于反应分子数 B. 反应级数小于反应分子数
C. 反应级数大于反应分子数 D. 反应级数等于或小于反应分子数

22. 化学反应的反应级数是个宏观概念，实验的结果，其值（   ）。
    A. 只能是正整数   B. 一定是大于 1 的正整数
    C. 可以是任意值   D. 一定是小于 1 的负数

23. 根据反应分子数及反应级数的概念，下列表达不正确的是（   ）。
    A. 单分子反应通常是一级反应
    B. 双分子反应通常是二级反应
    C. 三级反应，反应的分子数为 3
    D. n 级反应，反应速率与反应物浓度的 n 次幂成正比

24. 对于反应分子数，下列说法不正确的是（   ）。
    A. 反应分子数是个理论数值
    B. 反应分子数一定是正整数
    C. 反应分子数等于反应式中的化学计量数之和
    D. 现在只发现单分子反应、双分子反应、三分子反应

25. 基元反应 $aA+dD \longrightarrow gG$，下列速率表示式中不正确的是（   ）。
    A. $-\dfrac{d[A]}{dt}=k_A[A]^a[D]^d$ B. $-\dfrac{d[D]}{dt}=k_D[A]^a[D]^d$
    C. $\dfrac{d[G]}{dt}=k_G[G]^g$ D. $\dfrac{d[G]}{dt}=k_G[A]^a[D]^d$

26. 基元反应一定是（   ）。
    A. 简单反应   B. 单分子反应   C. 双分子反应   D. 三分子反应

27. 有如下简单反应 $aA+bB \longrightarrow dD$，已知 $a<b<d$，则速率常数 k_A、k_B、k_D 的关系为（   ）。
    A. $\dfrac{k_A}{a}<\dfrac{k_B}{b}<\dfrac{k_D}{d}$ B. $k_A<k_B<k_D$ C. $k_A>k_B>k_D$ D. $\dfrac{k_A}{a}>\dfrac{k_B}{b}>\dfrac{k_D}{d}$

28. 反应 $aA+bB \Longrightarrow yY+zZ$ 的速率常数 k_A、k_B、k_Y、k_Z 之间的关系为（   ）。
    A. $-\dfrac{1}{a}k_A=-\dfrac{1}{b}k_B=\dfrac{1}{y}k_Y=\dfrac{1}{z}k_Z$ B. $k_A=\dfrac{a}{b}k_B=\dfrac{a}{y}k_Y=\dfrac{a}{z}k_Z$
    C. $k_A=k_B=k_Y=k_Z$ D. $ak_A=bk_B=yk_Y=zk_Z$

29. 反应 $3O_2 \Longrightarrow 2O_3$，其速率方程 $-\dfrac{d[O_2]}{dt}=k[O_3]^2[O_2]$ 或 $-\dfrac{d[O_3]}{dt}=k'[O_3]^2[O_2]$，那么 k 与 k' 的关系是（   ）。
    A. $2k=3k'$ B. $k=k'$ C. $3k=2k'$ D. $\dfrac{1}{2}k=\dfrac{1}{3}k'$

30. 对于任意给定的化学反应，$A+B \longrightarrow 2Y$，则在动力学研究中（   ）。
    A. 表明它为二级反应   B. 表明它是双分子反应
    C. 表明了反应物和产物分子间的计量关系 D. 表明它为基元反应

31. 某反应进行时，反应物浓度与时间呈线性关系，则此反应的半衰期与反应物初始浓度的关系是（   ）。
    A. 成正比   B. 成反比   C. 平方成反比   D. 无关

32. 某反应进行完全所需时间是有限的，且等于 c_0/k，则该反应是几级反应（   ）。

    A. 一级　　　　　B. 二级　　　　　C. 零级　　　　　D. 三级

33. 反应 A $\longrightarrow$ B，如果反应物 A 的浓度减少一半，A 的半衰期也缩短一半，则该反应的级数为（   ）。

    A. 零级　　　　　B. 一级　　　　　C. 二级　　　　　D. 三级

34. 下列关于零级反应动力学特点的叙述中，不正确的是（产物不影响反应速率）（   ）。

    A. 反应速率与反应物的压力无关

    B. 起始反应物浓度越大，半衰期越长

    C. 速率常数与反应速率的单位和数值相同

    D. 反应物浓度随时间成指数衰减

35. 某化学反应的速率常数为 $2.0\,\text{mol}\cdot\text{dm}^{-3}\cdot\text{s}^{-1}$，该化学反应的级数为（   ）。

    A. 一级反应　　　B. 二级反应　　　C. 零级反应　　　D. 负一级反应

36. 零级反应的速率常数单位是（   ）。

    A. 时间$^{-1}$　　B. 浓度·时间$^{-1}$　　C. 浓度$^{-2}$·时间$^{-1}$　　D. 浓度$^{-1}$·时间$^{-1}$

37. 反应 $aA \longrightarrow B$ 进行完全时所需要的时间为 $t = 2t_{1/2}$，则该反应级数为（   ）。

    A. 三级　　　　　B. 二级　　　　　C. 一级　　　　　D. 零级

38. 反应 A $\longrightarrow$ B，当实验测得其反应物 A 的浓度 c_A 与时间 t 呈线性关系时，该反应为（   ）。

    A. 一级反应　　　B. 二级反应　　　C. 分数级反应　　　D. 零级反应

39. 25℃时，气相反应 $2A(g) \longrightarrow C(g) + D(g)$，反应前，A(g) 的物质的量为 $c_{A,0}$，速率常数为 k_A，此反应进行完全（即 $c_A = 0$）所需的时间是有限的，用符号 t_∞ 表示，而且 $t_\infty = \dfrac{c_{A,0}}{k_A}$，则此反应的级数为（   ）。

    A. 0.5 级　　　　B. 一级　　　　　C. 二级　　　　　D. 零级

40. 某反应在有限时间内可反应完全，所需时间为 $\dfrac{c_0}{k}$，该反应级数为（   ）。

    A. 零级　　　　　B. 一级　　　　　C. 二级　　　　　D. 三级

41. 对于热爆炸反应，其起始的反应速率，中间反应速率和终了反应速率之间的关系是（   ）。

    A. 起始反应速率＞中间反应速率＞终了反应速率

    B. 中间反应速率＞起始反应速率＞终了反应速率

    C. 终了反应速率＞中间反应速率＞起始反应速率

    D. 终了反应速率＞起始反应速率＞中间反应速率

42. $2NO_2Cl(g) = 2NO_2(g) + Cl_2(g)$ 的反应机理包括两步基元反应：①$NO_2Cl(g) = NO_2(g) + Cl(g)$，②$NO_2Cl(g) + Cl(g) = NO_2(g) + Cl_2(g)$，已知总反应的速率常数 k 的单位是 s^{-1}，则下列说法正确的是（   ）。

    A. 总反应是一级反应　　　　　　　B. 第 1 步反应比第 2 步反应快得多

    C. 总反应是三级反应　　　　　　　D. 第 2 步反应比第 1 步反应快得多

43. 某反应，当反应物反应掉 $\dfrac{5}{9}$ 所需时间是它反应掉 $\dfrac{1}{3}$ 所需时间的 2 倍，则该反应的级数是（   ）。

A. $\dfrac{3}{2}$ 级反应　　　B. 二级反应　　　C. 一级反应　　　D. 零级反应

44. $2N_2O_5 \longrightarrow 4NO_2 + O_2$ 的速率常数单位是 s^{-1}。对该反应，下述说法正确的是（　　）。
    A. 不能确定　　　B. 双分子反应　　　C. 复合反应　　　D. 单分子反应

45. 某反应，反应物反应掉 $\dfrac{7}{8}$ 所需的时间恰好是反应掉 $\dfrac{3}{4}$ 所需时间的 1.5 倍，则该反应的级数是（　　）。
    A. 零级反应　　　B. 一级反应　　　C. 二级反应　　　D. 三级反应

46. 对于一级反应，下列说法中不正确的是（　　）。
    A. $\ln c$ 对时间 t 作图得一直线
    B. 半衰期与反应物起始浓度成反比
    C. 速率常数的单位为（时间）$^{-1}$
    D. 同一反应消耗反应物的百分数相同时，所需时间相等

47. 某反应无论反应物的起始浓度如何，反应完成 65% 所需的时间都相同，则反应级数为（　　）。
    A. 零级反应　　　B. 一级反应　　　C. 二级反应　　　D. 三级反应

48. 反应 $2A + 2B \longrightarrow C$，其速率方程式 $r = kc_A c_B^2$，则对 A 而言，反应级数为（　　）。
    A. 四级　　　B. 三级　　　C. 一级　　　D. 二级

49. 在 T、V 恒定的条件下，基元反应 $A(g) + B(g) \longrightarrow D(g)$，若初始浓度 $c_{A,0}$ 远远大于 $c_{B,0}$，即在反应过程中物质 A 大量过剩，其反应掉的物质的量的浓度与 $c_{A,0}$ 相比较，完全可以忽略不计。则此反应的级数为（　　）。
    A. 一级　　　B. 二级　　　C. 三级　　　D. 四级

50. 对于一级反应下列说法正确的是（　　）。
    A. $t_{1/2}$ 与初始浓度成正比　　　B. $\dfrac{1}{c}$ 对 t 作图为一直线
    C. 速率常数的单位为（时间）$^{-1}$　　　D. 只有一种反应物

51. 对于任何一级反应的半衰期，下列说法正确的是（　　）。
    A. 都与 k, c_0 有关　　B. 都与 c_0 有关　　C. 都与 k 有关　　D. 都与 k, c_0 无关

52. 某反应的速率常数为 $0.462 \min^{-1}$，初始浓度为 1.00×10^{-3} mol·dm^{-3}，反应的半衰期为（　　）。
    A. 1.50min　　　B. 21.6min　　　C. 0.108min　　　D. 3.00min

53. 某放射性同位素的半衰期为 5d，那么经 15d 后所剩的同位素的量是原来的（　　）。
    A. $\dfrac{1}{3}$　　　B. $\dfrac{1}{4}$　　　C. $\dfrac{1}{8}$　　　D. $\dfrac{1}{16}$

54. 半衰期为 10d 的某放射性元素净重 8g，40d 后其净重为（　　）。
    A. 4g　　　B. 2g　　　C. 1g　　　D. 0.5g

55. 放射性 ^{201}Pb 的半衰期为 8h，1g 放射性 ^{201}Pb，24h 后还剩下（　　）。
    A. $\dfrac{1}{2}$g　　　B. $\dfrac{1}{3}$g　　　C. $\dfrac{1}{4}$g　　　D. $\dfrac{1}{8}$g

56. 某放射性同位素的蜕变反应为一级反应，已知其半衰期 $t_{1/2} = 6$d，则经过 18d 以后，所剩余的同位素的物质的量 n 与原来同位素的物质的量 n_0 的关系为（　　）。

A. $n=\dfrac{n_0}{3}$　　　B. $n=\dfrac{n_0}{4}$　　　C. $n=\dfrac{n_0}{16}$　　　D. $n=\dfrac{n_0}{8}$

57. 某化学反应其反应物消耗 $\dfrac{3}{4}$ 所需的时间是它消耗掉 $\dfrac{1}{2}$ 所需时间的 2 倍，则反应的级数为（　　）。

A. 零级　　　B. 一级　　　C. 二级　　　D. 三级

58. 某反应速率常数 k 为 0.107min^{-1}，则反应物浓度从 $1.0\text{mol}\cdot\text{dm}^{-3}$ 变到 $0.7\text{mol}\cdot\text{dm}^{-3}$ 和浓度从 $0.01\text{mol}\cdot\text{dm}^{-3}$ 变到 $0.007\text{mol}\cdot\text{dm}^{-3}$ 所需时间的比值为（　　）。

A. 10　　　B. 100　　　C. 0.01　　　D. 1

59. 某放射性同位素的半衰期为 50d，经 75d 后，其放射性为初始时的（　　）。

A. $\dfrac{1}{4}$　　　B. $\dfrac{3}{4}$　　　C. $\dfrac{3}{8}$　　　D. 都不对

60. 对于一级反应，反应物反应掉 $\dfrac{1}{f}$ 所需的时间是（　　）。

A. $\dfrac{0.6932}{k}$　　　B. $\dfrac{1}{k}\ln f$　　　C. $\dfrac{1}{k}\ln\dfrac{f}{f-1}$　　　D. $\dfrac{1}{k}\ln\dfrac{1}{f}$

61. 某一级反应，在 60℃ 时 10min 分解掉 50%，其速率常数（单位：min^{-1}）为（　　）。

A. 0.06931　　　B. 0.0375　　　C. 0.8531　　　D. 0.7951

62. 一级反应，若半衰期 $t_{1/2}$ 在 0.01s 以下即称为快速反应，此时它的速率常数值在（　　）。

A. 69.31 以上　　　B. 6.931 以上　　　C. 0.06931 以上　　　D. 6.931 以下

63. 某反应的速率常数 $k=7.7\times10^{-4}\text{s}^{-1}$，初始浓度为 $0.1\text{mol}\cdot\text{dm}^{-3}$，则该反应的半衰期为（　　）。

A. 86580s　　　B. 900s　　　C. 1800s　　　D. 13000s

64. 一级反应完成 99.9% 所需时间是完成 50% 所需时间的多少倍（　　）。

A. 2 倍　　　B. 5 倍　　　C. 10 倍　　　D. 20 倍

65. 二级反应的半衰期（　　）。

A. 与反应物的起始浓度无关　　　B. 与反应物的起始浓度成正比
C. 与反应物的起始浓度成反比　　　D. 无法知道

66. 反应 A+B⟶C，就每种反应物而言，反应级数均为 1，在一定的起始浓度下，25℃ 时的反应速率是 15℃ 时的 3 倍，问 35℃ 时的反应速率是 15℃ 时的多少倍（　　）。

A. 0.5 倍　　　B. 3 倍　　　C. 8.4 倍　　　D. 2 倍

67. 某简单级数反应的 $k=0.1\text{mol}^{-1}\cdot\text{dm}^{3}\cdot\text{s}^{-1}$，反应物起始浓度为 $0.1\text{mol}\cdot\text{dm}^{-3}$，当反应速率降至起始速率的 $\dfrac{1}{4}$ 时，所需的时间为（　　）。

A. 0.1s　　　B. 333s　　　C. 30s　　　D. 100s

68. 某二级反应，反应物消耗 1/3 需 10min，若再消耗 1/3 还需时间为（　　）。

A. 10min　　　B. 20min　　　C. 30min　　　D. 40min

69. 某反应，其半衰期与起始浓度成反比，则反应完成 87.5% 所用的时间 t_1 与反应完成 50% 所用的时间 t_2 之间的关系是（　　）。

A. $t_1=2t_2$　　　B. $t_1=4t_2$　　　C. $t_1=7t_2$　　　D. $t_1=5t_2$

70. 某反应速率常数 $k=2.31\times10^{-2}\text{mol}^{-1}\cdot\text{dm}^{3}\cdot\text{s}^{-1}$，又初始浓度为 $1.0\text{mol}\cdot\text{dm}^{-3}$，则

该反应的半衰期为（   ）。

    A. 43.29s   B. 15s   C. 30s   D. 21.65s

71. 已知二级反应半衰期 $t_{1/2}=\dfrac{1}{k_2 c_0}$，则反应物消耗 3/4 所需要的时间应为（   ）。

    A. $\dfrac{2}{k_2 c_0}$ B. $\dfrac{1}{3k_2 c_0}$ C. $\dfrac{3}{k_2 c_0}$ D. $\dfrac{4}{k_2 c_0}$

72. 某二级反应 $2A \xrightarrow{k}$ 产物，$k=0.1\text{mol}^{-1} \cdot \text{dm}^3 \cdot \text{s}^{-1}$，$c_0=0.1\text{mol} \cdot \text{dm}^{-3}$，当反应速率降低至 1/9 所需时间为（   ）。

    A. 100s   B. 200s   C. 30s   D. 3.3s

73. 某反应完成 50% 所用的时间是完成 75% 到完成 87.5% 所用的时间的 1/16，该反应是（   ）。

    A. 二级反应   B. 三级反应   C. 0.5 级反应   D. 零级反应

74. 某反应 $A \longrightarrow B$，反应物消耗 3/4 所需的时间是其半衰期的 5 倍，此反应的级数为（   ）。

    A. 零级反应   B. 一级反应   C. 二级反应   D. 三级反应

75. 反应 $X+2Y \longrightarrow Z$ 是一个三级反应，下面速率方程式中，不正确的是（   ）。

    A. $r=kc_X c_Y^2$ B. $r=kc_X^2 c_Y$ C. $r=kc_X^2 c_Y^2$ D. $r=kc_X^0 c_Y^3$

76. 有相同初始浓度的反应物在相同的温度下，经一级反应时，半衰期为 $t_{1/2}$；若经二级反应，其半衰期为 $t'_{1/2}$，那么 $t_{1/2}$ 与 $t'_{1/2}$ 的关系为（   ）。

    A. $t_{1/2}=t'_{1/2}$ B. $t_{1/2}>t'_{1/2}$ C. $t_{1/2}<t'_{1/2}$ D. 两者大小无法确定

77. 气相反应 $A+2B \longrightarrow 2C$，A 和 B 的初始压力分别为 p_A 和 p_B，反应开始时并无 C，若 p 为系统的总压力，当时间为 t 时，A 的分压为（   ）。

    A. p_A-p_B B. $p-2p_A$ C. $p-p_B$ D. $2(p-p_A)-p_B$

78. 反应 $A+B \longrightarrow C$，其速率方程 $r=kc_A^{3/2} c_B^2$，则对 A 而言，反应级数和总反应级数分别为（   ）。

    A. 1，2   B. 2，2   C. 1.5，2   D. 1.5，3.5

79. 对于反应 $A_2+B_2 \longrightarrow 2AB$，测得速率方程 $r=kc_{A_2} c_{B_2}$，下列判断可能错误的是（   ）。

    A. 对反应物 A_2 来说是一级反应   B. 反应级数是 2
    C. 无法肯定是否为基元反应   D. 反应一定是基元反应

80. 某一反应只有一种反应物，其转化率达到 75% 的时间是转化率达到 50% 的时间的两倍，反应转化率达到 64% 的时间是转化率达到 x 的时间的两倍，则 x 为（   ）。

    A. 32%   B. 36%   C. 40%   D. 60%

81. 某反应速率常数的量纲是 $\text{mol} \cdot \text{dm}^{-3} \cdot \text{s}^{-1}$，该反应级数为（   ）。

    A. 三级   B. 二级   C. 一级   D. 零级

82. 已知某反应的级数为二级，则可确定该反应是（   ）。

    A. 简单反应   B. 双分反应   C. 复杂反应   D. 上述都有可能

83. 某一反应物的初始浓度为 $0.04 \text{mol} \cdot \text{dm}^{-3}$ 时，反应的半衰期为 360s；初始浓度为 $0.024 \text{mol} \cdot \text{dm}^{-3}$ 时，半衰期为 600s，此反应为（   ）。

    A. 零级反应   B. 1.5 级反应   C. 二级反应   D. 一级反应

84. 基元反应 $2A(g)+B(g) \longrightarrow E(g)$，将 2mol 的 A 与 1mol 的 B 放入 1dm^3 容器中混合并反应，那么反应物消耗一半时的反应速率与反应起始速率间的比值是（   ）。

A. 1∶2　　　　B. 1∶4　　　　C. 1∶6　　　　D. 1∶8

85. 2M ⟶ P 为二级反应，M 的起始浓度为 $1\text{mol} \cdot \text{dm}^{-3}$，若反应 1h 后，M 的浓度减少 1/2，那么反应 2h 后，M 的浓度（单位：$\text{mol} \cdot \text{dm}^{-3}$）是（　　）。
    A. 1/4　　　　B. 1/3　　　　C. 1/6　　　　D. 缺少 k 值无法求

86. 某反应速率常数的量纲是 $\text{mol}^{-1} \cdot \text{dm}^3 \cdot \text{s}^{-1}$，则该反应为（　　）。
    A. 一级反应　　B. 二级反应　　C. 三级反应　　D. 零级反应

87. 某化合物与水相互作用，初始浓度为 $1\text{mol} \cdot \text{dm}^{-3}$，1h 后为 $0.5\text{mol} \cdot \text{dm}^{-3}$，2h 后为 $0.25\text{mol} \cdot \text{dm}^{-3}$。则此反应级数为（　　）。
    A. 零级　　　　B. 一级　　　　C. 二级　　　　D. 三级

88. 反应 A ⟶ 2B 在温度为 T 时的速率方程为 $\dfrac{dc_B}{dt} = k_B c_A$，则此反应的半衰期为（　　）。
    A. $\dfrac{\ln 2}{k_B}$　　B. $\dfrac{2\ln 2}{k_B}$　　C. $k_B \ln 2$　　D. $2k_B \ln 2$

89. 气相反应 $2A + B \Longrightarrow C + D$ 是一个基元反应，温度一定时，将总体积压缩 50%，则反应速率变为原来的（　　）。
    A. 0.125 倍　　B. 8 倍　　　　C. 4 倍　　　　D. 不能确定

90. 反应 A ⟶ 产物为一级反应，2B ⟶ 产物为二级反应，$t_{1/2(A)}$ 和 $t_{1/2(B)}$ 分别表示两反应的半衰期，设 A 和 B 的初始浓度相等，当两反应分别进行的时间为 $t = t_{1/2(A)}$ 和 $t = t_{1/2(B)}$ 时，A、B 物质的浓度 c_A、c_B 的关系为（　　）。
    A. $c_A > c_B$　　B. $c_A = c_B$　　C. $c_A < c_B$　　D. 两者无一定关系

91. 400K 时某气相反应的速率常数 $k_p = 10^{-3} \text{kPa}^{-1} \cdot \text{s}^{-1}$，如速率常数用 k_c 表示，则 k_c（单位：$\text{mol}^{-1} \cdot \text{dm}^3 \cdot \text{s}^{-1}$）为（　　）。
    A. 3.326　　　B. 3.0×10^{-4}　　C. 3326　　　D. 3.0×10^{-7}

92. 某反应 $A_2 + B \longrightarrow 2A + C$ 的速率方程为 $r = k \dfrac{c_{A_2} c_B}{c_A}$，则反应总级数为（　　）。
    A. 3　　　　　B. 2　　　　　C. 1　　　　　D. 无级数可言

93. 关于反应分子数的下列表述中不正确的是（　　）。
    A. 反应分子数是实验值
    B. 某反应的分子数一定等于该反应的反应物化学计量数之和
    C. 实际的反应中，双分子反应发生的概率大于单分子和三分子反应
    D. 反应分子数不一定和测得的反应级数相等

94. 某反应的活化能是 $33\text{kJ} \cdot \text{mol}^{-1}$，当 $T = 300\text{K}$ 时，温度每增加 1K，反应速率常数增加的百分数约为（　　）。
    A. 4.5%　　　B. 9.4%　　　C. 11%　　　D. 50%

95. 对于一般化学反应，当温度升高时应该是（　　）。
    A. 活化能明显降低　　　　　　　B. 平衡常数一定变大
    C. 正逆反应的速率常数成比例关系　D. 反应达到平衡的时间缩短

96. 若要提高活化能较低的反应的产率，温度应该（　　）。
    A. 升高　　　　B. 降低　　　　C. 不变　　　　D. 不确定

97. 反应 A $\overset{E_1}{\underset{E_2}{\rightrightarrows}}$ $\begin{matrix}B\\D\end{matrix}$ 已知活化能 E_1 大于活化能 E_2，以下措施中哪一种不能改变获得 B 和 D 的比例（   ）。

   A. 提高反应的温度   B. 延长反应时间   C. 加入适当催化剂   D. 降低反应温度

98. 某反应的反应热 ΔH 为 $100 \text{kJ} \cdot \text{mol}^{-1}$，则该反应的活化能（单位：$\text{kJ} \cdot \text{mol}^{-1}$）为（   ）。

   A. 必定等于或小于 100   B. 必定等于或大于 100
   C. 可以大于或小于 100   D. 只能小于 100

99. 某等容反应的热效应为 $Q_V = 50 \text{kJ} \cdot \text{mol}^{-1}$，则反应的实验活化能（单位：$\text{kJ} \cdot \text{mol}^{-1}$）为（   ）。

   A. $E_a \geqslant 50$ B. $E_a < 50$ C. $E_a = -50$ D. 无法确定

100. 某化学反应，温度每升高 1K 时，该反应的速率常数 k 增加 1%，则该反应的活化能约为（   ）。

   A. RT^2 B. $100RT^2$ C. $10RT^2$ D. $0.01RT^2$

101. 两个活化能不相同的反应，如 $E_2 > E_1$，且都在相同的升温区间内升温，则（   ）。

   A. $\dfrac{\mathrm{d}\ln k_2}{\mathrm{d}T} > \dfrac{\mathrm{d}\ln k_1}{\mathrm{d}T}$ B. $\dfrac{\mathrm{d}\ln k_2}{\mathrm{d}T} < \dfrac{\mathrm{d}\ln k_1}{\mathrm{d}T}$ C. $\dfrac{\mathrm{d}\ln k_2}{\mathrm{d}T} = \dfrac{\mathrm{d}\ln k_1}{\mathrm{d}T}$ D. $\dfrac{\mathrm{d}k_2}{\mathrm{d}T} > \dfrac{\mathrm{d}k_1}{\mathrm{d}T}$

102. 某分解反应转化率达 20% 所需时间在 300K 时为 12.6min，340K 时为 3.2min。则该反应的活化能（单位：$\text{kJ} \cdot \text{mol}^{-1}$）为（   ）。

   A. 8.2   B. 15.0   C. 42.5   D. 29.1

103. 两个 H· 与 M 粒子同时相碰撞发生 $\text{H} + \text{H} + \text{M} \longrightarrow \text{H}_2(\text{g}) + \text{M}$ 的反应，此反应的活化能是（   ）。

   A. 大于零   B. 小于零   C. 等于零   D. 不确定

104. 对于任一反应 $a\text{A} + b\text{B} \longrightarrow$ 产物，下列说法正确的是（   ）。

   A. 反应速率 $r = k c_A^a c_B^b$
   B. 反应分子数为 $a + b$
   C. k-T 关系遵守 Arrhenius 公式
   D. 若有表观频率因子 $A = \dfrac{A_1 A_2}{A_{-1}}$，则有表观活化能 $E_a = E_1 + E_2 - E_{-1}$

105. 某反应表观速率常数与各基元反应速率常数的关系为 $k = k_2 \left(\dfrac{k_1}{2k_4} \right)^{1/2}$，则该反应的表观活化能与各基元反应活化能的关系是（   ）。

   A. $E_a = E_2 + \dfrac{1}{2} E_1 - E_4$ B. $E_a = E_2 + \dfrac{1}{2}(E_1 - E_4)$
   C. $E_a = E_2 + (E_1 - 2E_4)^{1/2}$ D. $E_a = E_2 + \dfrac{1}{2}(E_1 + 2E_4)$

106. 某复杂反应表观速率常数与各基元反应速率常数的关系是 $k = 2k_1 k_2 \left(\dfrac{k_3}{k_4} \right)^{1/2}$ 则下列选项正确的是（   ）。

   A. $E_a = 2E_1 + E_2 + \dfrac{1}{2}(E_3 - E_4)$ B. $E_a = E_1 + E_2 + \dfrac{1}{2}(E_3 - E_4)$

C. $E_a = E_1 + E_2 + E_3 - E_4$ 　　　　D. $E_a = 2(E_1 + E_2) + \dfrac{1}{2}(E_3 - E_4)$

107. 对峙反应，当温度一定时由纯 A 开始反应，下列说法中不正确的是（　　）。
 A. 起始时 A 的消耗速率最快　　　　B. 反应进行的净速率是正逆两向反应速率之差
 C. $\dfrac{k_1}{k_{-1}}$ 的值是恒定的　　　　D. 达到平衡时正逆两向的速率常数相同

108. 对峙反应，在一定条件下达到平衡时下列描述不正确的是（　　）。
 A. 温度升高，通常 r_+ 和 r_- 都增大　　　　B. $k_+ = k_-$
 C. 各物质浓度不随时间变化　　　　D. $r_+ = r_-$

109. 均相反应 $a\text{A} + b\text{B} \rightleftharpoons g\text{G} + h\text{H}$，已知反应速率 $r = k[\text{A}]^\alpha[\text{B}]^\beta$，在某时刻，$r_\text{A}$、$r_\text{B}$、$r_\text{G}$ 和 r_H 依次为 2×10^{-3}、4×10^{-3}、1×10^{-3} 和 3×10^{-3}（单位均为：mol·s^{-1}）。则下列速率常数之间的关系式正确的是（　　）。
 A. $k_\text{A} = k_\text{B}$　　B. $k_\text{B} = \dfrac{1}{4}k_\text{G}$　　C. $k_\text{B} = \dfrac{4}{3}k_\text{H}$　　D. $k_\text{H} = \dfrac{2}{3}k_\text{A}$

110. 一级平行反应 $\text{A} \begin{smallmatrix} \xrightarrow{k_1} \text{B} \\ \xrightarrow{k_2} \text{C} \end{smallmatrix}$，下列结论不正确的是（　　）。
 A. $k_总 = k_1 + k_2$　　B. $\dfrac{k_1}{k_2} = \dfrac{[\text{B}]}{[\text{C}]}$　　C. $E_总 = E_1 + E_2$　　D. $t_{1/2} = \dfrac{0.693}{k_1 + k_2}$

111. 均相反应 $\text{A} + \text{B} \begin{smallmatrix} \xrightarrow{k_1} \text{C}+\text{D} \\ \xrightarrow{k_2} \text{E}+\text{F} \end{smallmatrix}$，在反应过程中具有 $\dfrac{\Delta[\text{C}]}{\Delta[\text{E}]} = \dfrac{k_1}{k_2}$ 的关系，$\Delta[\text{C}]$、$\Delta[\text{E}]$ 为反应前后的浓度差，k_1、k_2 是反应(1)、(2) 的速率常数。下述哪个是其充要条件（　　）。
 A. (1)，(2) 都符合质量作用定律　　　　B. 反应前 C，E 浓度为零
 C. (1)，(2) 的反应物同是 A，B　　　　D. (1)，(2) 反应总级数相等

112. 某气相 1-1 级平行反应其指前因子 $A_1 = A_2$，活化能 $E_1 \ne E_2$，但均与温度无关，现测得 298K 时，$\dfrac{k_1}{k_2} = 100$，则 754K 时 $\dfrac{k_1}{k_2}$ 为（　　）。
 A. 2500　　B. 2.5　　C. 6.2　　D. 缺活化能数据，无法解

113. 一级平行反应 $\text{A} \begin{smallmatrix} \xrightarrow{k_1} \text{B} \\ \xrightarrow{k_2} \text{C} \end{smallmatrix}$，速率常数 k 与温度 T 的关系如图 9-1 所示，下列各式正确

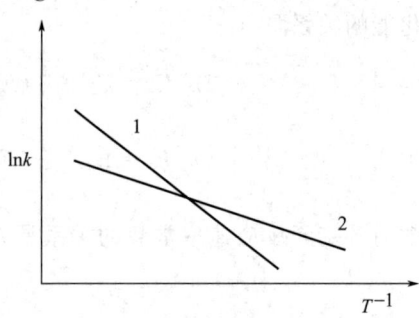

图 9-1

的是（　　）。
   A. $E_1<E_2$，$A_1<A_2$　　　　　　B. $E_1<E_2$，$A_1>A_2$
   C. $E_1>E_2$，$A_1<A_2$　　　　　　D. $E_1>E_2$，$A_1>A_2$

114. 图 9-2 绘出物质 [G]、[F]、[E] 的浓度随时间变化的规律，所对应的连串反应是（　　）。
   A. G→F→E　　B. E→F→G　　C. G→E→F　　D. F→G→E

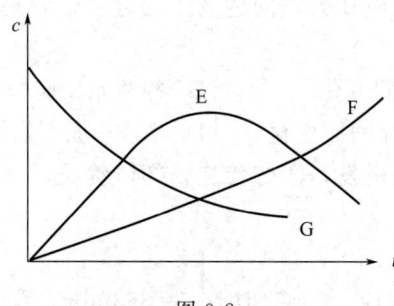

图 9-2

115. 对于连串反应 $A \xrightarrow{k_1} B \xrightarrow{k_2} D$，已知 $E_1>E_2$，若想提高产品 B 的百分数，应采取下列哪种方法（　　）。
   A. 增加原料 A　　B. 及时移去产物 D　　C. 降低温度　　D. 升高温度

116. 连串一级反应 A──→B──→C，A──→B 的活化能远小于 B──→C 的活化能，则可采用的近似处理方法是（　　）。
   A. A──→B 是速控步骤　　　　B. B──→C 是速控步骤
   C. 中间物 B 用稳态法　　　　D. 平衡态法

117. 某化学反应在 t 时刻有两种不同产物，当时间 $t→∞$ 时，其中一种产物的浓度趋近于零，而另一种产物的浓度趋近于反应物的初始浓度(或其倍数)，则该反应必然为（　　）。
   A. 连串反应　　B. 对峙反应　　C. 平行反应　　D. 链反应

118. 复杂反应(平行反应除外)的反应速率取决于（　　）。
   A. 最快一步的反应速率　　　　B. 最慢一步的反应速率
   C. 几步反应的平均速率　　　　D. 任意一步的反应速率

119. 实验测得某物质（A）分解生成产物（B）和产物（C）的浓度随时间的变化曲线如图 9-3 所示，由此可以断定该反应是（　　）。
   A. 基元反应　　B. 对峙反应　　C. 平行反应　　D. 连串反应

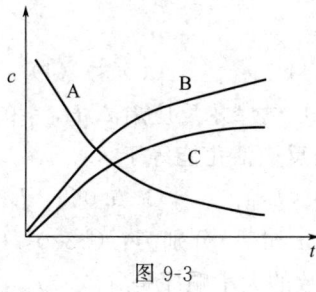

图 9-3

120. 已知某复杂反应的反应历程为：$A \underset{k_{-1}}{\overset{k_1}{\rightleftharpoons}} B$，$B+D \xrightarrow{k_2} J$，则 B 的浓度随时间的变化率

$\dfrac{d[B]}{dt}$ 是（　　）。

A. $k_1[A]-k_2[D][B]$ B. $k_1[A]-k_{-1}[B]-k_2[D][B]$

C. $k_1[A]-k_{-1}[B]+k_2[D][B]$ D. $-k_1[A]+k_{-1}[B]+k_2[D][B]$

121. 慢反应为速控步骤的复杂反应是（　　）。

　　A. 平行反应　　B. 对峙反应　　C. 连串反应　　D. 链反应

122. 稳态近似法是处理复杂反应动力学问题的方法之一，它是基于假定化学反应达到稳定态之后，近似地认为（　　）。

　　A. 反应物浓度不再随时间变化   B. 各基元反应的速率常数不变

　　C. 中间产物的浓度不随时间而变化   D. 活泼中间产物的浓度基本上不随时间而变化

123. 链反应的三大步骤为①链引发，②链传递，③链终止，其中对总反应活化能贡献最大的是（　　）。

　　A. ①　　B. ②　　C. ③　　D. ①或②

124. 环氧乙烷的分解为一级反应。380℃时 $t_{1/2}=363$min，活化能 $E_a=217$kJ·mol^{-1}；则450℃时分解75%环氧乙烷所需时间约为（　　）。

　　A. 5min　　B. 10min　　C. 15min　　D. 20min

125. Arrhenius经验公式适用于（　　）。

　　A. 基元反应   B. 基元反应和大多数非基元反应

　　C. 对峙反应   D. 所有化学反应

126. 1-1级对峙反应 A $\underset{k_2}{\overset{k_1}{\rightleftharpoons}}$ B 由纯A开始反应，当进行到A和B浓度相等的时间是（　　）。

　　A. $t=\ln\dfrac{k_1}{k_2}$ B. $t=\dfrac{1}{k_1-k_2}\times\ln\dfrac{k_1}{k_2}$

　　C. $t=\dfrac{1}{k_1+k_2}\times\ln\dfrac{2k_1}{k_1-k_2}$ D. $t=\dfrac{1}{k_1+k_2}\times\ln\dfrac{k_1}{k_1-k_2}$

127. 一个基元反应，正反应的活化能是逆反应活化能的2倍，反应时吸热120kJ·mol^{-1}，则正反应的活化能（单位：kJ·mol^{-1}）是（　　）。

　　A. 120　　B. 240　　C. 360　　D. 60

128. 平行反应 A $\begin{array}{c}\overset{E_1}{\longrightarrow}B\\ \underset{E_2}{\longrightarrow}D\end{array}$，已知活化能 $E_1>E_2$，指前因子 $A_1>A_2$。那么(1)降低反应温度；(2)提高反应温度；(3)加入适当催化剂；(4)延长反应时间；其中能增加产物B的方法有（　　）。

　　A. (1),(3)　　B. (2),(4)　　C. (3),(4)　　D. (2),(3)

129. 基元反应 A+B-C ⟶ A-B+C 的摩尔反应焓 $\Delta_rH_m<0$，B-C 键的键能为 ε_{B-C}，A-B 键的键能为 ε_{A-B}，A 为自由基，则反应活化能等于（　　）。

　　A. $0.30\times L\varepsilon_{B-C}$ B. $0.055\times L\varepsilon_{B-C}$ C. $0.055\times L\varepsilon_{A-B}$ D. $0.055\times L\varepsilon_{B-C}-\Delta_rH_m$

130. 有三个反应，其活化能(kJ·mol^{-1})分别为：①320，②40，③80，当温度升高相同数值时，以上反应速率增加倍数的大小顺序是（　　）。

　　A. ①>③>②　　B. ①>②>③　　C. ②>③>①　　D. ③>②>①

131. 阿仑尼乌斯公式可写成各种形式，其中不正确的是（　　）。

A. $\dfrac{\mathrm{d}\ln k}{\mathrm{d}T}=\dfrac{E_a}{RT^2}$ B. $\ln\dfrac{k_2}{k_1}=\dfrac{E_a}{R}\left(\dfrac{1}{T_2}-\dfrac{1}{T_1}\right)$

C. $k=A\mathrm{e}^{-\frac{E_a}{RT}}$ D. $\ln k=-\dfrac{E_a}{RT}+\ln A$

132. 关于对峙反应的描述，下列说法不正确的是（   ）。
   A. 一切化学变化都是可逆反应，不能进行到底
   B. 对峙反应中正逆反应的级数一定相同
   C. 对峙反应无论是否达到平衡，其正逆反应的速率常数之比为定值
   D. 对峙反应达到平衡时，正逆反应速率相同

133. 下述结论对平行反应不适合的是（   ）。
   A. 总反应速率等于同时进行的各个反应速率之和
   B. 总反应速率常数等于同时进行的各个反应速率常数之和
   C. 总反应速率取决于最慢一步的反应速率
   D. 各个反应速率常数之比等于相应产物的浓度之比

134. 利用活化能和温度对反应速率的影响关系能控制某些复杂反应的速率，即所谓活化控制。下面的反应中都可进行活化控制的是（   ）。
   A. 平行反应和连串反应   B. 可逆反应和链反应
   C. 可逆反应和连串反应   D. 连串反应和链反应

135. 若反应 A+B══C，对于 A 和 B 都是一级反应，则（   ）。
   A. 此反应是一级反应   B. 此反应是零级反应
   C. 两反应物中无论哪一个浓度增加一倍，都会使反应速率增加一倍
   D. 两反应物的浓度同时减半，则反应速率也减半

136. 对氢和氧的爆炸反应研究表明存在压力的爆炸下限，这是由于（   ）。
   A. 发生热爆炸   B. 链传递物与器壁碰撞而销毁
   C. 链传递物的气相销毁   D. 杂质存在的影响

137. 微观可逆性原则不适用的反应是（   ）。
   A. H_2+I_2══$2HI$
   B. $C_{12}H_{22}O_{11}$（蔗糖）$+H_2O$══$C_6H_{12}O_6$（果糖）$+C_6H_{12}O_6$（葡萄糖）
   C. $Cl\cdot+Cl\cdot$══Cl_2
   D. $CH_3COOC_2H_5+OH^-$══$CH_3COO^-+C_2H_5OH$

138. 反应 $NO+\dfrac{1}{2}O_2$══NO_2 的速率在温度升高时反而下降，这是因为（   ）。
   A. 该反应是一个光化学反应   B. 该反应催化剂的活性随温度升高而下降
   C. 速控步前快速平衡步骤放热显著   D. 这是一个吸热的复杂反应

139. 对于任一化学反应，E_a 为正向反应的活化能，E_a' 为逆向反应的活化能，则必有（   ）。
   A. $E_a'-E_a=\Delta_r H_m$ B. $E_a-E_a'=\Delta_r U_m$
   C. $E_a'-E_a=\Delta_r U_m$ D. 无法确定

140. 一个复杂化学反应可用平衡态近似法处理的条件是（   ）。
   A. 反应速率快，迅速达到化学平衡态
   B. 包含可逆反应且很快达到平衡，其后的基元步骤速率慢

C. 中间产物浓度小，第二步反应慢

D. 第一步反应快，第二步反应慢

141. 有一连串反应 E $\xrightarrow{k_1}$ F $\xrightarrow{k_2}$ G，下列哪种情况可能使 F 的产率提高（   ）。

    A. F 分子很不活泼，E 分子很活泼　　B. 两反应速率常数 $k_1 \ll k_2$

    C. F 分子很活泼，E 分子很不活泼　　D. 反应时间尽量延长

142. 有一平行反应，A $\begin{array}{c}\xrightarrow{k_1, E_1} B \\ \xrightarrow{k_2, E_2} C\end{array}$，若 k、E_a 分别表示总反应的速率常数和活化能，则必存在的关系式为（   ）。

    A. $E_a = E_1 + E_2$　　　　　　　　　B. $k = k_1 + k_2$

    C. $E_a = k_1 E_1 + k_2 E_2$　　　　　　　D. $k = k_1 k_2$

143. 某等容反应的正向反应活化能为 E_f，逆向反应活化能为 E_b，则 $E_f - E_b$ 等于（   ）。

    A. $-\Delta_r H_m$　　B. $\Delta_r H_m$　　C. $-\Delta_r U_m$　　D. $\Delta_r U_m$

144. 很多可燃气体在空气中因支链反应发生的爆炸有一定爆炸界限，其上限主要由于（   ）。

    A. 容易发生三分子碰撞而丧失自由基　　B. 存在的杂质产生了影响

    C. 自由基与器壁碰撞加剧　　　　　　　D. 密度高而导热快

145. 已知平行反应：A $\begin{array}{c}\xrightarrow{k_1} B \\ \xrightarrow{k_2} C\end{array}$，则该平行反应的总反应速率常数 k 为（   ）。

    A. $k_1 + k_2$　　B. k_1 / k_2　　C. k_2 / k_1　　D. $k_2 \approx k_1$

146. 基元反应 A+B-C $\longrightarrow$ A-B+C 的摩尔反应焓变 $\Delta_r H_m > 0$，B-C 键的键能为 ε_{B-C}，A-B 键的键能为 ε_{A-B}，A 为自由基，则反应活化能等于（   ）。

    A. $0.50 \times L \varepsilon_{B-C}$　　　　　　　　B. $\Delta_r H_m + 0.055 \times L \varepsilon_{A-B}$

    C. $0.055 \times L \varepsilon_{A-B}$　　　　　　　D. $0.055 \times L \varepsilon_{B-C} - \Delta_r H_m$

147. 有二级反应，在一定温度下反应物消耗 1/2 需时间 10min，若再消耗 1/2 还需要时间为（   ）。

    A. 10min　　B. 20min　　C. 30min　　D. 40min

148. 确定复杂反应的速率方程，若可用稳态近似法处理，则必须具备的条件是（   ）。

    A. 可逆反应快速达到平衡　　B. 中间产物很活泼，反应稳定时 $\dfrac{d[中间物]}{dt} \approx 0$

    C. 决速步在最后（生成最终产物的一步）　　D. 中间产物一定为自由基或自由原子

149. 对于链反应，下面说法不正确的是（   ）。

    A. 链反应的基本步骤为：链的引发、传递及终止三步

    B. 支链反应在一定条件下可引起爆炸

    C. 链反应的速率可用稳态近似法和平衡态近似法处理

    D. 链反应的速率极快，反应不需要活化能

150. 化学反应 $aA + bB \Longrightarrow gG + hH$，该反应（   ）。

    A. 必须是基元反应　　　　　　　B. 只能是简单反应

    C. 只能是复合反应　　　　　　　D. 可以是任何反应

151. 氢与碘反应的计量方程式为：$H_2(g)+I_2(g) \Longrightarrow 2HI(g)$，速率方程为 $r=k[H_2][I_2]$，该反应为（　　）。
    A. 双分子反应　　　　　　　　　　B. 基元反应或简单反应
    C. 二级反应　　　　　　　　　　　D. 无反应级数

152. 某平行反应含有主、副两个反应，主反应的产物为 Y，活化能为 E_1；副反应的产物为 Z，活化能为 E_2，且 $E_1 > E_2$，则升高温度（　　）。
    A. 对生成 Y 有利　B. 对生成 Z 有利　C. 无影响　　　　D. 无法确定

153. 反应 $A+2B \longrightarrow Y$ 若反应速率方程为 $-\dfrac{dc_A}{dt}=k_A c_A c_B$ 或 $-\dfrac{dc_B}{dt}=k_B c_A c_B$，则 k_A 与 k_B 的关系为（　　）。
    A. $k_A=k_B$　　　B. $k_A=2k_B$　　　C. $2k_A=k_B$　　　D. $k_A k_B=1$

154. 下列叙述正确的是（　　）。
    A. 非基元反应是由若干基元反应组成的
    B. 反应速率方程式中各物质浓度的幂次方等于化学反应方程式中计量数时，此反应为基元反应
    C. 反应级数等于反应物在反应方程式中计量数之和
    D. 反应速率与反应物浓度的乘积成正比

155. 氢和氧的反应发展为爆炸是因为（　　）。
    A. 大量的引发剂引发　　　　　　　B. 直链传递的速率增加
    C. 自由基被消除　　　　　　　　　D. 生成双自由基，形成支链

156. 对于一级反应 $A \underset{k_2}{\overset{k_1}{\rightleftharpoons}} B$，下列叙述正确的是（　　）。
    A. 加入催化剂可使 $k_1 > k_2$　　　B. 平衡时 $k_1 = k_2$
    C. 总反应速率为正逆向速率的代数和　D. 平衡时 $c_A = c_B$

157. 在下列各速率方程式所描述的反应中，哪一个无法定义其反应级数（　　）。
    A. $\dfrac{dc_{HI}}{dt}=k c_{Cl_2} c_{I_2}$　　　　　B. $\dfrac{dc_{CH_4}}{dt}=k c_{C_2H_6}^{\frac{1}{2}} c_{H_2}$
    C. $\dfrac{dc_{HBr}}{dt}=\dfrac{k c_{H_2} c_{Br_2}^{\frac{1}{2}}}{1+k' \dfrac{c_{HBr}}{c_{Br_2}}}$　　D. $\dfrac{dc_{CH_4}}{dt}=k c_{H_2} c_{Cl_2}^{\frac{1}{2}}$

158. 根据范特霍夫经验规则，一般化学反应，温度每上升 10℃ 其反应速率约增大为原来的 2~4 倍，对于在 298K（指室温）左右服从此规则的化学反应，其活化能（单位：kJ·mol^{-1}）的范围为（　　）。
    A. 52.88~105.8　B. 50~250　　　C. 100 左右　　　D. 40~400

第十章　化学动力学基础（二）

1. 根据碰撞理论，温度增加反应速率提高的主要原因是（　　）。
   A. 活化能降低　　　　　　　　　　B. 碰撞频率提高
   C. 活化分子所占比例增加　　　　　D. 碰撞数增加
2. 在简单碰撞理论中，有效碰撞的定义是（　　）。
   A. 互撞分子的总动能超过 E_c　　　　B. 互撞分子的相对总动能超过 E_c
   C. 互撞分子质心连线上的相对平动能超过 E_c
   D. 互撞分子的内部动能超过 E_c
3. 对于简单碰撞理论中临界能 E_c，下列说法中正确的是（　　）。
   A. 反应物分子应具有的最低能量　　　B. E_c 就是反应的活化能
   C. 反应物分子的相对平动能在质心连线方向上分量的最低阈能值
   D. 碰撞分子对的平均能量与反应物分子平均能量的差值
4. 关于阈能，下列说法正确的是（　　）。
   A. 阈能的概念只适用于基元反应　　　B. 阈能是宏观量实验值
   C. 阈能值与温度有关　　　　　　　　D. 阈能值是活化分子相对动能的平均值
5. 和阿仑尼乌斯理论相比，碰撞理论有较大的进步，但以下叙述中不正确的是（　　）。
   A. 能说明质量作用定律只适用于基元反应
   B. 引入概率因子，说明有效碰撞数小于计算值的原因
   C. 可从理论上计算速率常数和活化能
   D. 证明活化能与温度有关
6. 温度升高，反应速率增大这一现象最佳解释是（　　）。
   A. 反应分子的碰撞频率增大　　　　　B. 阈能或能垒降低
   C. 能量超过活化能的分子的百分数增加　D. 反应历程改变
7. 在碰撞理论中，碰撞直径 d、碰撞参数 b 与反射角 θ 的理解，不正确的是（　　）。
   A. $0<b<d$，分子发生碰撞　　　　　B. $0<\theta<\pi$，分子发生碰撞
   C. 若 $b=0$，则 $\theta=0°$　　　　　　D. 若 $b=0$，则 $\theta=\pi$
8. 对于双分子反应 $A+A \longrightarrow A_2$，设 $Z_{AA}=10^{32}\,dm^{-3}\cdot s^{-1}$。如果每次碰撞均能发生反应，则双分子反应速率常数（单位：$dm^3\cdot mol^{-1}\cdot s^{-1}$）为（　　）。
   A. 3.3×10^{-8}　　B. 3.3　　C. 3.3×10^{8}　　D. 10^{32}
9. 乙醛气相热分解反应为二级反应。活化能为 $190.4\,kJ\cdot mol^{-1}$，乙醛分子直径为 $5\times10^{-10}\,m$，试计算 $101.325\,kPa$、$800\,K$ 时分子的碰撞数（单位：$m^{-3}\cdot s^{-1}$）为（　　）。
   A. 2.900×10^{34}　B. 5.898×10^{34}　C. 2.900×10^{-34}　D. 1.568×10^{34}
10. $T=300\,K$ 时，如果分子 A 和 B 要经过一千万次碰撞才能发生一次反应，这个反应的临界能（单位：$kJ\cdot mol^{-1}$）为（　　）。
    A. 170　　　B. 40.2　　　C. 10.5　　　D. -15.7
11. 某双原子分子分解反应的阈能 $E_c=83.68\,kJ\cdot mol^{-1}$，则在 $300\,K$ 时活化分子所占的分数

是（   ）。
    A. $3.719×10^{14}$ B. $6.17×10^{-15}$ C. $2.69×10^{11}$ D. $2.69×10^{-15}$

12. 碰撞理论中的 E_c 和阿仑尼乌斯公式中的 E_a 的关系为（   ）。
    A. $E_c>E_a$ B. $E_c<E_a$ C. $E_c=E_a$ D. 不能比较

13. 由气体碰撞理论可知，分子碰撞次数（   ）。
    A. 与温度无关   B. 与温度成正比
    C. 与热力学温度成正比   D. 与热力学温度的平方根成正比

14. 在碰撞理论中，有效碰撞分数 q 为（   ）。
    A. $q=\exp\left(-\dfrac{E_a}{RT}\right)$ B. $q=\exp\left(-\dfrac{E_c}{RT}\right)$
    C. $q=\exp\left(-\dfrac{\varepsilon_c}{RT}\right)$ D. $q=P\exp\left(-\dfrac{E_a}{RT}\right)$

15. 以下与碰撞理论假设不符的是（   ）。
    A. 反应物分子对的相对平动能大于反应物分子的平均能量时，碰撞才是有效的
    B. 反应物分子只有经过碰撞才发生反应
    C. 将反应物分子看作没有内部结构的刚性球体
    D. 反应速率等于单位时间，单位体积内有效碰撞数

16. 气体反应的碰撞理论要点是（   ）。
    A. 气体分子可看成钢球，一经碰撞就能引起反应
    B. 反应分子必须互相碰撞且限于一定方向才能引起反应
    C. 反应物分子只要互相迎面碰撞就能引起反应
    D. 一对分子具有足够能量的迎面碰撞才能引起反应

17. 双分子气相反应 A+B═══D，其阈能为 40 kJ·mol^{-1}，有效碰撞分数是 $6.0×10^{-4}$，该反应进行的温度是（   ）。
    A. 649K   B. 921K   C. 268K   D. 1202K

18. 设某基元反应在 500 K 时的实验活化能为 83.14kJ·mol^{-1}，则此反应的阈能 E_c（单位：kJ·mol^{-1}）为（   ）。
    A. 2.145   B. 162   C. 83.14   D. 81.06

19. 在碰撞理论中，校正因子 P 小于 1 的主要因素是（   ）。
    A. 反应体系是非理想的   B. 空间的位阻效应
    C. 分子间碰撞的激烈程度不够   D. 分子间存在相互作用力

20. 速率常数的实验值 $k_{实}$ 与简单碰撞理论的计算值 $k_{理}$ 比较，一般 $k_{理}>k_{实}$，这种差别的公认解释是由于理论处理中（   ）。
    A. 作了 $E_c=E_a$ 近似   B. 碰撞数计算不准
    C. 未考虑空间影响因素   D. 未考虑分子大小的影响

21. 按照绝对反应速率理论，实际的反应过程非常复杂，涉及的问题很多，与其有关的下列说法中正确的是（   ）。
    A. 反应分子组实际经历的途径中每个状态的能量都是最低的
    B. 势能垒就是活化络合物分子在马鞍点的能量与反应物分子的平均能量之差
    C. 反应分子组到达马鞍点之后也可能返回始态

D. 活化络合物分子在马鞍点的能量是最高的

22. 过渡态理论认为（　　）。
   A. 反应速率取决于活化络合物的生成
   B. 反应速率取决于活化络合物分解为产物的分解速率
   C. 用热力学方法可算出速率常数
   D. 活化络合物和产物间建立平衡

23. 298K 时两个级数相同的反应 Ⅰ、Ⅱ，活化能 $E_Ⅰ=E_Ⅱ$，若速率常数 $k_Ⅰ=10k_Ⅱ$，则反应的活化熵（单位：$J \cdot mol^{-1} \cdot K^{-1}$）相差（　　）。
   A. 0.6　　　　B. 10　　　　C. 19　　　　D. 190

24. 若两个同类气相反应的活化焓 $\Delta_r^{\neq} H_m$ 值相等，在 400K 时，两个反应的活化熵 $\Delta_r^{\neq} S_{m,1} - \Delta_r^{\neq} S_{m,2} = 10 J \cdot mol^{-1}$，则这两个反应的速率常数之比为（　　）。
   A. $\dfrac{k_1}{k_2}=0.300$　　B. $\dfrac{k_1}{k_2}=0.997$　　C. $\dfrac{k_1}{k_2}=1.00$　　D. $\dfrac{k_1}{k_2}=3.33$

25. 两个气相基元反应有相同的活化能，但活化熵差为 $30 J \cdot mol^{-1} \cdot K^{-1}$，则两反应在任何温度时的速率常数之比为（　　）。
   A. 36.9
   B. 温度未定，不能比较
   C. 反应分子数未知，不能比较
   D. 相等

26. 对于气相基元反应，下列条件：①温度降低；②活化熵越负；③活化焓越负；④分子有效碰撞直径越大。能使反应速率变大的条件是（　　）。
   A. ①、④　　　B. ③、④　　　C. ②、④　　　D. ①、②、④

27. 对于气相基元反应，按过渡态理论，下列关系式不正确的是（　　）。
   A. $E_a=\Delta_r^{\neq} U_m^{\ominus}+RT$
   B. $E_a=\Delta_r^{\neq} H_m^{\ominus}+nRT$
   C. $E_a=E_0+0.5RT$
   D. $E_a=E_0+mRT$

28. 根据过渡态理论，Arrhenius 公式中的指前因子与以下哪一个因素有关（　　）。
   A. 反应分子发生有效碰撞的频率
   B. 形成过渡态的熵变
   C. 过渡态活化络合物零点能与反应物零点能之差
   D. 形成过渡态的路径

29. 化学反应的过渡态理论要点是（　　）。
   A. 反应物通过简单碰撞就能变成生成物
   B. 反应物首先要形成活化络合物，反应速率决定于活化络合物分解为产物的分解速度
   C. 在气体分子运动的基础上提出来的
   D. 引入了方位因子的概念并认为它与熵变化有关

30. 关于马鞍点和反应轴的各种说法中正确的是（　　）。
   A. 马鞍点是势能面上的最高点
   B. 马鞍点是最佳反应通过反应路程上的最高点
   C. 一个实际反应进行时，只有在马鞍点才能形成活化络合物
   D. 各种反应途径比较，在马鞍点的活化络合物最不稳定

31. 关于反应速率理论中概率因子 P 的有关描述，不正确的是（　　）。
   A. P 体现空间位置对反应速率的影响　　B. P 与 $\Delta_r^{\neq} S_m$ 有关

C. P 与反应物分子间相对碰撞能有关　　D. P 值大多数小于 1，但也有等于 1 的

32. 双分子气相反应 A+B⇌D，其阈能为 50.0 kJ·mol^{-1}，反应在 400 K 时进行，该反应的活化焓（单位：kJ·mol^{-1}）为（　　）。
   A. 48.337　　　B. 46.674　　　C. 45.012　　　D. 43.349

33. 根据活化络合物理论，液相分子重排反应的活化能 E_a 和活化焓 $\Delta_r^{\neq} H_m$ 之间的关系（　　）。
   A. $E_a = \Delta_r^{\neq} H_m$　　　　　　　　B. $E_a = \Delta_r^{\neq} H_m - RT$
   C. $E_a = \Delta_r^{\neq} H_m + RT$　　　　　D. $E_a = \dfrac{\Delta_r^{\neq} H_m}{RT}$

34. 如果某反应的 $\Delta_r^{\neq} H_m = 100$ kJ·mol^{-1}，则活化能（单位：kJ·mol^{-1}）为（　　）。
   A. 不等于 100　　B. 大于等于 100　　C. 小于 100　　D. 都可以

35. 对于一个化学反应，下列说法正确的是（　　）。
   A. $\Delta_r^{\neq} S_m^{\ominus}$ 越小，反应速率越快　　B. $\Delta_r^{\neq} H_m^{\ominus}$ 越大，反应速率越快
   C. 活化能越大，反应速率越快　　　　　　D. 活化能越小，反应速率越快

36. 下列各式中，活化能 E_a、临界能 E_c 和标准活化焓 $\Delta_r^{\neq} H_m^{\ominus}$ 的关系正确的是（　　）。
   A. $E_a > E_c > \Delta_r^{\neq} H_m^{\ominus}$　　　　　B. $\Delta_r^{\neq} H_m^{\ominus} > E_a > E_c$
   C. $E_c > \Delta_r^{\neq} H_m^{\ominus} > E_a$　　　　　D. $E_c > E_a > \Delta_r^{\neq} H_m^{\ominus}$

37. 理想气体反应为 A(g)+BC(g)⇌[ABC]$^{\neq}$⟶产物，则反应的活化能 E_a 与 $\Delta_r^{\neq} H_m$ 的关系是（　　）。
   A. $E_a = \Delta_r^{\neq} H_m + RT$　　　　　B. $\Delta_r^{\neq} H_m = E_a + RT$
   C. $E_a = \Delta_r^{\neq} H_m + \dfrac{1}{2} RT$　　　D. $E_a = \Delta_r^{\neq} H_m + 2RT$

38. 双分子反应：①Br+Br⟶Br$_2$；②CH$_3$CH$_2$OH+CH$_3$COOH⟶CH$_3$COOCH$_2$CH$_3$+H$_2$O；③CH$_4$+Br$_2$⟶CH$_3$Br+HBr。碰撞理论中的概率因子 P 的大小顺序为（　　）。
   A. $P_2 < P_3 < P_1$　　B. $P_1 < P_3 < P_2$　　C. $P_3 < P_1 < P_2$　　D. $P_1 < P_2 < P_3$

39. 某双分子反应的速率常数为 k，根据 Arrhenius 公式 $k = A\exp\left(-\dfrac{E_a}{RT}\right)$，若指前因子 A 的实验值很小。则说明（　　）。
   A. 表观活化能很大　　　　　　B. 活化熵有绝对值较大的负值
   C. 活化熵有较大的正值　　　　D. 活化焓有绝对值较大的负值

40. 按 Arrhenius 理论，当反应物的压力或浓度由高到低变化时，单分子反应表现出（　　）。
   A. 反应级数由一级变为二级　　B. 反应级数保持不变，为一级
   C. 反应级数由零级变为一级　　D. 反应级数保持不变，为二级

41. 林德曼单分子反应机理如下：A+A $\underset{k_{-1}}{\overset{k_1}{\rightleftharpoons}}$ A+A*，A* $\overset{k_2}{\longrightarrow}$ B。压力增加时（　　）。
   A. $k_1[A]^2$ 增加占优势　　　　　B. $k_{-1}[A^*][A]$ 增加占优势
   C. $k_2[A^*]$ 增加占优势　　　　　D. $k_1[A]^2$ 和 $k_2[A^*]$ 的增加同时占优势

42. 对反应 2[Co(NH$_3$)$_5$Br]$^{2+}$+Hg^{2+}+2H$_2$O⟶2[Co(NH$_3$)$_5$H$_2$O]$^{3+}$+HgBr$_2$，若增加溶液中的离子强度，则反应速率常数（　　）。
   A. 不变　　　B. 减小　　　C. 增大　　　D. 不确定

43. 稀溶液反应 $CH_2ICOOH + SCN^- \longrightarrow CH_2(SCN)COOH + I^-$ 属动力学控制反应，按照原盐效应，反应速率 r 与离子强度 I 的关系为（   ）。

    A. I 增大 r 变小 B. I 增大 r 不变 C. I 增大 r 变大 D. 无法确定关系

44. 对反应 $A^+ + B^- \longrightarrow Y + Z$，若增加溶液的离子强度，则反应速率常数（   ）。

    A. 不变 B. 减小 C. 增加 D. 不确定

45. 关于电解质在溶液中的反应速率受离子强度影响的规律，下列说法正确的是（   ）。

    A. 离子强度越大，反应速率越大 B. 同号离子间的反应，原盐效应为正
    C. 离子强度越大，反应速率越小 D. 电解质与中性物质作用，原盐效应为负

46. 溶剂对溶液中反应速率的影响，以下说法正确的是（   ）。

    A. 介电常数较大的溶剂有利于离子间的化合反应
    B. 生成物的极性比反应物大，在极性溶剂中反应速率较大
    C. 溶剂与反应物生成稳定的溶剂化物会增加反应速率
    D. 非极性溶剂对所有溶液反应速率都有影响

47. 根据光化学最基本定律（   ）。

    A. 在整个光化学反应过程中，一个光子只能活化一个原子或分子
    B. 在光化学反应的初级过程中，一个光子活化 1mol 原子或分子
    C. 在光化学反应的初级过程中，一个光子活化一个原子或分子
    D. 在光化学反应的初级过程中，一爱恩斯坦能量的光子活化一个原子或分子

48. 光化学反应与黑暗反应的相同之处在于（   ）。

    A. 都需要活化能 B. 反应均向着热反应减少的方向进行
    C. 温度系数都很小 D. 化学平衡常数与光强度无关

49. 已知 HI 的光分解反应机理为 $HI + h\nu \longrightarrow H + I$；$H + HI \longrightarrow H_2 + I$；$I + I + M \longrightarrow I_2 + M$。则该反应的量子产率（反应物消耗的量子产率）为（   ）。

    A. 1 B. 2 C. 3 D. 10^6

50. 光化学反应的量子效率总是（   ）。

    A. 大于 1 B. 小于 1
    C. 等于 1 D. 由具体反应确定，大于 1、小于 1、等于 1 均可

51. 一个化学系统吸收光子之后，将引起下列哪种过程（   ）。

    A. 引起化学反应 B. 产生荧光 C. 发生无辐射跃迁 D. 不确定

52. 下列与光化学基本定律有关的说法中正确的是（   ）。

    A. 凡是被物质吸收了的光都能引起光化学反应
    B. 光化学反应所得到的产物数量与被吸收的光能的量成正比
    C. 在光化学反应中，吸收的光子数等于被活化的反应物微粒数
    D. 在其他条件不变时，吸收系数越大，透过的光强度也越大

53. 用波长为 300～500nm 的光照反应体系，有 40% 的光被吸收，其量子效率为（   ）。

    A. 等于 0.4 B. 大于 0.4 C. 小于 0.4 D. 不能确定

54. 对 Einstain 光化学基本定律的认识下述说法正确的是（   ）。

    A. 对初级、次级过程均适用 B. 对任何光源均适用
    C. 对激光光源及长寿命激发态不适用 D. 对大、小分子都适用

55. 关于光化学反应，下述说法错误的是（   ）。

A. 不需要活化能 B. 反应速率受光强度影响较小
C. 温度系数小 D. 能发生 $\Delta G>0$ 的反应

56. 在光的作用下，O_2 可转变为 O_3，当 1mol O_3 生成时，吸收了 3.01×10^{23} 个光子，则该反应的量子效率 Φ 为（ ）。
   A. $\Phi=1$ B. $\Phi=1.5$ C. $\Phi=2$ D. $\Phi=3$

57. 光化反应的初级反应 $A+h\nu \Longrightarrow$ 产物，其反应速率应当（ ）。
   A. 与反应物 A 浓度无关
   B. 与反应物 A 浓度有关
   C. 与反应物 A 浓度和 $h\nu$ 有关
   D. 与 $h\nu$ 无关

58. 某反应在一定条件下的平衡转化率为 25%，当加入合适的催化剂后，反应速率提高 10 倍，其平衡转化率将（ ）。
   A. 大于 25%   B. 小于 25%   C. 等于 25%   D. 不确定

59. 催化剂能极大地改变反应速率，以下说法错误的是（ ）。
   A. 催化剂改变了反应历程
   B. 催化剂降低了反应活化能
   C. 催化剂改变了反应的平衡，使转化率提高
   D. 催化剂同时加快正向与逆向反应

60. 有关催化剂的性质，下列说法不正确的是（ ）。
   A. 催化剂参与反应过程，改变反应途径
   B. 催化反应频率因子比非催化反应大得多
   C. 催化剂提高单位时间内原料转化率
   D. 催化剂对少量杂质敏感

61. 米式常量 k_M 大，表明（ ）。
   A. 中间物 X 易分解
   B. 中间物 X 不易分解
   C. 不能表明中间物 X 分解的难易程度
   D. 反应历程改变

62. 酶催化的主要缺点是（ ）。
   A. 选择性不高
   B. 极易受酶杂质影响
   C. 催化活性低
   D. 对温度反应迟钝

63. 酸碱催化的主要特征是（ ）。
   A. 反应中有酸的存在
   B. 反应中有碱的存在
   C. 反应中有质子的转移
   D. 反应中有电解质存在

64. 在催化反应中常用载体，下述载体所起的主要作用，哪一点是不存在的（ ）。
   A. 提高催化剂的机械强度
   B. 增大催化剂活性表面以节约用量
   C. 改善催化剂的热稳定性
   D. 防止催化剂中毒

65. 酶催化反应一般在（ ）。
   A. 高温高压下即可进行
   B. 常温常压下即可进行
   C. 常温高压下即可进行
   D. 低温低压下即可进行

66. 对化学反应采用适当的催化剂。下述说法正确的是（ ）。
   A. 可提高转化率
   B. 能加快正反应速率，而抑制逆反应速率
   C. 催化剂不参与反应
   D. 催化剂不改变反应热

67. 催化剂中毒是指催化剂（ ）。
   A. 对生物体有毒
   B. 活性减小
   C. 选择性消失
   D. 活性或选择性减小或消失

68. 某反应在一定条件下的转化率为 25.3%，当有催化剂存在时（   ）。

    A. 转化率提高　　　B. 转化率降低　　　C. 转化率不变　　　D. 不能确定

69. 关于催化剂的使用，下列说法中不正确的是（   ）。

    A. 能够加快反应的进行

    B. 在几个反应中，能够选择性地加快一两个反应

    C. 能改变某一反应的正逆向速率的比值

    D. 能缩短到达平衡的时间，但不能改变某一反应的转化率

70. 加催化剂能使化学反应的下列物理量中哪一个发生改变（   ）。

    A. 反应热　　　　　B. 平衡常数　　　　C. 反应熵变　　　　D. 速率常数

71. 破坏臭氧的反应机理为：$NO+O_3 \longrightarrow NO_2+O_2$，$NO_2+O \longrightarrow NO+O_2$，其中 NO 是（   ）。

    A. 总反应的反应物　B. 催化剂　　　　　C. 反应中间体　　　D. 总反应的产物

第十一章　表面物理化学

1. 表面现象在自然界普遍存在，但有些自然现象与表面现象并不密切相关，例如（　　）。
   A. 气体在固体上的吸附　　　　　　B. 微小固体在溶剂中溶解
   C. 微小液滴自动呈球形　　　　　　D. 不同浓度的蔗糖水溶液混合
2. 关于表面现象，下列说法正确的是（　　）。
   A. 毛细管越细，与液体接触时界面张力越大
   B. 温度越高，增加单位表面时外界做的功越小
   C. 维持体积不变的气泡埋在液面下越深，附加压力越大
   D. 同一温度下液体的饱和蒸气压越大，其表面张力一定越小
3. 表面张力是物质的表面性质，其值与很多因素有关，但是它与下列哪个因素无关（　　）。
   A. 温度　　　　B. 压力　　　　C. 组成　　　　D. 表面积
4. 纯水的表面张力是指恒温、恒压、恒组成时水与下列哪一项相接触时的界面张力（　　）。
   A. 饱和水蒸气　　　　　　　　　　B. 饱和了水蒸气的空气
   C. 空气　　　　　　　　　　　　　D. 含有水蒸气的空气
5. 在恒温、恒压、恒组成时，表面吉布斯自由能等于（　　）。
   A. 表面热力学能　　　　　　　　　B. 增加单位表面积时，系统吉布斯函数的增值
   C. 吉布斯函数　　　　　　　　　　D. 表面吉布斯函数
6. 下面关于表面张力、表面功和表面吉布斯函数的叙述中不正确的是（　　）。
   A. 三者的数值是相同的　　　　　　B. 三者的量纲是等同的
   C. 三者为完全相同的物理量　　　　D. 三者的大小都与分子间作用力有关
7. 关于表面张力的方向，下面的叙述不正确的是（　　）。
   A. 平液面的表面张力沿着液面且与液面平行
   B. 弯曲液面的表面张力指向曲率中心
   C. 弯曲液面的表面张力垂直于周界线，且与溶液的表面相切
   D. 表面张力是沿着液体表面，垂直作用于单位长度上的紧缩力
8. 当液体表面的表面积增加时，下述哪个是不正确的（　　）。
   A. $\Delta G>0$　　　B. $\Delta H>0$　　　C. $\Delta S>0$　　　D. $Q_r<0$
9. 液体的内压力和表面张力的联系与区别在于（　　）。
   A. 作用点相同而方向不同　　　　　B. 产生的原因相同而作用点的方向不同
   C. 产生的原因相同而作用点不同　　D. 作用点相同而产生的原因不同
10. 下列叙述不正确的是（　　）。
    A. 比表面自由能的物理意义是，在定温定压下，可逆地增加单位表面积引起系统吉布斯自由能的增量
    B. 表面张力的物理意义是，单位长度的力，垂直作用于表面上任意单位长度的表面紧缩力
    C. 比表面自由能与表面张力量纲相同，单位不同
    D. 比表面自由能单位为 $J·m^2$，表面张力单位为 $N·m^{-1}$ 时，两者数值不同

11. 在液面上，某一小面积 S 周围表面对 S 有表面张力，下列叙述不正确的是（　　）。
    A. 表面张力与液面垂直
    B. 表面张力与 S 的周边垂直
    C. 表面张力沿周边与表面相切
    D. 表面张力的合力在凸液面指向液体内部（曲面球心），在凹液面指向液体外部

12. 微小固体颗粒在水中的溶解度应（　　）。
    A. 与颗粒大小成正比　　　　　　　　B. 与颗粒大小无关
    C. 随固液界面表面张力增大而增大　　D. 与固体密度成正比

13. 晶体物质的溶解度和熔点与其颗粒半径的关系是（　　）。
    A. 半径越小，溶解度越小，熔点越低　　B. 半径越小，溶解度越大，熔点越低
    C. 半径越小，溶解度越大，熔点越高　　D. 半径越小，溶解度越小，熔点越高

14. 气固相反应 $CaCO_3(s) \rightleftharpoons CaO(s)+CO_2(g)$ 已达平衡。在其他条件不变的情况下，若把 $CaCO_3(s)$ 的颗粒变得极小，则平衡如何移动（　　）。
    A. 向左移动　　　B. 向右移动　　　C. 不移动　　　D. 来回不定移动

15. 下列体系中表面效应可以忽略的是（　　）。
    A. 胶体体系　　　B. 多孔性物质　　　C. 粗分散体系　　　D. 溶液体系

16. 关于表面张力和表面自由能，下列说法正确的是（　　）。
    A. 物理意义相同，量纲和单位不同　　B. 物理意义不同，量纲和单位相同
    C. 物理意义和量纲相同，单位不同　　D. 物理意义和单位不同，量纲相同

17. 今有 4 种物质：①金属铜；②$NaCl(s)$；③$H_2O(l)$；④$C_6H_6(l)$，则这 4 种物质的表面张力由小到大的顺序是（　　）。
    A. ①，②，③，④　　　　　　　　B. ④，③，②，①
    C. ③，④，①，②　　　　　　　　D. ③，④，②，①

18. 液体表面分子所受合力的方向总是（　　）。
    A. 沿液体表面的法线方向，指向液体内部　　B. 无确定的方向
    C. 沿液体表面的法线方向，指向气相　　　　D. 沿液体表面的切线方向

19. 液体表面张力的方向总是（　　）。
    A. 沿液体表面的法线方向，指向液体内部　　B. 沿液体表面的切线方向
    C. 沿液体表面的法线方向，指向气相　　　　D. 无确定的方向

20. 在临界状态下，任何物质的表面张力（　　）。
    A. $\gamma>0$　　　B. $\gamma<0$　　　C. $\gamma=0$　　　D. 趋于无限大

21. 已知 20℃时，水的表面张力为 7.28×10^{-2} N·m^{-1}，在此温度和 $p^{\ominus}$ 压力下将水的表面积可逆地增大 10 cm^2 时，体系的 ΔG（单位：J）等于（　　）。
    A. 7.28×10^{-5}　　B. -7.28×10^{-5}　　C. 7.28×10^{-1}　　D. -7.28×10^{-1}

22. 在恒温、恒压条件下，将 10g 水的表面积可逆增大 2 倍，做功 W，水的吉布斯自由能变化为 ΔG，则下列关系式正确的是（　　）。
    A. $\Delta G=W$　　B. $\Delta G=-W$　　C. $\Delta G>W$　　D. 不能确定

23. 液体的表面自由能 γ 可以表示为（　　）。
    A. $\left(\dfrac{\partial H}{\partial A_S}\right)_{T,p,n}$　　B. $\left(\dfrac{\partial A}{\partial A_S}\right)_{T,p,n}$　　C. $\left(\dfrac{\partial U}{\partial A_S}\right)_{S,V,n}$　　D. $\left(\dfrac{\partial G}{\partial A_S}\right)_{T,V,n}$

24. 在283K时，水的表面张力为0.074N·m^{-1}，可逆地使水表面积增加1.0 m^2，吸热0.04J，则下列结果错误的是（　　）。
   A. W_f=0.074J　　　B. ΔG=0.074J　　　C. ΔU=0.114J　　　D. ΔH=0.04J

25. 某温度压力下，有大小相同的水滴、水泡和气泡，其气相部分组成相同，见图11-1。它们三者表面自由能大小为（　　）。
   A. $G_a=G_c<G_b$　　B. $G_a=G_b>G_c$　　C. $G_a<G_b<G_c$　　D. $G_a=G_b=G_c$

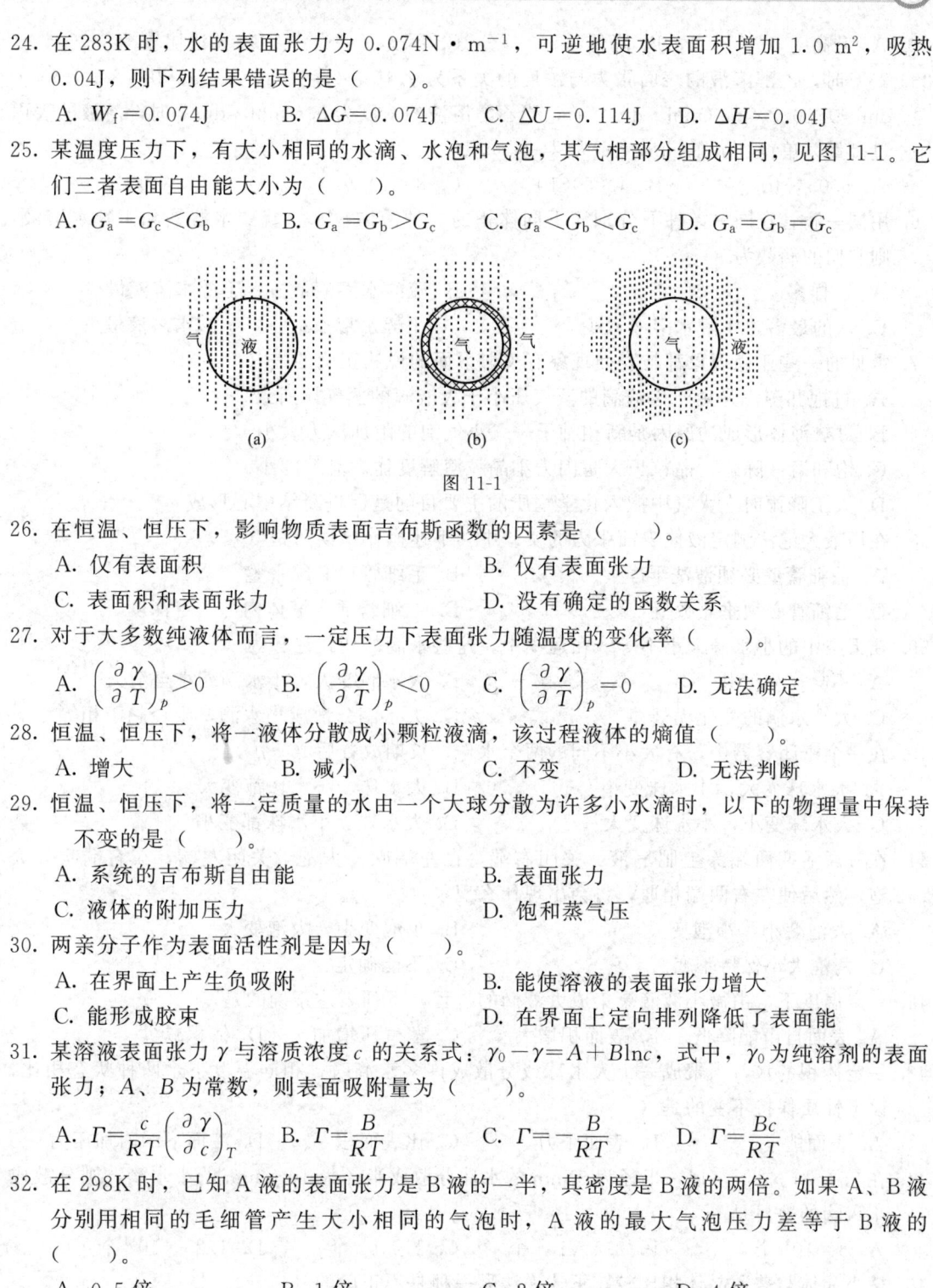

图11-1

26. 在恒温、恒压下，影响物质表面吉布斯函数的因素是（　　）。
   A. 仅有表面积　　　　　　　　　B. 仅有表面张力
   C. 表面积和表面张力　　　　　　D. 没有确定的函数关系

27. 对于大多数纯液体而言，一定压力下表面张力随温度的变化率（　　）。
   A. $\left(\frac{\partial \gamma}{\partial T}\right)_p>0$　　B. $\left(\frac{\partial \gamma}{\partial T}\right)_p<0$　　C. $\left(\frac{\partial \gamma}{\partial T}\right)_p=0$　　D. 无法确定

28. 恒温、恒压下，将一液体分散成小颗粒液滴，该过程液体的熵值（　　）。
   A. 增大　　　　　　B. 减小　　　　　　C. 不变　　　　　　D. 无法判断

29. 恒温、恒压下，将一定质量的水由一个大球分散为许多小水滴时，以下的物理量中保持不变的是（　　）。
   A. 系统的吉布斯自由能　　　　　B. 表面张力
   C. 液体的附加压力　　　　　　　D. 饱和蒸气压

30. 两亲分子作为表面活性剂是因为（　　）。
   A. 在界面上产生负吸附　　　　　B. 能使溶液的表面张力增大
   C. 能形成胶束　　　　　　　　　D. 在界面上定向排列降低了表面能

31. 某溶液表面张力γ与溶质浓度c的关系式：$\gamma_0-\gamma=A+B\ln c$，式中，γ_0为纯溶剂的表面张力；A、B为常数，则表面吸附量为（　　）。
   A. $\Gamma=\frac{c}{RT}\left(\frac{\partial \gamma}{\partial c}\right)_T$　　B. $\Gamma=\frac{B}{RT}$　　C. $\Gamma=-\frac{B}{RT}$　　D. $\Gamma=\frac{Bc}{RT}$

32. 在298K时，已知A液的表面张力是B液的一半，其密度是B液的两倍。如果A、B液分别用相同的毛细管产生大小相同的气泡时，A液的最大气泡压力差等于B液的（　　）。
   A. 0.5倍　　　　　　B. 1倍　　　　　　C. 2倍　　　　　　D. 4倍

33. 298K时，已知A液的表面张力是B液的一半，其密度是B液的两倍，如果A液的毛细管上升是1.0×10^{-2} m，若用相同的毛细管测B液的，则会升高（　　）。
   A. 2×10^{-2}m　　B. 0.5×10^{-2}m　　C. 0.25×10^{-2}m　　D. 4.0×10^{-2}m

34. 多孔硅胶有强烈的吸水性能，硅胶吸水后其表面吉布斯自由能将（　　）。

A. 升高   B. 降低   C. 不变   D. 无法比较

35. 25℃时，乙醇溶液的表面张力与浓度的关系为 $\gamma/10^{-3}(\mathrm{N} \cdot \mathrm{m}^{-1}) = 72 - 0.5 \times c/(\mathrm{mol} \cdot \mathrm{dm}^{-3}) + 0.2 \times c^2/(\mathrm{mol} \cdot \mathrm{dm}^{-3})^2$，当乙醇溶液的浓度为 $0.5\ \mathrm{mol} \cdot \mathrm{dm}^{-3}$ 时，溶液的表面过剩量（单位：$\mathrm{mol} \cdot \mathrm{dm}^{-2}$）为（   ）。

   A. 6.05×10^{-8} B. 4.05×10^{-8} C. 8×10^{-8} D. 2.05×10^{-8}

36. 用同一滴管在同一条件下分别滴下同体积的 3 种液体：水、硫酸水溶液和丁醇水溶液，则它们的滴数为（   ）。

   A. 一样多   B. 硫酸水溶液最多，丁醇水溶液最少
   C. 水的最多，丁醇水溶液最少   D. 丁醇水溶液最多，硫酸水溶液最少

37. 常见的一些亚稳现象都与表面现象有关，下面的说法正确的是（   ）。

   A. 过饱和蒸汽是由于小液滴的蒸气压小于大液滴的蒸气压所致
   B. 过热液体形成的原因是新相种子——小气泡的附加压力太小
   C. 饱和溶液陈化，晶粒长大是因为小晶粒溶解度比大晶粒的小
   D. 人工降雨时在大气中撒入化学物质的主要目的是促进凝结中心形成

38. 在用最大泡法测定液体表面张力的实验中，下述操作错误的是（   ）。

   A. 毛细管壁必须清洗干净   B. 毛细管口必须平整
   C. 毛细管必须垂直放置   D. 毛细管插入液体内部一定深度

39. 在天空中的小水滴大小不等。在运动中，这些水滴的变化趋势为（   ）。

   A. 不会产生变化   B. 大水滴变大，小水滴缩小至消失
   C. 大小水滴的变化无规律   D. 大水滴分散成小水滴，半径趋于相等

40. 在一个密闭容器中，有大小不同的两个水珠，长期放置后（   ）。

   A. 大水珠变大，小水珠变小   B. 大水珠、小水珠都变大
   C. 大水珠变小，小水珠变大   D. 大水珠、小水珠都变小

41. 在三通活塞两端涂上肥皂液，关闭右端，在左端吹一大泡，关闭左端，在右端吹一大泡，然后使左右两端相通，将会出现什么现象（   ）。

   A. 大泡变小，小泡变大   B. 小泡变小，大泡变大
   C. 两泡大小保持不变   D. 不能确定

42. 一定温度下，由微小液滴聚集成大液滴的过程，下列表述正确的是（   ）。

   A. 表面自由能降低   B. 表面积增大   C. 蒸气压增加   D. 体积减少

43. 一定体积的水，当聚成一个大水球或分散成许多水滴时，相同温度下，两种状态相比，以下性质保持不变的是（   ）。

   A. 表面能   B. 表面张力   C. 比表面积   D. 液面下的附加压力

44. 在 25℃ 和 $p^\ominus$ 下，把一半径为 5 mm 的水珠分散成半径为 10^{-3} mm 的小水滴，则分散成小水滴的数目是（   ）。

   A. 5×10^3 个   B. 2.5×10^7 个   C. 1×10^9 个   D. 1.25×10^{11} 个

45. 微小晶体与普通晶体相比较，下述说法哪一种是不正确的（   ）。

   A. 微小晶体的蒸气压较大   B. 微小晶体的熔点较低
   C. 微小晶体的溶解度较大   D. 微小晶体的溶解度较小

46. 一个很小的球形液滴，在一定温度时与其蒸气成平衡，液相压力为 p_1，化学势为 μ_1，气相压力为 p_g，化学势为 μ_g，则 p_1 与 p_g 和 μ_1 与 μ_g 的关系为（   ）。

A. $p_l=p_g$，$\mu_l=\mu_g$ B. $p_l>p_g$，$\mu_l=\mu_g$
C. $p_l>p_g$，$\mu_l<\mu_g$ D. $p_l<p_g$，$\mu_l<\mu_g$

47. 在蒸馏实验中，常在液体中投入一些沸石或一端封口的毛细管等多孔性物质，这样做是为了破坏下列哪个亚稳状态（   ）。
    A. 过饱和溶液   B. 过冷液体   C. 过热液体   D. 过饱和蒸气

48. 造成液体过热的主要原因是（   ）。
    A. 过热时热力学上更稳定一些   B. 小气泡受弯曲界面压力差
    C. 液柱静压力使气泡难以形成   D. 气泡内压力下降

49. 人工降雨是将 AgI 微细晶粒喷撒在积雨层中，目的是为降雨提供（   ）。
    A. 冷量   B. 湿度   C. 晶核   D. 冷量和晶核

50. 下列说法不正确的是（   ）。
    A. 弯曲液面的附加压力指向曲率中心   B. 平面液体没有附加压力
    C. 弯曲液面的表面张力方向指向曲率中心 D. 任何液面都存在表面张力

51. 对于一理想的平液面，下列物理量，何者为零（   ）。
    A. 表面张力   B. 比表面积   C. 表面吉布斯函数 D. 附加压力

52. 对处于平衡状态的液体，下列叙述不正确的是（   ）。
    A. 凸液面内部分子所受压力大于外部压力
    B. 凹液面内部分子所受压力小于外部压力
    C. 水平液面内部分子所受压力大于外部压力
    D. 水平液面内部分子所受压力等于外部压力

53. 当在两玻璃板中间加入少量水后，在垂直于玻璃板平面方向上很难将其拉开，故两玻璃板间应该形成（   ）。
    A. 凸液面   B. 凹液面   C. 无液面   D. 无法判断

54. 把细长不渗水的两张纸条平行地放在纯水面上，中间留少许距离，小心地在中间滴一滴肥皂水，则两纸条间距离将（   ）。
    A. 增大   B. 缩小   C. 不变   D. 以上三种都有可能

55. 液体毛细管中上升的高度与下列哪一个因素基本无关（   ）。
    A. 温度   B. 液体密度   C. 大气压力   D. 重力加速度

56. 在毛细管内装入普通不润湿性液体，当将毛细管右端用冰块冷却时，管内液体将（   ）。
    A. 向左移动   B. 向右移动   C. 不移动   D. 左右来回移动

57. 在一支干净的粗细均匀的 U 形玻璃毛细管中注入一滴纯水，两侧液柱的高度相同，然后用微量注射器从右侧注入少许正丁酸水溶液，两侧液柱的高度将是（   ）。
    A. 相同   B. 左侧高于右侧   C. 右侧高于左侧   D. 不能确定

58. 20℃时水对特氟隆的接触角为 108°，将一根内径为 2×10^{-4} m 特氟隆毛细管插入水中，20℃时水的表面张力为 72.75×10^{-3} N·m^{-1}，则毛细管上升的高度为（   ）。
    A. -4.6 cm   B. -2.3 cm   C. 2.3 cm   D. 4.6 cm

59. 将一毛细管插入水中，毛细管中水面上升 5cm，在 3cm 处将毛细管折断，这时毛细管上端（   ）。
    A. 水从上端溢出   B. 水面呈凸面
    C. 水面呈凹形弯月面   D. 水面呈水平面

60. 一根毛细管插入水中,液面上升的高度为 h,当在水中加入少量的 NaCl,这时毛细管中液面的高度为（   ）。

   A. 等于 h B. 大于 h C. 小于 h D. 无法确定

61. 一个玻璃毛细管分别插入 25℃ 和 75℃ 的水中,则毛细管中的水在两不同温度水中上升的高度（   ）。

   A. 相同   B. 75℃水中高于 25℃水中
   C. 无法确定   D. 25℃水中高于 75℃水中

62. 在空间轨道中,漂浮着一个足够大的水滴,当用一内壁干净、外壁油污的毛细管接触水滴时（   ）。

   A. 水进入毛细管并达到一定高度
   B. 水不能进入毛细管
   C. 水部分进入并从另一端出来,形成两端有水球
   D. 水进入直到毛细管另一端

63. 在一支干净的水平放置的玻璃毛细管中部注入一滴纯水,形成一自由移动的液柱,然后用微量注射器向液柱左侧注入少量 KCl 水溶液,设润湿性质不变,则液柱将（   ）。

   A. 不移动   B. 向右移动   C. 向左移动   D. 无法确定

64. 将两根半径相同的玻璃毛细管插入水中,水面上升高度为 h,其中一根在 $\frac{1}{2}h$ 处使其弯曲向下,试问水在此毛细管端的行为是（   ）。

   A. 水从毛细管端滴下   B. 毛细管端水面呈凸形弯月面
   C. 毛细管端水面呈凹形弯月面   D. 毛细管端水面呈水平面

65. 若液体对毛细管壁的湿润角大于 90°,则当毛细管壁插入该液体时,毛细管中将出现下列哪种现象（   ）。

   A. 液面上升   B. 蒸气压小于平液面时的饱和蒸气压
   C. 液面凸起   D. 液体能润湿毛细管壁

66. 在水平放置的毛细管中注入少许水（水润湿玻璃）,在毛细管中水平水柱的两端呈凹液面,当在右端水凹面处加热,毛细管中的水向何端移动（   ）。

   A. 向左   B. 向右   C. 不动   D. 难以确定

67. 如图 11-2 所示,a、b、c 为内径相同的玻璃毛细管。a 中水柱升高至 h,b 中间有扩大部分,d 为内径相同的石蜡毛细管（水不润湿石蜡）,则下列叙述不正确的是（   ）。

   A. b 管中水柱自动升至 h',若将水吸至高于 h,去掉吸力,水面保持在 h

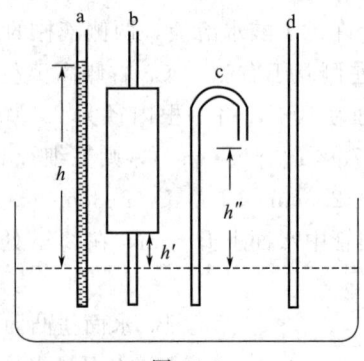

图 11-2

B. c 管中水柱自动升至 h''，并向下滴水

C. c 管中水柱自动升至 h''，不向下滴水

D. d 管中水面低于槽中水平面

68. 弯曲液面（非平面）的附加压力（   ）。

　　A. 一定等于零　　　B. 一定不等于零　　C. 一定大于零　　D. 一定小于零

69. 附加压力产生的原因是（   ）。

　　A. 由于在表面上存在表面张力

　　B. 由于存在表面

　　C. 由于表面张力的存在，在弯曲表面两边压力不同

　　D. 难以确定

70. 直径为 1×10^{-2} m 的球形肥皂泡所受的附加压力为（已知表面张力为 0.025 N·m^{-1}）（   ）。

　　A. 5Pa　　　　　　B. 10Pa　　　　　　C. 15Pa　　　　　　D. 20Pa

71. 肥皂溶液的表面张力为 6×10^{-3} N·m^{-1}，用此溶液吹一个半径约为 2×10^{-2} m 的肥皂泡，则泡内附加压力为（   ）。

　　A. 0.6Pa　　　　　B. 1.2Pa　　　　　C. 2.0Pa　　　　　D. 1.0Pa

72. 当在空气中形成一个半径为 R 的小气泡时，泡内压力与泡外压力之差为（   ）。

　　A. $\dfrac{2\gamma}{R}$　　　　B. $\dfrac{4\gamma}{R}$　　　　C. $-\dfrac{4\gamma}{R}$　　　　D. 0

73. 有一露于空气中的圆球形液膜，其直径为 d，表面张力为 γ，则该液膜所受的附加压力为（   ）。

　　A. $p_s=\dfrac{4\gamma}{d}$　　B. $p_s=\dfrac{6\gamma}{d}$　　C. $p_s=\dfrac{8\gamma}{d}$　　D. $p_s=\dfrac{2\gamma}{d}$

74. 一定温度下，小液滴的蒸气压（   ）。

　　A. 与平液面的蒸气压相等　　　　　B. 小于平液面蒸气压

　　C. 大于平液面的蒸气压　　　　　　D. 随液滴增大蒸气压增大

75. 在一定温度下，分散在气体中的小液滴的半径越小，此液体的蒸气压（   ）。

　　A. 越大　　　　　　　　　　　　　B. 越小

　　C. 越趋近于 100kPa　　　　　　　 D. 越是变化无常

76. 能在毛细管中产生凝聚现象的物质是由于该物质的液体在毛细管形成（   ）。

　　A. 凸面　　　　　　B. 凹面　　　　　　C. 平面　　　　　　D. 不确定

77. 能在毛细管中产生凝聚现象的物质是由于该物质的液体在毛细管形成凹面，其在毛细管内液面上的饱和蒸气压与平面的饱和蒸气压相比（   ）。

　　A. 前者大于后者　　B. 二者相等　　　　C. 前者小于后者　　D. 不确定

78. 在相同温度下，同一液体被分散成具有不同曲率半径的物系时，将具有不同饱和蒸气压。以 $p_平$、$p_凹$、$p_凸$ 分别表示平面、凹面和凸面液体上的饱和蒸气压，则三者之间的关系是（   ）。

　　A. $p_平>p_凹>p_凸$　　　　　　　B. $p_凹>p_平>p_凸$

　　C. $p_凸>p_平>p_凹$　　　　　　　D. $p_凸>p_凹>p_平$

79. 把玻璃毛细管插入水中，凹面下液体所受的压力 p 与平面液体所受的压力 p_0 相比结

是( )。

   A. $p = p_0$ B. $p < p_0$ C. $p > p_0$ D. 不确定

80. 下述有关溶液表面吸附的说法中正确的是( )。

   A. 溶液表面发生吸附后表面自由能增加
   B. 溶质的表面张力一定小于溶剂的表面张力
   C. 定温下，表面张力不随浓度变化时，浓度增大，吸附量不变
   D. 饱和溶液的表面不会发生吸附现象

81. 溶液表面吸附量 Γ 只能( )。

   A. 为正值   B. 为负值   C. 为零   D. 不能确定

82. 在吸附过程中，以下热力学量变化正确的是( )。

   A. $\Delta G < 0$，$\Delta H < 0$，$\Delta S < 0$ B. $\Delta G > 0$，$\Delta H > 0$，$\Delta S > 0$
   C. $\Delta G < 0$，$\Delta H > 0$，$\Delta S > 0$ D. $\Delta G > 0$，$\Delta H < 0$，$\Delta S < 0$

83. 下列物质的量浓度相同的各物质的稀水溶液中，表面发生负吸附的是( )。

   A. 硫酸   B. 乙酸   C. 硬脂酸   D. 苯甲酸

84. 溶液的表面层对溶质发生吸附，当表面浓度小于本体浓度时，则( )。

   A. 称为正吸附，与纯溶剂相比，溶液的表面张力降低
   B. 称为无吸附，与纯溶剂相比，溶液的表面张力不变
   C. 称为负吸附，与纯溶剂相比，溶液的表面张力升高
   D. 称为负吸附，与纯溶剂相比，溶液的表面张力降低

85. 二元溶液及其溶剂的表面自由能分别为 γ 和 γ_0，已知溶液的表面吸附量 $\Gamma_2 < 0$，则 γ 与 γ_0 之间的关系符合( )。

   A. $\gamma > \gamma_0$ B. $\gamma = \gamma_0$ C. $\gamma < \gamma_0$ D. 不能确定

86. 某物质在溶液表面的吸附达到平衡时，则该物质在表面的化学势与溶液内部的化学势的关系是( )。

   A. 前者大于后者   B. 前者小于后者   C. 二者相等   D. 难以确定

87. 脂肪酸分子在溶液表面层达到一定量并做定向紧密排列，这时的溶液( )。

   A. 一定是饱和溶液   B. 一定不是饱和溶液
   C. 一定是过饱和溶液   D. 浓度不能判断

88. 某物质在水中发生负吸附，该溶液在干净的玻璃毛细管中的高度比纯水在该管中的高度( )。

   A. 更高   B. 更低   C. 相同   D. 不能确定

89. 一定温度、压力下，满足下面哪一个条件，液体就能在固体表面铺展( )。

   A. 液体在固体上的铺展系数 $S \geq 0$ B. 液体在固体上的铺展系数 $S < 0$
   C. 液体在固体上的接触角 $\theta \geq 90°$ D. 液体在固体上的接触角 $\theta = 180°$

90. 接触角是指( )。

   A. 气液界面经过液体至液固界面间的夹角
   B. 液气界面经过气相至气固界面间的夹角
   C. 气固界面经过固相至固液界面间的夹角
   D. 液气界面经过气相和固相至固液界面间的夹角

91. 20℃时水、汞和水-汞的界面张力分别为 0.0727N·m^{-1}、0.483N·m^{-1}、0.375N·

m^{-1}，则（　　）。
A. 水在汞表面的 $\theta > 90°$
B. 水不能在汞表面铺展成薄膜
C. 水能在汞表面铺展成薄膜
D. 汞能润湿水表面

92. 恒温恒压条件下的润湿过程是（　　）。
A. 表面吉布斯自由能降低的过程
B. 表面吉布斯自由能增加的过程
C. 表面吉布斯自由能不变的过程
D. 表面积缩小的过程

93. 下列哪点不能用以衡量液体在固体表面上的润湿程度（　　）。
A. 固液两相接触后物系表面自由焓降低的程度
B. 固体在液体中分散的程度
C. 测定接触角的大小（对于固体具有光滑平表面时）
D. 测定润湿热的大小（对固体粉末）

94. 液体对光滑表面的润湿程度常用接触角来量度，下面的说法正确的是（　　）。
A. $\theta = 0°$ 时，液体对固体完全不润湿
B. $\theta = 180°$ 时，液体对固体完全润湿
C. $\theta = 90°$ 时，是润湿与不润湿的分界线
D. $0° < \theta < 90°$ 时，液体对固体润湿程度小

95. 水不能润湿荷叶表面，接触角大于 $90°$，当水中加入皂素以后，接触角将（　　）。
A. 变大
B. 变小
C. 不变
D. 无法判断

96. 液体在能被它完全润湿的毛细管中上升的高度反比于（　　）。
A. 空气的压力
B. 毛细管半径
C. 液体的表面张力
D. 液体的黏度

97. 若多孔性物质能被水润湿，则当水蒸气含量较大时，可首先在该多孔性物质的孔隙中凝结，这是因为（　　）。
A. 平液面的蒸气压小于凸液面的蒸气压
B. 平液面的蒸气压大于凸液面的蒸气压
C. 平液面的蒸气压大于凹液面的蒸气压
D. 平液面的蒸气压小于凹液面的蒸气压

98. 水可以在固体上铺展，界面张力 $\gamma_{g\text{-}l}$，$\gamma_{l\text{-}s}$，$\gamma_{g\text{-}s}$ 间的关系是（　　）。
A. $\gamma_{g\text{-}l} + \gamma_{g\text{-}s} > \gamma_{l\text{-}s}$
B. $\gamma_{g\text{-}s} - \gamma_{l\text{-}s} > \gamma_{g\text{-}l}$
C. $\gamma_{g\text{-}l} + \gamma_{l\text{-}s} > \gamma_{g\text{-}s}$
D. $\gamma_{g\text{-}l} - \gamma_{l\text{-}s} > \gamma_{g\text{-}s}$

99. 对于表面活性剂，下列说法正确的是（　　）。
A. 能降低溶液表面张力的物质
B. 能增加溶液表面张力的物质
C. 溶入少量就能显著降低溶液表面张力的物质
D. 溶入少量就能显著增加溶液表面张力的物质

100. 通常称为表面活性物质的就是指当其加入于液体中后（　　）。
A. 能降低液体表面张力
B. 能增大液体表面张力
C. 不影响液体表面张力
D. 能显著降低液体表面张力

101. 表面活性剂是针对某种特定的液体或溶液而言的，表面活性剂的实质性作用是（　　）。
A. 乳化作用
B. 增溶作用
C. 降低表面张力
D. 增加表面张力

102. 表面活性剂在结构上的特征是（　　）。
A. 一定具有亲水基
B. 一定具有磺酸基或高级脂肪烃基
C. 一定具有亲油基
D. 一定具有亲水基和憎水基

103. 当溶液中表面活性剂的浓度足够大时，表面活性剂分子便开始以不定的数目集结，形成所谓胶束，胶束的出现标志着（　　）。

A. 表面活性剂的溶解度已达到饱和状态
B. 表面活性剂分子间的作用超过它与溶剂的作用
C. 表面活性剂降低表面张力的作用下降
D. 表面活性剂增加表面张力的作用下降

104. 使用表面活性物质时应当特别注意的问题是（　　）。
A. 两性型和非离子型表面活性剂不能混用
B. 阳离子型和阴离子型表面活性剂不能混用
C. 阳离子型和非离子型表面活性剂不能混用
D. 阴离子型表面活性剂不能在酸性环境中使用

105. 用油脂制作的洗衣皂属（　　）。
A. 阳离子型表面活性剂　　　　B. 阴离子型表面活性剂
C. 两性型表面活性剂　　　　　D. 非离子型表面活性剂

106. 表面活性剂增溶后的烃类水溶液体系是（　　）。
A. 分子分散体系　　　　　　　B. 热力学稳定体系
C. 热力学不稳定体系　　　　　D. 处于亚稳状态的

107. 两亲分子能作为表面活性剂是因为（　　）。
A. 使液体的表面张力增大了　　B. 能形成胶囊
C. 在界面上定向排列降低了表面能　D. 在界面上产生负吸附

108. 当表面活性剂在溶液中的浓度较低时，则表面活性剂主要是（　　）。
A. 以胶束的形式存在于溶液中　　B. 以均匀的形式分散在溶液中
C. 以定向排列吸附在溶液表面　　D. 以无规则的形式存在于溶液中

109. 表面活性剂溶于水，在表面形成单分子膜时，表面能及表面熵（　　）。
A. 表面能减小，表面熵增大　　B. 均减小
C. 表面能增大，表面熵减小　　D. 均增加

110. 当表面活性物质加入溶剂后，所产生的结果是（　　）。
A. $\frac{d\gamma}{da}<0$，正吸附　　B. $\frac{d\gamma}{da}<0$，负吸附
C. $\frac{d\gamma}{da}>0$，正吸附　　D. $\frac{d\gamma}{da}>0$，负吸附

111. Langmuir 吸附等温式适用于（　　）。
A. 化学吸附　　　　　　　　　B. 物理吸附
C. 单分子层和多分子层吸附　　D. 多分子层吸附

112. 以下说法符合 Langmuir 吸附理论基本假定的是（　　）。
A. 固体表面是均匀的，各处的吸附能力相同
B. 吸附分子层可以是单分子层或多分子层
C. 被吸附分子间有作用，互相影响
D. 吸附热与吸附的位置和覆盖度有关

113. Langmuir 吸附等温线中的吸附常数（　　）。
A. 与压力有关　　　　　　　　B. 与吸附热有关
C. 与温度无关　　　　　　　　D. 与吸附剂特性有关

114. 在固体表面的覆盖率 θ_1、θ_2 与气相平衡压力 p_1、p_2 的关系为（　　）。

A. $\theta_1 = \dfrac{\alpha_1 p_1}{1 + \alpha_1 p_1 + \alpha_2 p_2}$，$\theta_2 = \dfrac{\alpha_2 p_2}{1 + \alpha_1 p_1 + \alpha_2 p_2}$

B. $\theta_1 = \dfrac{\alpha_1^{1/2} p_1^{1/2}}{1 + \alpha_1^{1/2} p_1^{1/2} + \alpha_2^{1/2} p_2^{1/2}}$，$\theta_2 = \dfrac{\alpha_2^{1/2} p_2^{1/2}}{1 + \alpha_1^{1/2} p_1^{1/2} + \alpha_2^{1/2} p_2^{1/2}}$

C. $\theta_1 = \dfrac{\alpha_1^{1/2} p_1^{1/2}}{1 + \alpha_1^{1/2} p_1^{1/2} + \alpha_2 p_2}$，$\theta_2 = \dfrac{\alpha_2 p_2}{1 + \alpha_1^{1/2} p_1^{1/2} + \alpha_2 p_2}$

D. $\theta_1 = \dfrac{\alpha_1 p_1}{1 + \alpha_1^{1/2} p_1^{1/2} + \alpha_2 p_2}$，$\theta_2 = \dfrac{\alpha_2 p_2}{1 + \alpha_1^{1/2} p_1^{1/2} + \alpha_2 p_2}$

115. 气体在固体表面上的吸附服从 Langmuir 等温方程，饱和吸附量随温度上升而（　　）。
A. 减小　　　　B. 增大　　　　C. 不变　　　　D. 不一定

116. 气体在固体表面吸附，若固体表面与被吸附分子之间的作用力是分子间力，这种吸附称为（　　）。
A. 化学吸附　　B. 物理吸附　　C. 负吸附　　　D. 正吸附

117. 在一定温度和大气压力下，任何气体在固体表面上吸附过程的焓变必然是（　　）。
A. 大于零　　　B. 小于零　　　C. 等于零　　　D. 无法确定

118. 在一定温度和大气压力下，任何气体在固体表面上吸附过程的熵变必然是（　　）。
A. 大于零　　　B. 小于零　　　C. 等于零　　　D. 无法确定

119. 氧气在某固体表面上的吸附，温度在 400K 时进行的速度较慢，在 350 K 时更慢，该吸附过程主要是（　　）。
A. 物理吸附　　　　　　　　　B. 化学吸附
C. 不能确定　　　　　　　　　D. 物理吸附与化学吸附同时发生

120. 弗伦德利希（Freundlich）吸附等温式适用于（　　）。
A. 低压下的单分子层物理吸附　　　　B. 中压下的单分子层物理吸附或化学吸附
C. 高压下的单分子层物理吸附　　　　D. 任何压力下的物理吸附或化学吸附

121. 弗伦德利希（Freundlich）吸附等温式虽然对气体和溶液都适用，但有具体的条件限制，它不适用于（　　）。
A. 低压气体　　B. 中压气体　　C. 物理吸附　　D. 化学吸附

122. 描述固体对气体吸附的 BET 公式，是在朗缪尔（Langmuir）理论的基础上发展而得的，它与朗缪尔理论的最主要区别是（　　）。
A. 吸附是多分子层的　　　　　B. 吸附是单分子层的
C. 吸附作用是动态的　　　　　D. 固体表面是均匀的

123. BET 公式（　　）。
A. 只能用于多层的物理吸附　　　　B. 只能用于单层的化学吸附
C. 能用于单层的化学，物理吸附　　D. 能用于多层的化学，物理吸附

124. BET 吸附等温式中 V_m 的物理意义是（　　）。
A. 平衡吸附量　　　　　　　　B. 铺满第一层的吸附量
C. 饱和吸附量　　　　　　　　D. 无明确物理意义的常数

125. BET 公式最主要的用途之一在于（　　）。
A. 获得高压下的吸附机理　　　B. 获得吸附等量线

C. 获得吸附等压线　　　　　　　D. 测定固体的比表面积

126. 下列说法正确的是（　　）。
    A. BET公式和朗缪尔公式一样，都只适用化学吸附
    B. BET公式和朗缪尔公式一样，都适用于物理吸附和化学吸附
    C. BET公式适用于化学吸附，朗缪尔公式只适用于物理吸附
    D. BET公式适用于物理吸附，朗缪尔公式适用化学吸附

127. 对于物理吸附的描述中，下列说法中不正确的是（　　）。
    A. 吸附力来源于范德华力，其吸附一般不具选择性
    B. 吸附热较小
    C. 吸附层可以是单分子层或多分子层
    D. 吸附速度较小

128. 对于物理吸附和化学吸附的关系，以下描述正确的是（　　）。
    A. 即使改变条件，物理吸附和化学吸附也不能相互转化
    B. 朗缪尔吸附等温式只适用于物理吸附
    C. 在适当温度下，任何气体都可在任何固体表面上发生物理吸附
    D. 升高温度对物理吸附和化学吸附都有利

129. 物理吸附和化学吸附有许多不同之处，下面的说法中不正确的是（　　）。
    A. 物理吸附是分子间力起作用，化学吸附是化学键力起作用
    B. 物理吸附有选择性，化学吸附无选择性
    C. 物理吸附速率快，化学吸附速率慢
    D. 物理吸附一般是单分子层或多分子层，化学吸附一般是单分子层

130. 物理吸附与化学吸附的根本区别在于（　　）。
    A. 吸附力不同　　B. 吸附速度不同　　C. 吸附热不同　　D. 吸附层不同

131. 固体表面的吸附性符合以下规律（　　）。
    A. 物理吸附热大于化学吸附热　　　　B. 物理吸附不可逆，化学吸附可逆
    C. 物理吸附比化学吸附选择性差　　　D. 化学吸附是多层吸附

132. 高分散的固体微粒表面吸附气体后，体系的表面能（　　）。
    A. 升高　　　　　B. 降低　　　　　C. 不变　　　　　D. 需要具体计算

133. 溶液表面的吸附现象和固体表面的吸附现象的明显区别是（　　）。
    A. 固体表面的吸附量大，溶液表面的吸附量小
    B. 溶液表面的吸附量大，固体表面的吸附量小
    C. 溶液表面可以产生负吸附，固体表面不产生负吸附
    D. 固体表面的吸附与压力有关，溶液表面的吸附与压力无关

134. 若在固体表面上发生某气体的单分子层吸附，则随着气体压力的不断增大，吸附量（　　）。
    A. 成比例地增加　　B. 成倍地增加　　C. 恒定不变　　D. 逐渐趋向饱和

135. 关于固体表面吸附热的讨论，下列说法中正确的是（　　）。
    A. 吸附热取值可以为正，也可以为负
    B. 同种吸附剂与吸附质之间，随着吸附过程的进行，覆盖度越大，则吸附热的绝对值越小

C. 物理吸附释放的热量大于化学吸附

D. 吸附热的绝对值越大，吸附作用越弱

136. 气体在固体表面的吸附过程，随温度的升高气相压力将（　　）。

    A. 增加　　　　　　B. 下降　　　　　　C. 不变　　　　　　D. 不能确定

137. 防毒面具吸附毒气而基本上不吸附氧气，这是因为（　　）。

    A. 毒气是物理吸附，氧气是化学吸附　　B. 毒气分子不如氧气分子活泼

    C. 一般毒气都易液化，氧气难液化　　　D. 毒气通常比氧气密度大

第十二章 胶体分散系统和大分子溶液

1. 雾属于胶体分散系统，其分散介质是（   ）。
    A. 液体   B. 气体   C. 固体   D. 气体或固体
2. 在实际中，为了研究方便，常将分散系统按粒子大小分类，胶体粒子的大小范围是（   ）。
    A. 直径为 100～10000nm   B. 直径大于 10000nm
    C. 直径大于 100nm   D. 直径为 1～100nm
3. 对胶体分散系统，其分散相颗粒（   ）。
    A. 能透过半透膜但不能透过滤纸   B. 能透过滤纸但不能透过半透膜
    C. 能透过滤纸和半透膜   D. 不能透过滤纸和半透膜
4. 用半透膜净化胶体溶液的方法叫作（   ）。
    A. 过滤   B. 电泳   C. 渗析   D. 沉降
5. 溶胶系统最基本的特性是（   ）。
    A. 多相，热力学不稳定   B. 均相，热力学稳定
    C. 光散射现象明显，渗透压小   D. 光散射现象弱，扩散极慢
6. 胶体系统的基本特征可归纳为（   ）。
    A. 高度分散和聚结的不稳定性   B. 多相性和聚结不稳定性
    C. 不均匀性和热力学不稳定性   D. 高度分散、多相性和聚结不稳定性
7. 溶胶有 3 个最基本的特性，下列不属其中的是（   ）。
    A. 特有的分散程度   B. 不均匀（多相）性
    C. 动力稳定性   D. 聚结不稳定性
8. 对于溶胶，以下描述中不正确的是（   ）。
    A. 均相系统   B. 热力学上属不稳定系统
    C. 多相系统   D. 动力学上属稳定系统
9. 胶体的颜色是丰富多样的，这主要是因为（   ）。
    A. 胶体的分散性和不均匀（多相）性的反映
    B. 胶体的分散性和聚结不稳定性的反映
    C. 胶体的不均匀性和聚结不稳定性的反映
    D. 胶体的分散性、不均匀性和聚结不稳定性的反映
10. 乳状液、泡沫、悬浮液等作为胶体化学研究的对象，一般地说是因为它们（   ）。
    A. 具有胶体所特有的分散性、不均匀性和聚结不稳定性
    B. 具有胶体的分散性和不均匀性
    C. 具有胶体的分散性和聚结不稳定性
    D. 具有胶体的不均匀（多相）性和聚结不稳定性
11. 下述亲液溶胶与憎液溶胶具有共同特性中不正确的是（   ）。
    A. 分散相粒子半径为：$10^{-9}m < r < 10^{-7}m$ B. 在介质中扩散慢
    C. 不透过半透膜   D. 具有很大相界面

12. 溶胶（憎液溶胶）在热力学上是（　　）。
    A. 不稳定，可逆的系统 B. 不稳定，不可逆系统
    C. 稳定，可逆系统   D. 稳定，不可逆系统
13. 下述有关憎液溶胶的性质，正确的是（　　）。
    A. 是均相系统   B. 胶粒的直径大于 1000nm
    C. 胶粒可透过半透膜   D. 胶粒带电
14. 下列系统中哪一种为非胶体（　　）。
    A. 牛奶   B. 烟雾   C. 人造红宝石   D. 空气
15. 观察胶体粒子的大小和形状要用（　　）。
    A. 普通显微镜   B. 超显微镜
    C. 电子显微镜   D. 超显微镜和电子显微镜
16. 外加直流电场于胶体溶液，向某一电极作定向移动的是（　　）。
    A. 胶核   B. 胶粒   C. 胶团   D. 紧密层
17. 制备 AgI 溶胶，当以 KI 为稳定剂时，其结构式可以写成 $[(Ag)_m nI^- \cdot (n-x)^+]^{x-} \cdot xK^+$，则被称为胶粒的是（　　）。
    A. $(Ag)_m \cdot nI^-$ B. $[(Ag)_m nI^- \cdot (n-x)^+]^{x-} \cdot xK^+$
    C. $(Ag)_m$ D. $(Ag)_m nI^- \cdot (n-x) K^+]^{x-}$
18. 对于 AgCl 的水溶胶，当以 $AgNO_3$ 为稳定剂时，胶粒的结构是（　　）。
    A. $(AgCl)_m$ B. $[(AgCl)_m \cdot nAg^+ \cdot (n-x)NO_3^-]^{x+} \cdot xNO_3^-$
    C. $(AgCl)_m \cdot nAg^+$ D. $[(AgCl)_m \cdot nAg^+ \cdot (n-x)NO_3^-]^{x+}$
19. 向碘化银正溶胶中滴加过量的碘化钾溶液，则所产生的新溶胶在外加直流电场中的移动方向为（　　）。
    A. 向正极移动   B. 向负极移动   C. 不移动   D. 可以向任意极移动
20. 由过量 KBr 与 $AgNO_3$ 溶液混合可制得溶胶，以下说法正确的是（　　）。
    A. 胶体粒子是 Ag^+ B. 反号离子是 NO_3^- C. 胶粒带正电   D. 它是负溶胶
21. 向 $FeCl_3$(aq) 中加入少量氨水，可制备稳定的氢氧化铁溶胶，此时胶体粒子所带电荷情况为（　　）。
    A. 总是带正电   B. 在 pH 较大时带正电
    C. 总是带负电   D. 在 pH 较大时带负电
22. 通过 $Ba(CNS)_2 + K_2SO_4 \longrightarrow 2KCNS + BaSO_4\downarrow$ 反应制备 $BaSO_4$ 溶胶，则胶粒的带电符号是（　　）。
    A. 正   B. 负
    C. 视反应物的情况而定 D. 无一定规则
23. 按照爱因斯坦扩散定律，溶胶中胶粒的扩散速度（　　）。
    A. 与温度 T 成正比   B. 与温度 T 的平方根成正比
    C. 与温度 T 的平方成反比   D. 与温度 T 的三次方成正比
24. 在溶胶的下列几种现象中，不是基于其动力行为的是（　　）。
    A. 渗透   B. 电泳   C. 扩散   D. 沉降平衡
25. 关于溶胶粒子的布朗运动，以下说法不正确的是（　　）。
    A. 布朗运动与介质黏度和温度有关

B. 溶胶系统中只有布朗运动，没有分子热运动

C. 布朗运动与分子热运动的本质相同　　D. 布朗运动导致涨落现象产生

26. 溶胶扩散的主要原因是（　　）。

　　A. 粒子带电　　　　　　　　　　　　B. 胶粒与反离子的静电作用

　　C. 分散相分子热运动　　　　　　　　D. 分散介质分子热运动

27. 溶胶的稳定性与温度的关系是（　　）。

　　A. 温度升高稳定性增加　　　　　　　B. 温度升高稳定性降低

　　C. 不能确定　　　　　　　　　　　　D. 与温度无关

28. 对于大小相同的胶粒，带电与不带电相比，其扩散速度（　　）。

　　A. 前者较慢　　B. 前者较快　　C. 两者相同　　D. 不确定

29. 悬浮于液体介质中的固体微粒在外界作用下急速与介质分离时，在液体表面层和底层之间产生电势差的现象叫（　　）。

　　A. 电泳　　　　B. 电渗　　　　C. 流动电势　　D. 沉降电势

30. 溶胶中胶粒沉降的动力是（　　）。

　　A. 重力作用　　　　　　　　　　　　B. Brown 运动的作用

　　C. 静电作用　　　　　　　　　　　　D. 胶粒间范德华力的作用

31. 根据沉降平衡的概念可导出悬浮在液体或气体介质中的固体粒子按高度分布的定量关系式——高度分布定律，以下的说法违反高度分布定律的是（　　）。

　　A. 粒子质量越大，其平衡浓度随高度的变化越大

　　B. 粒子体积越大，其平衡浓度随高度的变化越大

　　C. 粒子的浓度降低一半的高度越大，粒子沉降的趋势越大

　　D. 高度差越大，粒子浓度的变化越大

32. 下面属于溶胶光学性质的是（　　）。

　　A. 唐南平衡　　B. 丁铎尔效应　　C. 电泳　　　　D. 聚沉

33. 下列关于丁铎尔（Tyndall）效应的叙述，不正确的是（　　）。

　　A. 光线透过溶胶可以从光的进行方向观察到丁铎尔现象

　　B. 丁铎尔效应是胶粒对光的散射作用引起的

　　C. 真溶液所产生的丁铎尔现象甚微

　　D. 超微显微镜是根据丁铎尔效应原理制成的

34. 丁铎尔现象是光照射到溶胶粒子上发生的下列哪种现象（　　）。

　　A. 反射　　　　B. 折射　　　　C. 散射　　　　D. 透射

35. 出现丁铎尔效应的原因是因为入射光的波长与胶体粒子的直径存在如下哪种关系（　　）。

　　A. 前者大于后者　　B. 二者相等　　C. 前者小于后者　　D. 前者远小于后者

36. 丁铎尔现象中，关于散射光强度的描述，下列说法中不正确的是（　　）。

　　A. 随入射光波长的增大而增大　　　　B. 随入射光波长的减小而增大

　　C. 随入射光强度的增大而增大　　　　D. 随粒子浓度的增大而增大

37. 下列各分散系统中丁铎尔效应最强的是（　　）。

　　A. 盐水溶液　　B. 牛奶　　　　C. 空气　　　　D. SiO_2 溶胶

38. 在晴朗的白昼，天空呈蔚蓝色的原因是（　　）。

A. 蓝光波长短，透射作用显著　　　　B. 蓝光波长短，散射作用显著
C. 红光波长长，透射作用显著　　　　D. 红光波长长，散射作用显著

39. 危险信号灯一般为红色，其原因是（　　）。
　　A. 红光不易散射　　B. 红光易散射　　C. 红光鲜艳　　D. 规定

40. 区别溶胶与真溶液和悬浮液最简单而灵敏的方法是（　　）。
　　A. 乳光计测定粒子浓度　　　　　　B. 超微显微镜测定粒子大小
　　C. 观察丁铎尔效应　　　　　　　　D. 测定 ζ 电势

41. 当一束足够强的自然光通过一胶体溶液，在与光束垂直方向上一般可以观察到（　　）。
　　A. 白光　　　B. 橙红色光　　C. 蓝紫色光　　D. 黄光

42. 下列性质中既不属于溶胶动力性质又不属于溶胶电性质的是（　　）。
　　A. 沉降平衡　　B. 布朗运动　　C. 沉降电势　　D. 电导

43. 下列不属于电动现象的是（　　）。
　　A. 电导　　　B. 电泳　　　C. 沉降电势　　D. 电渗

44. 在等电点，两性电解质或溶胶在电场中（　　）。
　　A. 不移动　　B. 向正极移动　　C. 向负极移动　　D. 不能确定

45. 在外加电场作用下，胶体粒子在分散介质中移动的现象称为（　　）。
　　A. 电渗　　　B. 电泳　　　C. 流动电势　　D. 沉降

46. 对于球形的胶体粒子在流体介质中运动所受的阻力不产生直接影响的是（　　）。
　　A. 粒子的浓度　　B. 粒子的大小　　C. 介质的黏度　　D. 粒子的运动速度

47. 胶体系统的电泳现象表明（　　）。
　　A. 分散介质带电　　　　　　　　　B. 胶体粒子带有大量的电荷
　　C. 胶体粒子带正电荷　　　　　　　D. 胶体粒子处于等电状态

48. 电泳实验中观察到胶粒向阳极移动，此现象表明（　　）。
　　A. 胶粒带正电　　　　　　　　　　B. 胶核表面带负电
　　C. 胶粒带负电　　　　　　　　　　D. 电势相对于溶液本体为正值

49. 工业上为了将不同的蛋白质分子分离，通常采用的方法是利用溶胶性质中的（　　）。
　　A. 电泳　　　B. 电渗　　　C. 沉降　　　D. 扩散

50. 将 $0.02\,\text{mol}\cdot\text{dm}^{-3}$ 的 KCl 溶液 $0.012\,\text{dm}^3$ 和 $0.005\,\text{mol}\cdot\text{dm}^{-3}$ 的 $AgNO_3$ 溶液 $100\,\text{dm}^3$ 混合制备溶胶，其胶粒在外电场的作用下电泳的方向是（　　）。
　　A. 向正极移动　　B. 向负极移动　　C. 不规则运动　　D. 静止不动

51. 有关电泳的阐述，正确的是（　　）。
　　A. 电泳和电解没有本质区别　　　　B. 外加电解质对电泳影响很小
　　C. 胶粒电泳速度与温度无关　　　　D. 两性电解质电泳速度与 pH 值无关

52. 电渗现象表明（　　）。
　　A. 胶体粒子是电中性的　　　　　　B. 分散介质是电中性的
　　C. 胶体粒子是带电的　　　　　　　D. 胶体系统的分散介质也是带电的

53. 下述对电动电势的描述，哪一个是错误的（　　）。
　　A. 表示胶粒溶剂化层界面至均匀相内的电势差
　　B. 电动电势值易随少量外加电解质而变化
　　C. 其值总是大于热力学电势值

D. 当双电层被压缩到与溶剂化层相合时，电动电势值变为零

54. 电动现象产生的基本原因是（　　）。
   A. 外电场或外压力的作用
   B. 电解质离子的作用
   C. 分散相粒子或多孔固体的比表面能高
   D. 固体粒子或多孔固体表面与液相界面间存在扩散双电层结构

55. 胶体粒子的 ξ 电势是指（　　）。
   A. 固体表面处与本体溶液之间的电位降
   B. 紧密层、扩散层分界处与本体溶液之间的电位降
   C. 扩散层处与本体溶液之间的电位降
   D. 固液之间可以相对移动处与本体溶液之间的电位降

56. 热力学电势与电动电势的关系是（　　）。
   A. 热力学电势等于电动电势   B. 热力学电势小于电动电势
   C. 热力学电势大于电动电势   D. 二者无确定关系

57. 对于电动电势即 ξ 电势的描述，下列哪一点是不正确（　　）。
   A. ξ 电势表示了胶粒溶剂化层界面到均匀液相内的电势
   B. ξ 电势的绝对值总是大于热力学电势 φ
   C. ξ 电势的值易为少量外加电解质而变化
   D. 当双电层被压缩到与溶剂化层相合时，ξ 电势为零

58. 胶体系统能在一定程度上稳定存在的最主要原因是（　　）。
   A. 胶粒的布朗（Brown）运动   B. 胶粒表面的扩散双电层
   C. 溶剂化膜的稳定作用   D. 热力学稳定系统

59. 电动现象直接与什么有关（　　）。
   A. 固体表面热力学电势   B. 斯特恩电势
   C. 电动电势   D. 电极电势

60. 胶体系统是热力学不稳定系统，但许多胶体系统却能够在相当长时间内稳定存在，然而，下列哪一点会降低胶体稳定性（　　）。
   A. 胶粒带电   B. 胶粒发生溶剂化
   C. 胶粒的热运动   D. 外加电解质，降低胶粒的 ζ 电势

61. 关于胶粒稳定性，下列说法正确的是（　　）。
   A. 溶胶中电解质越少，溶胶越稳定
   B. 胶粒的布朗运动越激烈，溶胶越稳定
   C. 胶团中扩散层里反号离子越多，溶胶越稳定
   D. 胶粒的表面吉布斯能越大，溶胶越稳定

62. 在电极-溶液界面处形成双电层，其中扩散层厚度大小与溶液中相关离子浓度大小的关系是（　　）。
   A. 两者间关系不明确
   B. 两者间成正比关系
   C. 两者无关
   D. 反比关系即溶液中相关离子浓度愈大，扩散层厚度愈小

63. 溶胶的稳定性与溶胶浓度的关系是（　　）。
    A. 浓度升高稳定性降低　　　　　　　　B. 浓度升高稳定性增加
    C. 不能确定　　　　　　　　　　　　　D. 与浓度无关
64. 要使溶胶稳定，系统中（　　）。
    A. 应有大量的电解质　　　　　　　　　B. 应有少量的电解质
    C. 不能有任何电解质　　　　　　　　　D. 有大分子电解质
65. 在新生成的 $Fe(OH)_3$ 沉淀中加入少量的稀 $FeCl_3$ 溶液，可使沉淀溶解，这种现象是（　　）。
    A. 敏化作用　　　B. 乳化作用　　　C. 加溶作用　　　D. 胶溶作用
66. 关于聚沉值，下述说法中不正确的是（　　）。
    A. 当电解质浓度达到聚沉值时，胶粒所带电荷减少到零
    B. 聚沉能力越大，聚沉值越小
    C. 反离子的价数越高聚沉值越小
    D. 同价离子的聚沉值相近
67. 一个烧杯中盛有某种溶胶 $20\times10^{-6} m^3$，如使其聚沉，至少需浓度为 $1000 mol \cdot dm^{-3}$ 的 NaCl 溶液 $20\times10^{-6} m^3$ 或浓度为 $1 mol \cdot dm^{-3}$ 的 Na_2SO_4 溶液 $100\times10^{-6} m^3$，由这些数据得出的结论是（　　）。
    A. 溶胶带正电，NaCl 的聚沉值比 Na_2SO_4 的聚沉值小
    B. 溶胶带负电，NaCl 的聚沉值比 Na_2SO_4 的聚沉值大
    C. 溶胶带正电，NaCl 的聚沉值比 Na_2SO_4 的聚沉值大
    D. 溶胶带正电，NaCl 的聚沉能力比 Na_2SO_4 的聚沉能力强
68. 下列电解质对某溶胶的聚沉值由大到小为 $KNO_3 > KAc > MgSO_4 > Al(NO_3)_3$，则该胶粒的带电情况是（　　）。
    A. 带负电　　　B. 带正电　　　C. 不带电　　　D. 不能确定
69. 下列电解质对 AgI 正溶胶聚沉能力最大的是（　　）。
    A. NaOH　　　B. $LiCl_3$　　　C. $MgSO_4$　　　D. $K_3[Fe(CN)_6]$
70. 对于有过量 KI 存在的 AgI 溶胶，下列电解质聚沉能力最强的是（　　）。
    A. $K_3[Fe(CN)_6]$　　B. $MgSO_4$　　C. $FeCl_3$　　D. NaCl
71. 向某带负电的溶胶中加入下列电解质，其中聚沉值最大的是（　　）。
    A. LiCl　　　B. $AlCl_3$　　　C. NaCl　　　D. $CaCl_2$
72. 向某带负电的溶胶中加入下列电解质，其中聚沉能力最强的是（　　）。
    A. LiCl　　　B. $AlCl_3$　　　C. NaCl　　　D. $CaCl_2$
73. 由等体积 $1 mol \cdot dm^{-3}$ 的 KI 溶液与 $0.8 mol \cdot dm^{-3}$ 的 $AgNO_3$ 溶液制备 AgI 溶胶，下列电解质其聚沉能力最强的是（　　）。
    A. $K_3[Fe(CN)_6]$　　B. $NaNO_3$　　C. $MgSO_4$　　D. $FeCl_3$
74. 对 Sb_2S_3 的水溶胶，当硫化氢为稳定剂时，下列电解质聚沉能力最强的是（　　）。
    A. KCl　　　B. NaCl　　　C. $CaCl_2$　　　D. $AlCl_3$
75. 对于将 $AgNO_3$ 溶液滴入 KI 溶液中形成的溶胶，下列电解质中聚沉能力最大的是（　　）。
    A. $LiNO_3$　　　B. KNO_3　　　C. $CaCl_2$　　　D. Na_2SO_4

76. 用 $0.08\ mol\cdot dm^{-3}$ 的 KI 和 $0.1\ mol\cdot dm^{-3}$ 的 $AgNO_3$ 溶液等体积混合制备 AgI 溶胶,电解质 $CaCl_2$、Na_2SO_4、$MgSO_4$ 对它的聚沉能力顺序为（   ）。
    A. $Na_2SO_4>CaCl_2>MgSO_4$　　　　B. $MgSO_4>Na_2SO_4>CaCl_2$
    C. $Na_2SO_4>MgSO_4>CaCl_2$　　　　D. $MgSO_4>CaCl_2>Na_2SO_4$

77. 对亚铁氰化铜负溶胶而言,电解质 KCl、$CaCl_2$、K_2SO_4、$CaSO_4$ 的聚沉能力顺序为（   ）。
    A. $KCl>CaCl_2>K_2SO_4>CaSO_4$　　　B. $CaSO_4>CaCl_2>K_2SO_4>KCl$
    C. $CaCl_2>CaSO_4>KCl>K_2SO_4$　　　D. $K_2SO_4>CaSO_4>CaCl_2>KCl$

78. 由 $0.05\ mol\cdot dm^{-3}$ 的 KCl 溶液 10 mL 和 $0.02\ mol\cdot dm^{-3}$ 的 $AgNO_3$ 溶液 10 mL 混合制得 AgCl 溶胶,下列电解质聚沉值大小次序正确的是（   ）。
    A. $AlCl_3<ZnSO_4<KCl$　　　　　　　B. $KCl<ZnSO_4<AlCl_3$
    C. $ZnSO_4<KCl<AlCl_3$　　　　　　　D. $KCl<AlCl_3<ZnSO_4$

79. $Al(NO_3)_3$、$Mg(NO_3)_2$、$NaNO_3$ 对 AgI 溶胶聚沉值分别为 $0.067\ mol\cdot dm^{-3}$、$2.60\ mol\cdot dm^{-3}$ 和 $140\ mol\cdot dm^{-3}$,则 AgI 溶胶（   ）。
    A. 胶粒带正电　　B. 胶粒呈电中性　　C. 胶粒带负电　　D. 无法确定

80. 明矾净水的主要原理是（   ）。
    A. 电解质对溶胶的稳定作用　　　　　B. 溶胶的相互聚沉作用
    C. 对电解质的敏化作用　　　　　　　D. 电解质的对抗作用

81. 江、河水中含的泥沙悬浮物在出海口附近都会沉淀下来,原因有多种,其中与胶体化学有关的是（   ）。
    A. 盐析作用　　B. 电解质聚沉作用　　C. 溶胶互沉作用　　D. 破乳作用

82. 在溶胶中加入大分子化合物时（   ）。
    A. 一定使溶胶更容易为电解质所聚沉　　B. 一定使溶胶更加稳定
    C. 对溶胶稳定性影响视其加入量而定　　D. 对溶胶稳定无影响

83. 凡溶胶达到了等电状态,说明胶粒（   ）。
    A. 带电,不易聚沉　　　　　　　　　　B. 不带电,很易聚沉
    C. 不带电,不易聚沉　　　　　　　　　D. 带电,易聚沉

84. 有一金属胶,先加明胶溶液,再加 NaCl 溶液,或先加 NaCl 溶液,再加明胶溶液,可能的结果是（   ）。
    A. 先加明胶的聚沉　　B. 先加 NaCl 的聚沉　　C. 两者都不聚沉　　D. 两者同样聚沉

85. 下面的说法与 DLVO 理论不符的是（   ）。
    A. 胶粒间的引力本质上是所有分子的范德华引力的总和
    B. 胶粒间的斥力本质上是双电层的电性斥力
    C. 每个胶粒周围都有离子氛,离子氛重叠区越大,胶粒越不稳定
    D. 溶胶是否稳定决定于胶粒间吸引作用与排斥作用的总效应

86. 外加电解质可以使溶胶聚沉,直接原因是（   ）。
    A. 降低了胶体颗粒表面的热力学电势　　B. 降低了胶体颗粒的电动电势
    C. 降低了 $|\varphi|$ 和 $|\xi|$ 的差值　　　　　　D. 同时降低了 φ 和 ξ

87. 将带正电的 $Fe(OH)_3$ 溶胶与带负电的 Sb_2S_3 溶胶混合结果将是（   ）。
    A. 发生聚沉等　　　　　　　　　　　　B. 聚沉与否取决于搅拌速度

C. 不聚沉　　　　　　　　　　　　D. 聚沉与否取决于电量是否接近相等
88. 向溶胶中加入电解质可以（　　）。
　　A. 降低热力学电势　　　　　　　　B. 减小扩散层厚度
　　C. 减小紧密层厚度　　　　　　　　D. 减小胶团荷电量
89. 溶胶的聚沉速度与电动电势有关，即（　　）。
　　A. 电动电势愈大，聚沉愈快　　　　B. 电动电势愈小，聚沉愈快
　　C. 电动电势为零，聚沉愈快　　　　D. 电动电势愈负，聚沉愈快
90. 在 $Fe(OH)_3$、As_2S_3、$Al(OH)_3$ 和 AgI（含过量 $AgNO_3$）4 种溶胶中，有一种不能与其他溶胶混合，否则会引起聚沉。该种溶胶是（　　）。
　　A. $Fe(OH)_3$　　B. As_2S_3　　C. $Al(OH)_3$　　D. AgI（含过量 $AgNO_3$）
91. 乳状液属于（　　）。
　　A. 分子分散系统　B. 胶体分散系统　C. 粗分散系统　　D. 憎液溶胶
92. 乳状液类型取决于（　　）。
　　A. 水与油的密度差　　　　　　　　B. 水和油哪个溶剂化层较厚
　　C. 水和油哪个较多　　　　　　　　D. 乳化剂对系统界面张力降低的程度
93. 关于乳化作用和乳状液，下面的阐述中正确的是（　　）。
　　A. 对于指定的"油"和"水"，只能形成一种乳状液
　　B. 乳状液的类型与"油"与"水"的相对数量密切相关
　　C. 乳状液是热力学不稳定系统
　　D. 固体粉末作乳化剂时，若水对它的润湿能力强，则形成 O/W 型乳状液
94. 下面属于水包油型乳状液基本性质之一的是（　　）。
　　A. 易于分散在油中　B. 有导电性　　C. 无导电性　　D. 易于分散在水中
95. 破坏 O/W 型乳状液时，不能使用（　　）。
　　A. 钙肥皂　　　　B. 镁肥皂　　　　C. 钾肥皂　　　　D. 铝肥皂
96. 大分子溶液分散相的粒子尺寸为（　　）。
　　A. 大于 $1\mu m$　B. 小于 1nm　　C. 1~100nm　　D. 大于 1nm
97. 把大分子溶液作为胶体系统来研究，因为它（　　）。
　　A. 为多相系统　　　　　　　　　　B. 为热力学不稳定系统
　　C. 电解质很敏感　　　　　　　　　D. 粒子大小在胶体范围内
98. 溶胶与大分子溶液的相同点是（　　）。
　　A. 热力学稳定系统　　　　　　　　B. 热力学不稳定系统
　　C. 动力学稳定系统　　　　　　　　D. 动力学不稳定系统
99. 溶胶和大分子溶液（　　）。
　　A. 都是均相多组分系统
　　B. 都是多相多组分系统
　　C. 大分子溶液是均相多组分系统，溶胶是多相多组分系统
　　D. 大分子溶液是多相多组分系统，溶胶是均相多组分系统
100. 高分子溶液和普通小分子非电解质溶液的主要区别是高分子溶液的（　　）。
　　A. 渗透压大　　　　　　　　　　　B. 丁铎尔效应显著
　　C. 黏度大，不能透过半透膜　　　　D. 不能自动溶解

101. 大分子溶液与憎液溶胶性质上的主要区别在于后者(　　)。
     A. 有渗透压　　　B. 扩散慢　　　C. 有电泳现象　　　D. 是热力学不稳定系统

102. 在大分子溶液中加入大量的电解质,使其发生聚沉的现象称为盐析,产生盐析的主要原因是(　　)。
     A. 电解质离子强烈的水化作用使大分子去水化
     B. 降低了电动电势
     C. 由于电解质的加入,使大分子溶液处于等电点
     D. 电动电势的降低和去水化作用的综合效应

103. 测定大分子溶液中大分子化合物的平均摩尔质量,不宜采用(　　)。
     A. 光散射法　　　B. 冰点降低法　　　C. 黏度法　　　D. 渗透压法

104. 下列哪种方法测出的平均分子量不是大分子的数均分子量(　　)。
     A. 渗透压法　　　B. 黏度法　　　C. 冰点降低法　　　D. 沸点升高法

105. 对于Donnan平衡,下列说法正确的是(　　)。
     A. 膜两边同一电解质的化学势相同　　　B. 膜两边带电粒子的总数相同
     C. 膜两边同一电解质的浓度相同　　　D. 膜两边的离子强度相同

106. Donnan平衡产生的本质原因是(　　)。
     A. 溶液浓度大,大离子迁移速度慢
     B. 大离子浓度大,妨碍小离子通过半透膜
     C. 大离子不能透过半透膜且因静电作用使小离子在膜两边浓度不同
     D. 小离子浓度大,影响大离子　通过半透膜

107. Donnan平衡可以基本上消除,其主要方法是(　　)。
     A. 降低小离子的浓度　　　B. 增大高分子电解质浓度
     C. 在无大分子的溶液一侧,加入过量中性盐　D. 升高温度,降低黏度

108. 某大分子溶液可产生Donnan平衡,该大分子一定是(　　)。
     A. 分子量不均匀的非电解质大分子　　　B. 电解质大分子
     C. 分子量很大的非电解质大分子　　　D. 非电解质大分子

109. 将大分子电解质NaR的水溶液用半透膜和水隔开,达到Donnan平衡时,膜外水的pH值(　　)。
     A. 大于7　　　B. 小于7　　　C. 等于7　　　D. 无法确定

参 考 答 案

第一章　热力学第一定律

1. B 2. C
3. B 在低温时，反映分子间的引力项 a 不能忽略。倘若气体同时又处于相对低压范围，则由于气体的体积大，含 b 的项可以忽略
4. C 5. C 6. C
7. B
$$p\beta\gamma = p \times \frac{1}{p}\left(\frac{\partial p}{\partial T}\right)_V \times \left(-\frac{1}{V}\right) \times \left(\frac{\partial V}{\partial p}\right)_T = -\frac{1}{V}\left(\frac{\partial p}{\partial T}\right)_V \times \left(\frac{\partial V}{\partial p}\right)_T$$

由循环关系
$$\left(\frac{\partial p}{\partial T}\right)_V \times \left(\frac{\partial T}{\partial V}\right)_p \times \left(\frac{\partial V}{\partial p}\right)_T = -1$$

$$\left(\frac{\partial p}{\partial T}\right)_V \times \left(\frac{\partial V}{\partial T}\right)_T = -\frac{1}{\left(\frac{\partial T}{\partial V}\right)_p} = -\left(\frac{\partial V}{\partial T}\right)_p$$

$$p\beta\gamma = \frac{1}{V}\left(\frac{\partial V}{\partial T}\right)_p = \alpha$$

8. D 由理想气体状态方程 $pV=nRT$ 可知
9. A 在烧杯中进行：$\Delta H = Q = -2000\text{J}$，无体积功 $W=0$，$\Delta U = Q = -2000\text{J}$，电池中进行：$W = -800\text{J}$，
$$\Delta U = Q' + W, \quad Q' = \Delta U - W = -2000 + 800 = -1200\text{J}$$

10. D 系统回到了原始状态，不能保证环境也回到原始状态
11. D $W = -\int p_外 \text{d}V = -p(V_2 - V_1) = -(pV_2 - pV_1) = -nR(T_2 - T_1) = -nR$
$= -2 \times 8.314 = -16.63(\text{J})$

12. B $W = -\int p_外 \text{d}V = -\int \frac{nRT}{V} \text{d}V = -nRT \ln\frac{V_2}{V_1} = -p_1 V_1 \ln\frac{V_2}{V_1} = -300 \times 20 \times \ln\frac{15}{20}$
$= 1726(\text{J})$

13. D
14. B 气体为系统，自身做功，功为零
15. B 16. B 17. B 18. A
19. A 反应产生气体，体积增大，膨胀功
20. C
21. A $W = -100\text{J}$，循环：$\Delta U = 0$　$\Delta U = Q + W$　$Q = -W = 100\text{J}$
22. A 设有 n mol 空气进入绝热瓶中，在此过程中，环境对系统做功为 $p_1 V_1$，系统对绝热瓶做功为零，系统做净功为 $p_1 V_1$，绝热过程 $Q=0$
$\Delta U = W = p_1 V_1 = nRT_1$，$\Delta U = nC_{V,\text{m}}(T_2 - T_1)$，$nRT_1 = nC_{V,\text{m}}(T_2 - T_1)$，
$$T_2 = \frac{RT_1}{C_{V,\text{m}}} + T_1, \quad \therefore T_2 > T_1$$

23. A
24. A

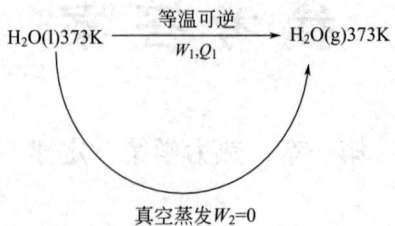

$W_1 > W_2 \quad \Delta U = Q_1 + W_1 = Q_2 + W_2 = Q_2$
膨胀系统对外做功 $W_1 < 0, Q_1 > Q_2$

25. D 26. A 27. B 28. A 29. C 30. B 31. C 32. A 33. D 34. D 35. D
36. A 37. B

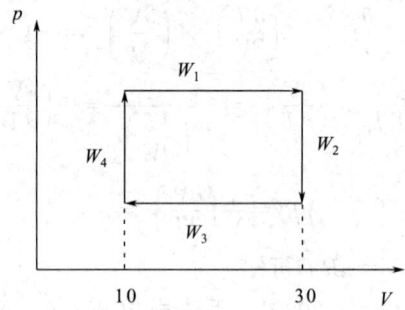

$W_1 = -p(V_终 - V_始) = -3 \times (30 - 10) = -60(J)$
$W_2 = -p(V_终 - V_始) = -1 \times (10 - 30) = 20(J)$
$W = W_1 + W_2 = -60 + 20 = -40(J)$

38. B $W = -\int p_外 dV = -p(V_2 - V_1) = -1.013 \times 10^5 \times (50-15) \times 10^{-3} = -3546(J)$

39. C

40. C 绝热 $Q=0$，钢弹 V 不变，$W=0$，$\Delta U = Q + W = 0$

41. B

42. D 绝热 $Q=0$，气体为系统，自身做功 $W=0$，$\Delta U = 0$

43. B $Q_1 + W_1 = Q_2 + W_2$，$Q_2 = Q_1 + W_1 - W_2 = -397.5 + 167.4 - 103.7 = -333.8(J)$

44. C 45. D 46. D 47. B 48. C 49. C 50. B 51. B 52. B

53. D 绝热 $Q=0$，钢瓶体积不变，$W=0$，$\Delta U = 0$

54. D 绝热膨胀，温度下降，$\Delta U = nC_{V,m}(T_2 - T_1) < 0$

55. C $H_2O(l) \longrightarrow H_2O(g)$

$\Delta H = \Delta U + \Delta(pV) = \Delta U + p \cdot \Delta V$
$\Delta U = \Delta H - p \cdot \Delta V = \Delta H - p(V_g - V_l)$
$\quad = 40.7 \times 10^3 - 101.325 \times (30200 - 18.8) \times 10^{-3}$
$\quad = 37.6 \times 10^3 J \cdot mol^{-1} = 37.6 kJ \cdot mol^{-1}$

56. D

57. B 焓的定义：$H=U+pV$

58. C 恒压时 $Q_p=\Delta H$

59. A $W=-Q=-24000J$

60. B 61. A 62. B

63. B 恒容 $W=0$，绝热 $Q=0$，$\Delta U=0$。$\Delta H=\Delta U+V\cdot\Delta p$，$\Delta p>0$，$\Delta H>0$

64. C 电阻丝放热，气体吸热，系统自身放热吸热，$Q=0$，$\Delta H\neq Q$，$\Delta H\neq 0$

65. D 理想气体自由膨胀：$W=0$，T 不变，$\Delta U=0$，$\Delta H=0$，$Q=0$

66. D 理想气体绝热自由膨胀：$Q=0$，$W=0$，$\Delta U=0$，$\Delta H=0$，

67. D $\Delta H=\Delta U+\Delta(pV)=\Delta(pV)\neq 0$

68. B 恒容 $W=0$，绝热 $Q=0$，$\Delta U=0$；$\Delta H=\Delta(pV)=V\cdot\Delta p$，$\Delta p>0$

69. D 70. C 71. C 72. A

73. C $\Delta H=nC_{p,m}(T_2-T_1)$，$\Delta(pV)=p_2V_2-p_1V_1=nR(T_2-T_1)$

$$T_2-T_1=\frac{\Delta(pV)}{nR},\Delta H=nC_{p,m}\times\frac{\Delta(pV)}{nR}=2\times\frac{5}{2}\times R\times\frac{26}{2\times R}=65(kJ)$$

74. D 绝热 $Q=0$，$W=\Delta U=nC_{V,m}(T_2-T_1)$，$\Delta(pV)=p_2V_2-p_1V_1=nR(T_2-T_1)$

$$T_2-T_1=\frac{\Delta(pV)}{nR},W=nC_{V,m}\times\frac{\Delta(pV)}{nR}=\frac{3}{2}\times(-26)=-39(kJ)$$

75. C 恒容 $W=0$，绝热 $Q=0$，$\Delta U=0$
$$\Delta H=\Delta U+\Delta(pV)=V\cdot\Delta p=0.50\times 600\times 10^3=300\times 10^3 J=300kJ$$

76. A $\Delta U=0$，$\Delta H=\Delta U+\Delta(pV)=V\cdot\Delta p=10\times 500=5\times 10^3 J=5kJ$

77. A 78. B 79. B 80. B 81. D 82. A

83. C $U=H-pV$，$dU=dH-d(pV)$，理想气体：$dH=C_p dT$，$d(pV)=nRdT$
$$dU=C_p dT-nRdT=(C_p-nR)dT$$

84. B

85. B $H_2O(l)\longrightarrow H_2O(g)$，$\Delta H=Q_p>0$，$\Delta U=\Delta H-\Delta(pV)=\Delta H-pV_g$，$\Delta H>\Delta U$

86. A $C_{p,m}=\frac{7}{2}R$，$C_{V,m}=\frac{5}{2}R$，$\gamma=\frac{C_{p,m}}{C_{V,m}}=\frac{7}{5}=1.4$

87. C

88. B 绝热 $Q=0$，刚性密闭容器 $W=0$，$\Delta U=0$，
$$\Delta_r H=\Delta U+\Delta(pV)=\Delta(pV)=V\cdot\Delta p=10\times 1013.25(J)=10.1325(kJ)$$

89. B 绝热 $\Delta U=W$，可逆压缩的功小于不可逆压缩的功

90. A 绝热 $Q=0$，体积不变 $W=0$，$\Delta U=0$
$$\Delta H=\Delta(pV)=V\cdot\Delta p,\Delta p>0,\Delta H>0$$

91. A $\Delta H=nC_{p,m}(T_2-T_1)=1\times\frac{5}{2}\times 8.314\times(500-300)=4157(J)$

92. A 93. B 94. B 95. C 96. D 97. D

98. C $\Delta H=Q$，适用于封闭系统平衡态，$W_f=0$ 的等压过程

99. A

100. D $\Delta U=nC_{V,m}(T_2-T_1)$，$p_1T_1=p_2T_2$，$T_2=\frac{p_1T_1}{p_2}=\frac{2p^\ominus\times 273}{4p^\ominus}=136.5(K)$

$$\Delta U=nC_{V,m}(T_2-T_1)=1\times\frac{3}{2}\times 8.314\times(136.5-273)=-1702(J)$$

101. B 102. B

103. A 系统接受环境所做的功，是绝热压缩过程，温度升高

104. B 绝热恒外压膨胀，温度下降 $\Delta H < 0$

105. C

106. C 绝热压缩，温度升高，$H_2 > H_1$

107. C

108. B 两过程始态温度相同，终态温度相同，所以两过程的 ΔU 相同，ΔH 相同

$$\Delta U_1 = \Delta U_2 = nC_{V,m}(T_2 - T_1) = 1 \times \frac{3}{2} \times 8.314 \times (300 - 400) = -1247 (\text{J})$$

$$\Delta H_1 = \Delta H_2 = nC_{p,m}(T_2 - T_1) = 1 \times \frac{5}{2} \times 8.314 \times (300 - 400) = -2079 (\text{J})$$

109. A $W = -\int p_{外} dV = -\int \frac{nRT}{V} dV = -nRT \ln \frac{V_2}{V_1} = -41.85 \times 10^3 (\text{J})$

$V_2 = 10V_1, nRT\ln 10 = 41.85 \times 10^3, p_1V_1\ln 10 = 41.85 \times 10^3$

$V_1 = \frac{41.85 \times 10^3}{p_1 \ln 10} = \frac{41.85 \times 10^3}{202.65 \times \ln 10} = 89.7 \text{dm}^3 = 0.0897 \text{m}^3$

110. D $T_1 V_1^{\gamma-1} = T_2 V_2^{\gamma-1}, \gamma = \frac{C_{p,m}}{C_{V,m}} = \frac{7}{5} = 1.4, p_1V_1 = nRT_1, V_1 = \frac{nRT_1}{p_1}$

$T_2 = \left(\frac{V_1}{V_2}\right)^{\gamma-1} \times T_1 = \left(\frac{nRT_1}{p_1 V_2}\right)^{\gamma-1} \times T_1 = \left(\frac{1 \times 8.314 \times 298}{101.325 \times 5}\right)^{1.4-1} \times 298 = 562 (\text{K})$

$\Delta U = nC_{V,m}(T_2 - T_1) = 1 \times \frac{5}{2} \times 8.314 \times (562 - 298) = 5487 \text{J} = 5.49 \text{kJ}$

111. C 是绝热膨胀，温度下降

112. A 113. C 114. B 115. C 116. A 117. C

118. D $\eta = \frac{T_2 - T_1}{T_2} = \frac{373 - 298}{373} \times 100\% = 20\%$

119. D 120. C

121. A 实际气体节流膨胀是恒焓过程，绝热 $Q = 0$，膨胀 $\Delta P < 0$

122. C 理想气体节流膨胀是恒温过程，$\Delta T = 0$，所以 $\Delta U = 0, \Delta H = 0$

123. B 绝热 $Q = 0$，真空膨胀 $W = 0$，所以 $\Delta U = 0$，

$$dU = \left(\frac{\partial U}{\partial V}\right)_T dV + \left(\frac{\partial U}{\partial T}\right)_V dT = \frac{an^2}{V^2} dV + C_V dT = 0$$

$$\frac{an^2}{V^2} dV > 0, C_V dT < 0, T \downarrow$$

124. B $dU = \left(\frac{\partial U}{\partial V}\right)_T dV + C_V dT$，绝热 $Q = 0, dU = \delta W = -p_{外} dV = -p dV$

$\left(\frac{\partial U}{\partial V}\right)_T dV + C_V dT = -p dV, \left[\left(\frac{\partial U}{\partial V}\right)_T + p\right] dV + C_V dT = 0, \left[\left(\frac{\partial U}{\partial V}\right)_T + p\right] dV > 0$,

$C_V dT < 0, C_V > 0, dT < 0$，则 $T \downarrow$

125. B $p(V_m - \alpha) = RT$，节流膨胀 $Q = 0, dU = C_V dT = \delta W$ 膨胀，系统对环境做功 $W < 0$，

$dU < 0, C_V > 0, dT < 0$，则 $T \downarrow$

126. A $p(V - b) = RT, dU = C_V dT$，真空膨胀 $W = 0$，绝热 $Q = 0, \Delta U = 0$

127. B $\mu_{J\text{-}T}=\left(\dfrac{\partial T}{\partial p}\right)_H$, $\Delta T=\mu_{J\text{-}T}\times\Delta p=0.0107\times(10-1)\times p^{\ominus}=9.578\text{K}$

128. A 129. B 130. D 131. C 132. D

133. B $\Delta_r H_m=\Delta_r U_m+\Delta nRT$, $\Delta n=-1$

134. D $C_6H_6(l)+\dfrac{15}{2}O_2(g)\longrightarrow 6CO_2(g)+3H_2O(l)$, $\Delta n=6-\dfrac{15}{2}=-\dfrac{3}{2}$

$\Delta_r H_m=\Delta_r U_m+\Delta(pV)=\Delta_r U_m+\Delta nRT=-3264\times 10^3-\dfrac{3}{2}\times 8.314\times 298$

$=-3268.7(\text{kJ}\cdot\text{mol}^{-1})$

135. C

136. A $\Delta_r U_m^{\ominus}=\Delta_r H_m^{\ominus}-\Delta(pV)=\Delta_r H_m^{\ominus}-\Delta nRT=-185\text{kJ}\cdot\text{mol}^{-1}$

137. C (1)×2+(2)×4−(3)

$\Delta_r H=2\times\Delta_r H_1+4\times\Delta_r H_2-\Delta_r H_3=2\times(-283)+4\times(-285.8)-(-1370)$

$=-339.2(\text{kJ})$

138. B 绝热 $Q=0$，刚性 $W=0$，$\Delta_r U=0$

139. D 140. B

141. A $\Delta_r U_m^{\ominus}=\dfrac{1}{2}(\Delta_r H_m^{\ominus}-\Delta nRT)=\dfrac{1}{2}\Delta_r H_m^{\ominus}+RT$

142. D 143. A 144. D

145. A

$2\Delta H_m(\text{O—H})=\Delta_r H_m(1)+\Delta H_m(2)+\Delta H_m(3)=241.8+436.0+247.7$

$=925.5(\text{kJ}\cdot\text{mol}^{-1})$

$\Delta H_m(\text{O—H})=462.8\text{kJ}\cdot\text{mol}^{-1}$

146. D $Cl_2(g)$ 完全燃烧生成 HCl(l)

147. D $CH_3CH_2CH_2CH_2CH_3+8O_2(g)\xrightarrow{\Delta_r H_m^{\ominus}}5CO_2(g)+6H_2O(l)$

$\Delta_r H_m^{\ominus}=\Delta_c H_m^{\ominus}(\text{戊烷})=5\Delta_f H_m^{\ominus}(CO_2)+6\Delta_f H_m^{\ominus}(H_2O)-\Delta_f H_m^{\ominus}(\text{戊烷})$

$\Delta_f H_m^{\ominus}(\text{戊烷})=5\times(-395)+6\times(-286)-(-3520)=-171(\text{kJ}\cdot\text{mol}^{-1})$

148. A $\Delta_r H_m^{\ominus}(T)=\int\Delta_r C_{p,m}\text{d}T+$常数，$\Delta_r C_{p,m}<0$，$\Delta_r H_m^{\ominus}(T)$ 随温度的升高而下降

149. C 150. B 151. D 152. C

153. C $\Delta_r H_m^{\ominus}(T)=\Delta_r H_m^{\ominus}(298\text{K})+\int_{297}^{T}\Delta_r C_p\text{d}T$，$\Delta_r H_m^{\ominus}(298\text{K})=2\Delta_f H_m^{\ominus}(\text{HCl})$

$\Delta_r H_m^{\ominus}(T)=2\times(-92.307\times 10^3)+(-4.53)\times(596-298)=-185.964\times 10^3\text{J}\cdot\text{mol}^{-1}$

154. B $\Delta_r H_m^{\ominus}(800\text{K})=\Delta_r H_m^{\ominus}(400\text{K})+\int_{400}^{800}\Delta_r C_p\text{d}T$

$\Delta_r C_p=2\times 35-30-2\times 20=0$，$\Delta_r H_m^{\ominus}(800\text{K})=\Delta_r H_m^{\ominus}(400\text{K})=150(\text{kJ}\cdot\text{mol}^{-1})$

155. B
156. A

$$CO(g) + \frac{1}{2}O_2(g) + 2N_2(g) \xrightarrow{\Delta_r H_m^\ominus = 0} CO_2(g) + 2N_2(g)$$

（298K → TK, ΔH; 298K via $\Delta_r H_{m,1}^\ominus$ to $CO_2(g) + 2N_2(g)$ 298K）

$$\Delta_r H_{m,1}^\ominus + \Delta H = \Delta_r H_m^\ominus = 0$$

$$\Delta_r H_{m,1}^\ominus = \Delta_f H_m^\ominus(CO_2) - \Delta_f H_m^\ominus(CO) = -393.51 \times 10^3 - (-110.5 \times 10^3)$$

$$= -283.01 \times 10^3 \, (J \cdot mol^{-1})$$

$$\Delta H = \int_{298}^{T} nC_{p,m}(CO_2)dT + \int_{298}^{T} nC_{p,m}(N_2)dT$$

$$= 37.13 \times (T-298) + 2 \times 29.12 \times (T-298)$$

$$= 95.37 \times (T-298) - 283.01 \times 10^3$$

$$= 0, T = 3265K$$

157. D $\Delta H = \Delta U + \Delta(pV)$
158. A

第二章 热力学第二定律

1. D 2. C
3. C ΔS 是熵变，是状态函数的改变值
4. A 此过程看成绝热不可逆过程
5. B $H_2O(l, 270K, p^\ominus) \longrightarrow H_2O(s, 270K, p^\ominus)$，此过程为自发过程放热，$\Delta S_{系统} < 0$，$\Delta S_{环境} > 0$
6. B
7. C 绝热环境熵变等于零，系统熵变大于零
8. C 节流膨胀是绝热的，环境熵变等于零，膨胀体积增大，系统熵变大于零
9. C 绝热不可逆，熵变大于零
10. C 11. C 12. D 13. C 14. C 15. A 16. A 17. B 18. C
19. B 绝热压缩，温度升高，绝热可逆温度比绝热不可逆温度低 $S_2 > S_1$
20. C $p_2 = p_3$，膨胀：$V_3 > V_2$
$$p_2V_2 = nRT_2, \quad p_3V_3 = nRT_3, \quad T_3 > T_2, \quad S_3 > S_2$$
21. C
22. D $\Delta S = nR\ln\dfrac{V_2}{V_1} = 2 \times 8.314 \times \ln 2 = 11.53 \, (J \cdot K^{-1})$

23. B $\Delta S = nR\ln\dfrac{V_2}{V_1} = 1 \times 8.314 \times \ln\dfrac{V_2}{10} = 5.76(J \cdot K^{-1})$，$\ln\dfrac{V_2}{10} = 0.693$，$\ln V_2 = 2.995$，$V_2 = 20dm^3$

24. B $\Delta S = nR\ln\dfrac{V_2}{V_1} = 1 \times 8.314 \times \ln 10 = 19.1 \, (J \cdot K^{-1})$

25. A $\Delta S = \dfrac{\Delta H_{相变热}}{T} = \dfrac{n\Delta_{fus}H_m^\ominus}{T} = \dfrac{3\times 6024}{273.15} = 66.16 \ (J\cdot K^{-1})$

26. C

27. D 恒温 $\Delta U=0$，$W_R = Q_R$，$W = Q = 20\% W_R = 20\% Q_R$，$Q_R = 5Q$，$\Delta S = \dfrac{Q_R}{T} = \dfrac{5Q}{T}$

28. D $\Delta S = \dfrac{Q_R}{T} = \dfrac{6\times 10^3}{300} = 20 \ (J\cdot K^{-1})$

29. A $\Delta S_{环} = -\dfrac{Q_{实}}{T} = -\dfrac{(-60\times 10^3)}{300} = 200 \ (J\cdot K^{-1})$

30. B 试管中进行：$\Delta_r H = Q_p = -60 \ kJ$，可逆电池中进行：$T\times \Delta_r S = 6 \ (kJ)$
    $$W_f = \Delta_r G = \Delta_r H - T\Delta_r S = -60 - 6 = -66 (kJ)$$

31. D $Al(s) \xrightarrow{\Delta S_1} Al(s) \xrightarrow{\Delta S_2} Al(l) \xrightarrow{\Delta S_3} Al(l)$
    $\quad\quad 873K \quad\quad\quad 933K \quad\quad\quad 933K \quad\quad\quad 973K$

    $\Delta S_1 = \int_{873}^{933} \dfrac{nC_{p,m}(s)}{T} dT = nC_{p,m}(s)\ln\dfrac{933}{873} = 1\times 32.8 \times \ln\dfrac{933}{873} = 2.18 (J\cdot K^{-1})$

    $\Delta S_2 = \dfrac{\Delta_{fus}H_m}{T} = \dfrac{10609}{933} = 11.37 (J\cdot K^{-1})$

    $\Delta S_3 = \int_{933}^{973} \dfrac{nC_{p,m}(l)}{T} dT = nC_{p,m}(l)\ln\dfrac{973}{933} = 1\times 34.4 \times \ln\dfrac{973}{933} = 1.44 (J\cdot K^{-1})$

    $\Delta S = \Delta S_2 + \Delta S_2 + \Delta S_3 = 14.99 (J\cdot K^{-1})$

32. C $\Delta S = \dfrac{Q_R}{T} = 10 (J\cdot K^{-1})$，$Q_R = 10T$，理想气体等温 $\Delta U = 0$
    $$Q = W = 10\% W_R = 10\% Q_R = 10\% \times 10 \times T = 500 (J)$$

33. C $\Delta S = \int_{T_2}^{T_1} \dfrac{\delta Q}{T} = \dfrac{Q}{T_1} - \dfrac{Q}{T_2} = \dfrac{1000}{400} - \dfrac{1000}{500} = 0.5 (J\cdot K^{-1})$

34. D $\Delta S_3 = \int_{283}^{323} \dfrac{nC_{p,m}}{T} dT = 1.5 \times 75.295 \times \ln\dfrac{323}{283} = 14.93 (J\cdot K^{-1})$

35. A $\Delta S = nR\ln\dfrac{V_2}{V_1} = 5\times R \times \ln\dfrac{10}{1} = 11.51R = 95.72 (J\cdot K^{-1})$

36. C

37. A $\Delta_{mix}S = -R\sum n_i \ln x_i = -8.314\times (0.5\ln 0.5 + 0.5\ln 0.5) = 5.76 (J\cdot K^{-1})$

38. B 39. D

40. D 等温、等压可逆相变

41. A

42. A 真实气体，内压力为零，$\Delta U = \int C_V dT = 0$

43. B 44. C

45. D 恒温恒压可逆相变

46. C $H_2O \ (l, 383.15K, p^\ominus) \longrightarrow H_2O \ (g, 383.15K, p^\ominus)$
    自发 $\Delta G < 0$，等压 $Q_p = \Delta H$，混乱度增加，$\Delta S_{系统} > 0$

47. C 48. C 49. B 50. B

51. C 理想气体节流膨胀是等温的 $\Delta H = 0$，$\Delta U = 0$，膨胀 $\Delta S > 0$，$\Delta G = \Delta H - T\Delta S = -T\Delta S < 0$

52. B　隔离系统 $\Delta U=0$，$\Delta H=\Delta U+\Delta(pV)=\Delta(pV)=V\Delta p>0$，$\Delta A=\Delta U-\Delta(TS)=-\Delta(TS)$，温度升高，混乱度增加 $\Delta S>0$，$\Delta(TS)=T_2S_2-T_1S_1>0$，则 $\Delta A<0$

53. D　54. A

55. B　可逆相变过程

56. A

57. B　$C_6H_6(l)\longrightarrow C_6H_6(g)$

$$\Delta_{vap}H^{\ominus}=\Delta_{vap}U^{\ominus}+\Delta(pV),\Delta_{vap}H^{\ominus}>\Delta_{vap}U^{\ominus}$$

$$\Delta_{vap}G^{\ominus}=\Delta_{vap}A^{\ominus}+\Delta(pV),\Delta_{vap}G^{\ominus}>\Delta_{vap}A^{\ominus}$$

$$\Delta_{vap}S^{\ominus}>0$$

58. D　$\Delta_r G=\Delta_r H-T\Delta_r S<0$，自发进行。温度升高自发倾向降低 $\Delta_r S<0$

59. D　终态体积相同时，绝热可逆膨胀的温度（T_1）比绝热不可逆膨胀的温度（T_2）低

$$\Delta U_1=nC_{V,m}(T_{终}-T_{始})=nC_{V,m}(T_1-T_{始})=-nC_{V,m}(T_{始}-T_1)$$

$$\Delta U_2=nC_{V,m}(T_{终}-T_{始})=nC_{V,m}(T_2-T_{始})=-nC_{V,m}(T_{始}-T_2)>\Delta U_1$$

因为绝热可逆 $\Delta S_1=0$，绝热不可逆 $\Delta S_2>0$，则 $\Delta S_2>\Delta S_1$

60. A　隔离系统反应 $\Delta_r U=0$。见51题解答

61. C　$-\Delta A_T>-W$，$\Delta A_T<W$，等温系统功函的降低大于等于系统所做的功

62. D

63. C　恒温、恒压自发进行 $\Delta G=\Delta H-T\Delta S<0$

64. B

65. B　$\Delta_r G=W_f=91.84$kJ，$\Delta_r S=\dfrac{Q_R}{T}=\dfrac{213.6\times 10^3}{298}=716.8$（J·K^{-1}）

$$\Delta_r U=Q+W=213.6+91.84=305.44\text{（kJ）}$$

$$\Delta_r A=\Delta_r U-\Delta(TS)=\Delta_r U-T\Delta_r S=W_f=91.84\text{（kJ）}$$

66. B

67. D　系统回复原状，状态函数改变值为零。环境对系统做功，$W>0$，系统放热 $Q<0$.

68. D　$dU=TdS-pdV$，$\Delta U_{S,V}<0$ 自发进行

69. A　$p_1V_1T_1 \xrightarrow{\text{绝热可逆膨胀}} p_2V_2T_2 \xrightarrow{\text{绝热不可逆压缩}} pV_1T$

整个过程为绝热不可逆过程 $\Delta S>0$，混乱度增大，温度升高混乱度增大，$\Delta T=T-T_1>0$，绝热 $Q=0$，$\Delta U=W=nC_{V,m}(T-T_1)>0$，$\Delta H=nC_{p,m}(T-T_1)>0$

70. D　隔离系统（孤立系统）判据是 ΔS

71. C　$\Delta G=\Delta H-T\Delta S$，$\Delta A=\Delta U-T\Delta S$，理想气体等温 $\Delta U=0$，$\Delta H=0$，则 $\Delta G=\Delta A$

72. C　73. C

74. C　理想气体节流膨胀 T 不变，$\Delta G=\Delta H-T\Delta S$，$T$ 不变 $\Delta H=0$；膨胀：$\Delta S>0$，$\Delta G<0$

75. B　76. A

77. A　$dG=-SdT+Vdp$，$\left(\dfrac{\partial G}{\partial p}\right)_T=V$

78. A

79. D　$-\Delta A_T>-W$

80. A　$\Delta_r G^{\ominus}=\Delta_r H^{\ominus}-T\Delta_r S^{\ominus}=2.84\times 10^3-298\times 76.8=-20046.4$（J）

81. D $\Delta G = \int_{p_1}^{p_2} V\mathrm{d}p = nRT\ln\dfrac{p_2}{p_1} = 1\times 8.314\times 273\times \ln\dfrac{0.1p^{\ominus}}{p^{\ominus}} = -5226(\mathrm{J})$

82. B $\Delta G = \int_{p_1}^{p_2} V\mathrm{d}p = nRT\ln\dfrac{p_2}{p_1} = 1\times 8.314\times 300\times \ln\dfrac{1\times 10^4}{1\times 10^5} = -5743(\mathrm{J})$

83. A $\Delta G = \Delta H - S\Delta T$

$\Delta H = \int nC_{p,m}\mathrm{d}T = 1\times \dfrac{7}{2}R\times (T_2 - T_1) = 1\times \dfrac{7}{2}\times 8.314\times (273-40-298)$

$\qquad\quad = -1891.4(\mathrm{J})$

$\Delta G = -1891.4 - 191.5\times (273-40-298) = 10556.1(\mathrm{J})$

84. B $\Delta_r G_m - \Delta_r A_m = \Delta_r H_m - \Delta_r U_m = \Delta(pV) = \Delta nRT = \left(0 - \dfrac{1}{2} - 1\right)RT$

$\qquad\qquad\qquad\qquad\qquad = -\dfrac{3}{2}\times 8.314\times 298.2 = -3718.9(\mathrm{J})$

85. A   86. D

87. B $\mathrm{d}A = -S\mathrm{d}T - p\mathrm{d}V,\ \left(\dfrac{\partial A}{\partial T}\right)_V = -S$

88. B

89. B $\mathrm{d}G = -S\mathrm{d}T + V\mathrm{d}p,\ \left(\dfrac{\partial G}{\partial p}\right)_T = V$

90. B

91. D $\left(\dfrac{\partial S}{\partial p}\right)_T = -\left(\dfrac{\partial V}{\partial T}\right)_p$，理想气体：$pV = nRT,\ \left(\dfrac{\partial V}{\partial T}\right)_p = \dfrac{nR}{p},\ \left(\dfrac{\partial S}{\partial p}\right)_T = -\dfrac{nR}{p}$

92. D 0K 时，任何纯物质、完美晶体的熵值等于零

93. B   94. D   95. B

第三章　多组分系统热力学及其在溶液中的应用

1. A $m_B = \dfrac{n_B}{m_{(A)}} = \dfrac{m_{(B)}}{M_B m_{(A)}},\ M_B = \dfrac{m_{(B)}}{m_{(A)} m_B} = \dfrac{0.288}{0.221\times 15.2\times 10^{-3}} = 85.7(\mathrm{g\cdot mol^{-1}})$

2. C 设溶液为 1 kg，HClO₄ 摩尔质量 100.58 g·mol⁻¹

溶液的体积 $V = \dfrac{m_{(溶液)}}{\rho} = \dfrac{1000}{1.251}\ \mathrm{cm^3} = \dfrac{1}{1.251}\ \mathrm{dm^3}$

溶液中含 HClO₄ 的物质的量 $n = \dfrac{1000\times 0.35}{100.58}(\mathrm{mol})$

$c = \dfrac{n}{V} = \dfrac{350\times 1.251}{100.58} = 4.353(\mathrm{mol\cdot dm^{-3}})$

$m_B = \dfrac{n}{m_{(溶剂)}} = \dfrac{350}{100.58\times 1000\times (1-0.350)\times 10^{-3}} = 5.354(\mathrm{mol\cdot kg^{-1}})$

3. C $n = cV = c\times \dfrac{m_{(溶液)}}{\rho} = \dfrac{1.50\times 1}{1.049}(\mathrm{mol})$

$m_B = \dfrac{n}{m_{(溶剂)}} = \dfrac{n}{1 - nM_{\mathrm{HNO_3}}\times 10^{-3}} = \dfrac{1.50}{1.049\times \left(1 - \dfrac{1.50}{1.049}\times 63.08\times 10^{-3}\right)}$

$\qquad = 1.57(\mathrm{mol\cdot kg^{-1}})$

4. C 1dm³湖水中钙的含量为（0.025×40.08）g

   1dm³ 湖水中钙的重量为 $W=10^3\times 1.002=1.002\times 10^3$（g）

   $$\frac{0.025\times 40.08}{1.002\times 10^3}=10^{-3}\text{g}\cdot\text{g}^{-1}=1000\mu\text{g}\cdot\text{g}^{-1}$$

5. B $NH_3\cdot H_2O$ 摩尔质量 $35.04\text{g}\cdot\text{mol}^{-1}$

   质量摩尔浓度：$m=\dfrac{n_{溶质}}{m_{(溶剂)}\times 10^{-3}}=\dfrac{m_{(溶质)}}{M_{溶质}m_{(溶剂)}\times 10^{-3}}$

   质量分数 $w=\dfrac{m_{(溶质)}}{m_{(溶质)}+m_{(溶剂)}}=\dfrac{1}{1+\dfrac{m_{(溶剂)}}{m_{(溶质)}}}=\dfrac{1}{1+\dfrac{1}{mM_{溶质}\times 10^{-3}}}=\dfrac{35m}{1000+35m}$

6. D 设溶液的量为1dm^3，$m_{(溶质)}=c\times 1\times M_{溶质}$，$n_{溶质}=c\times 1\text{mol}$

   $m_{(溶剂)}=V\rho-m_{(溶质)}=10^3\rho-cM_{溶质}$，$m_B=\dfrac{n_{溶质}}{m_{(溶剂)}\times 10^{-3}}=\dfrac{10^3 c}{10^3\rho-cM_{溶质}}=\dfrac{10^3 c}{10^3\rho-35c}$

7. B 设溶液的量为1kg，$m_{氨}=\dfrac{n_{氨}}{m_{(H_2O)}\times 10^{-3}}=\dfrac{10^3 n_{氨}}{n_{H_2O}M_{H_2O}}$，

   $x=\dfrac{n_{氨}}{n_{H_2O}+n_{氨}}=\dfrac{1}{\dfrac{n_{H_2O}}{n_{氨}}+1}$，$\dfrac{n_{H_2O}}{n_{氨}}=\dfrac{1}{x}-1$，$m_{氨}=\dfrac{10^3 x}{(1-x)M_{H_2O}}=\dfrac{10^3 x}{18(1-x)}$

8. C 设溶液的量为1dm^3，$c=n_{氨}\text{mol}\cdot\text{dm}^{-3}$，$x=\dfrac{n_{氨}}{n_{H_2O}+n_{氨}}$，$n_{H_2O}=\dfrac{(1-x)n_{氨}}{x}$，

   $n_{H_2O}=\dfrac{m_{(H_2O)}}{M_{(H_2O)}}=\dfrac{V\rho\times 10^3-m_{(氨)}}{M_{H_2O}}=\dfrac{10^3\rho-n_{氨}M_{氨}}{M_{H_2O}}$，$\dfrac{1-x}{x}\times n_{氨}=\dfrac{10^3\rho-n_{氨}M_{氨}}{M_{H_2O}}$，

   $c=n_{氨}=\dfrac{10^3 x\rho}{(1-x)M_{H_2O}+M_{氨}x}=\dfrac{10^3 x\rho}{18(1-x)+17x}$

9. B 空气中氮气和氧气的体积比约为$4:1$，$n=\dfrac{1}{5}\times 49+\dfrac{4}{5}\times 23.5=28.6(\text{mol})$

10. A $m_Z=\dfrac{n_Z}{m_{(苯)}}=\dfrac{V_Z\rho_Z}{M_Z V_{苯}\rho_{苯}}=\dfrac{57.5\times 0.800}{46\times 600\times 0.900\times 10^{-3}}=1.85$（$\text{mol}\cdot\text{kg}^{-1}$）

11. B 12. C 13. B 14. C

15. A $V=n_A V_{A,m}+n_B V_{B,m}=0.65\text{dm}^3$，$V_{B,m}=\dfrac{0.65-n_A V_{A,m}}{n_B}$

   $x_B=\dfrac{n_B}{n_A+n_B}=\dfrac{n_B}{1+n_B}=0.8$，$n_B=4\text{mol}$，$V_{B,m}=0.14\text{dm}^3\cdot\text{mol}^{-1}$

16. B

17. A 容量性质对n_i求偏导数，下角标为T,p,n即为偏摩尔量

18. B 19. A 20. D 21. A 22. C

23. A 化学势是从化学势高的一方向化学势低的一方转移

24. C

25. A 溶液过饱和，溶质会从溶液中析出

26. B 纯溶剂 $\mu_A^*=\mu_A^\ominus+RT\ln\dfrac{p_A^*}{p^\ominus}$，溶液中溶剂 $\mu_A=\mu_A^\ominus+RT\ln\dfrac{p_A}{p^\ominus}$，$p_A^*>p_A$，$\mu_A^*>\mu_A$

27. D 28. A 29. A 30. A

31. A ①$H_2O(l,100℃,p^\ominus)$ ⟶ ②$H_2O(g,99℃,2p^\ominus)$ ⟶ ③$H_2O(l,100℃,2p^\ominus)$
 ③ $H_2O(l,100℃,2p^\ominus)$ ⟶ ④$H_2O(g,100℃,2p^\ominus)$ ⟶ ⑤$H_2O(l,101℃,p^\ominus)$ ⟶
 ⑥$H_2O(g,101℃,p^\ominus)$
 ∵ $\mu_3-\mu_1=V(2p^\ominus-p^\ominus)>0$，∴$\mu_3>\mu_1$；∵$\mu_4-\mu_3>0$，∴$\mu_4>\mu_3$；∵$\mu_6-\mu_5<0$，∴ $\mu_6<\mu_5$；
 ∵$\mu_4-\mu_2=-S(T_4-T_2)<0$，∴$\mu_4<\mu_2$；∵$\mu_5-\mu_1=-S(T_5-T_1)<0$，∴$\mu_5<\mu_1$；
 则 $\mu_2>\mu_4>\mu_3>\mu_1>\mu_5>\mu_6$

32. D ①$H_2O(l,373.15K,p^\ominus)$ ⟶ ②$H_2O(g,373.15K,p^\ominus)$ ⟶ ③$H_2O(l,373.15K,2p^\ominus)$
 ③$H_2O(l,373.15K,2p^\ominus)$ ⟶ ④$H_2O(g,373.15K,2p^\ominus)$
 $\mu_1=\mu_2$；∵$\mu_3-\mu_1=V(2p^\ominus-p^\ominus)>0$，∴$\mu_3>\mu_1$；$\mu_4>\mu_3$

33. C

34. D $\mu=\mu^\ominus+RT\ln\dfrac{f}{p^\ominus}$，$\mu^\ominus$是温度为$T$、压力为$p^\ominus$具有理想气体行为的化学势，称为标准态化学势，是假想状态

35. C $p_\text{总}V_i=n_iRT$，$n_i=\dfrac{p_\text{总}V_i}{RT}$

36. B $\mu_A=\mu_A^\ominus+RT\ln\dfrac{p_A}{p^\ominus}$，$\Delta\mu=\mu_A-\mu_A^\ominus=RT\ln\dfrac{p_A}{p^\ominus}$

37. B $p_A=k_{A,x}x_A$，$p_B=k_{B,x}x_B$，$k_{A,x}x_A=k_{B,x}x_B$，$k_{A,x}>k_{B,x}$，$x_A<x_B$

38. A 39. B 40. B 41. B 42. D 43. B 44. D 45. A 46. D

47. C $p_A=p_A^*x_A=p_\text{总}y_A=(p_A^*x_A+p_B^*x_B)y_A$
$$y_A=\dfrac{p_A^*x_A}{p_A^*x_A+p_B^*x_B}=\dfrac{6.6662\times10^4\times0.5}{6.6662\times10^4\times0.5+1.01325\times10^5\times0.5}=0.397$$

48. A $p_B=p_B^*x_B=p_\text{总}y_B=(p_A^*x_A+p_B^*x_B)y_B$
$$y_B=\dfrac{p_B^*x_B}{p_A^*x_A+p_B^*x_B}=\dfrac{10^5\times0.5}{5\times10^4\times0.5+10^5\times0.5}=0.667=\dfrac{1}{1.5}$$

49. C $p_A=p_A^*x_A=p_\text{总}y_A$，$p_B=p_B^*x_B=p_\text{总}y_B$
$$\dfrac{p_A^*}{p_B^*}=\dfrac{y_A}{y_B}\times\dfrac{x_B}{x_A}=1\times\dfrac{1}{5}=0.2$$

50. B $p_B=p_B^*x_B=p_\text{总}y_B=(p_A^*x_A+p_B^*x_B)y_B$
$$y_B=\dfrac{p_B^*x_B}{p_A^*x_A+p_B^*x_B}=\dfrac{x_B}{\dfrac{p_A^*}{p_B^*}x_A+x_B}=\dfrac{0.5}{3\times0.5+0.5}=0.25$$

51. D $p_1=p_1^*x_1=p_\text{总}y_1=(p_1^*x_1+p_2^*x_2)y_1$
$$y_1=\dfrac{p_1^*x_1}{p_1^*x_1+p_2^*x_2}=\dfrac{p_1^*}{p_1^*+p_2^*}=\dfrac{74.7}{74.7+22.3}=0.77$$

52. A $p_A^*x_A=p_\text{总}y_A$，$p_B^*x_B=p_\text{总}y_B$，$\dfrac{y_A}{y_B}=\dfrac{p_A^*x_A}{p_B^*x_B}=\dfrac{p_A^*}{p_B^*}=\dfrac{90}{30}=\dfrac{3}{1}$

53. A $dA=-SdT-pdV$，$\left[\dfrac{\partial(\Delta_\text{mix}A)}{\partial T}\right]_V=-S<0$

54. A $\Delta_{mix}G = RT\sum n_i \ln x_i = 8.314 \times 293 \times (1 \times \ln 0.5 + 1 \times \ln 0.5) = -3377(J)$

55. B 56. A

57. A $p_A^* x_A = p_{总} y_A$, $p_B^* x_B = p_{总} y_B$, $y_A = y_B$, $p_A^* x_A = p_B^* x_B$,

$$\frac{x_A}{x_B} = \frac{p_A^*}{p_B^*} = \frac{1}{21}$$

58. B

59. D 对于理想液态混合物来说，拉乌尔定律和亨利定律没有区别

60. B $x_苯 = 0.25$, $\mu_1 = \mu^* + RT\ln x_苯 = \mu^* + RT\ln 0.25$

$x_苯 = 0.5$, $\mu_2 = \mu^* + RT\ln x_苯 = \mu^* + RT\ln 0.5$; 则 $\mu_2 > \mu_1$

61. A

62. C $W_分 = -\Delta_{mix}G = -RT\sum n_i \ln x_i = -2RT\ln 0.5$

63. D

64. C $\left(\frac{\partial \mu}{\partial T}\right)_p = -S < 0$, $T\downarrow$, $\mu\uparrow$

65. A

66. D 稀溶液依数性：凝固点降低 $T_f < T_f^*$，蒸气压降低 $p < p^*$，$\mu = \mu^* + RT\ln x$，$x < 1$，则 $\mu < \mu^*$

67. B 68. B 69. C 70. D 71. A 72. A

73. A $\Delta T_b = K_b m_B$，粒子数越多，ΔT_b 越大

74. C $\Delta T_f = K_f m_B = T_f^* - T_f = 273.15 - 270.15 = 3(K)$，$m_B = \frac{3}{K_f}$,

$\Delta T_b = K_b m_B = K_b \frac{3}{K_f} = T_b - T_b^*$，$T_b = T_b^* + \frac{3K_b}{K_f} = 373.15 + \frac{3 \times 0.52}{1.86} = 373.99(K)$

75. C 76. D 77. A 78. C

79. D $\Delta T_b = K_b m_B$，m_B 相同，K_B 越大，ΔT_b 越大

80. C $\Delta T_f = K_f m_B = K_f \times \frac{n_B}{m_{(溶剂)}} = K_f \times \frac{m_{(溶质)}}{M_{溶质} \times m_{(溶剂)}}$,

$M_{溶质} = \frac{K_f m_{(溶质)}}{\Delta T_f m_{(溶剂)}} = \frac{1.86 \times 1.5}{0.015 \times 1} = 186(g \cdot mol^{-1})$

81. C 82. D 83. B

84. B $\Delta T_f = K_f m_B$，K_f 值越大，越准确

85. C

86. B $K_B = p_B^*$，说明亨利定律和拉乌尔定律无区别，$\gamma_A = \gamma_B = 1$

87. D

88. C $p_A = p_{总} - p_B = p_{总}(1-y) = p_A^* a_A$

$a_A = \frac{p_{总}(1-y_B)}{p_A^*} = \frac{29398 \times (1-0.82)}{29571} = 0.179$

89. B $\Delta_{mix}G_m = RT\ln a_B$，$-889.62 = 8.314 \times 300 \times \ln a_B$，$a_B = 0.7$

90. B

91. B $\Delta G = \mu_{H_2O} - \mu_{H_2O}^* = RT\ln a_{H_2O} = 8.314 \times 310 \times \ln 0.41 = -2298 \ (J \cdot mol^{-1})$

92. D 93. A 94. B 95. B 96. D 97. D 98. D

99. C $\Delta G = \mu_{血} - \mu_{尿} = nRT\ln\dfrac{c_{血}}{c_{尿}} = W_f$，$-nRT\ln\dfrac{c_{尿}}{c_{血}} = W_f$

$$0.1 \times 8.314 \times 310 \times \ln\dfrac{c_{尿}}{c_{血}} = -1.1869 \times 10^3$$

$$\ln\dfrac{c_{尿}}{c_{血}} = -4.605, \dfrac{c_{尿}}{c_{血}} = 0.01$$

100. D 少量多次
101. D

注：本章中 m_B 表示质量摩尔浓度，$m_{(B)}$ 表示 B 物质的质量。

第四章 相平衡

1. C $C = S + 1, f = C - \Phi + 3 = S + 1 - 2 + 3 = S + 2$
2. B $f^* = C - \Phi + 1 = 3 - 2 + 1 = 2$
3. A $R = 2, C = S - R - R' = 5 - 2 - 0 = 3$
4. A $Ag_2O(s) \rightleftharpoons 2Ag(s) + \dfrac{1}{2}O_2(g)$

   $C = S - R - R' = 3 - 1 = 2, f^* = C - \Phi + 1 = 2 - 3 + 1 = 0$
5. B $C = S - R - R' = 5 - 2 - 0 = 3$
6. C $f = C - \Phi + 2 = 3 - 5 + 2 = 0$
7. B $\Phi = 1, C = 3, f = C - \Phi + 2 = 3 - 1 + 2 = 4$
8. C $C = 2, f^* = C - \Phi + 1 = 3 - \Phi = 0, \Phi = 3$ 去掉两相（硫酸水溶液、冰）有 1 种盐共存
9. B $C = 2, f^* = C - \Phi + 1 = 3 - \Phi = 0, \Phi = 3$ 去掉一相（硫酸水溶液）有 2 种盐共存
10. B $C = 2, \Phi = 3, f = C - \Phi + 2 = 2 - 3 + 2 = 1$
11. C $S = 3, C = 3$
12. C $C = S - R - R' = 4 - 1 - 2 = 1, f^* = C - \Phi + 1 = 1 - 2 + 1 = 0$
13. C
14. A $C = S - R - R' = 3 - 1 - 0 = 2, \Phi = 2, f = C - \Phi + 2 = 2 - 2 + 2 = 2$
15. C $C = 2, f^* = C - \Phi + 1 = 2 - \Phi + 1 = 3 - \Phi = 0, \Phi = 3$
16. D ① $C = 1, f = C - \Phi + 2 = 1 - 1 + 2 = 2$，② $C = 2, f = C - \Phi + 2 = 2 - 1 + 2 = 3$，
    ③ $C = 3, f = C - \Phi + 2 = 3 - 1 + 2 = 3$
17. B $C = 2, \Phi = 2, f^* = C - \Phi + 2 = 2 - 2 + 2 = 2$
18. C $NH_4HS(s) \rightleftharpoons NH_3(g) + H_2S(g)$

    $S = 3, C = S - R - R' = 3 - 1 - 1 = 1, \Phi = 2, f = C - \Phi + 2 = 1 - 2 + 2 = 1$
19. B $f^* = C - \Phi + 2 = 2 - 2 + 2 = 2$
20. C $AlCl_3 + 3H_2O \rightleftharpoons Al(OH)_3 + 3HCl$

    $C = S - R = 4 - 1 = 3$
21. A $C_2H_5OH(l) + CH_3COOH(l) \rightarrow CH_3COOC_2H_5(l) + H_2O(l)$

    $R = 1, R' = 1, C = 4 - 1 - 1 = 2, f = C - \Phi + 2 = 2 - 1 + 2 = 3$
22. D 23. A
24. B 独立化学平衡两个 $C = S - R - R' = 5 - 2 - 0 = 3$

25. B $C = S - R - R' = 4 - 0 - 1 = 3$, $f^* = C - \Phi + 1 = 3 - 2 + 1 = 2$

26. B $f^* = C - \Phi + 1 = 3 - \Phi + 1 = 4 - \Phi = 0$, $\Phi = 4$

27. B $CaCO_3(s) \rightleftharpoons CaO(s) + CO_2(g)$
$$C = S - R - R' = 3 - 1 - 0 = 2$$

28. B

29. A $NH_4Cl(s) \rightleftharpoons NH_3(g) + HCl(g)$
$$C = S - R - R' = 3 - 1 - 1 = 1, f = C - \Phi + 2 = 1 - 2 + 2 = 1$$

30. B $H_2O \rightleftharpoons H^+ + OH^-$, $a_{H^+} = a_{OH^-}$, 电中性：$R' = 2$, $C = S - R - R' = 7 - 1 - 2 = 4$

31. D $C = S - R - R' = 3 - 1 - 1 = 1$, $f = C - \Phi + 2 = 1 - 2 + 2 = 1$

32. A $CaCO_3(s) \rightleftharpoons CaO(s) + CO_2(g)$
$$C = 3 - 1 = 2, \Phi = 3, f^* = C - \Phi + 1 = 2 - 3 + 1 = 0$$

33. B $f^* = C - \Phi + 1 = 2 - \Phi + 1 = 0$, $\Phi = 3$, 去掉水蒸气，固态盐 2 种

34. B 35. D 36. D 37. C

38. B $f = C - \Phi + 2 = 1 - \Phi + 2 = 0$, $\Phi = 3$, 4 种状态不能稳定共存

39. B 40. B 41. D 42. D 43. A 44. C 45. A 46. C 47. C

48. A 正常沸点时，压力近似等于 $p^\ominus$
$$\frac{dp}{dT} = \frac{\Delta H}{T\Delta V} = \frac{\Delta H}{TV_g} = \frac{\Delta H \cdot p}{RT^2} = \frac{27.4 \times 10^3 \times 101.325}{8.314 \times 307.5^2} = 3.532 (kPa \cdot K^{-1})$$

49. D 见水的相图

50. B

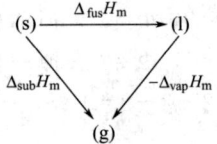

$$\Delta_{fus}H_m = \Delta_{sub}H_m + (-\Delta_{vap}H_m)$$
$$\Delta_{sub}H_m = \Delta_{fus}H_m + \Delta_{vap}H_m = 5.994 + 44.82 = 50.814 (kJ \cdot mol^{-1})$$

51. C

52. A 水的三相点温度 373.16K, 压力 610.5 Pa

53. A $f^* = C - \Phi + 1 = 2 - 3 + 1 = 0$

54. D $f = C - \Phi + 2 = 2 - \Phi + 2 = 0$, $\Phi = 4$

55. C $f = C - \Phi + 2 = 2 - \Phi + 2 = 4 - \Phi$, $\Phi = 1$, $f = 3$

56. C 57. B 58. A 59. A 60. D 61. C 62. C 63. C 64. A 65. A 66. B 67. B 68. B 69. B 70. C 71. A 72. C 73. C 74. A 75. B

76. B $\dfrac{m_{(H_2O)}}{m_{(1\text{-}辛醇)}} = \dfrac{p^*_{H_2O} \times M_{H_2O}}{p^*_{1\text{-}辛醇} \times M_{1\text{-}辛醇}} = \dfrac{(101.325 - 2.133) \times 18}{2.133 \times 130} = 6.44$

77. B

78. C $f = C - \Phi + 2 = 3 - \Phi + 2 = 5 - \Phi = 0$, $\Phi = 5$

79. B 80. C 81. B 82. B 83. D 84. D 85. C

86. A $\ln\dfrac{p_2}{p_1} = \dfrac{\Delta_{vap}H_m}{R}\left(\dfrac{1}{T_1} - \dfrac{1}{T_2}\right)$, $\ln\dfrac{101.325}{35.46} = \dfrac{40.76 \times 10^3}{8.314}\left(\dfrac{1}{T_1} - \dfrac{1}{373.15}\right)$, $T_1 = 345.53K$

87. C 88. A 89. D 90. B 91. D 92. D 93. D

第五章 化学平衡

1. C 2. C 3. B 4. A 5. D 6. A

7. A $\Delta_r G_m = \Delta_r G_m^\ominus + RT\ln Q_p$, $Q_p = \dfrac{\dfrac{p_{NH_3}}{p^\ominus}}{\left(\dfrac{p_{N_2}}{p^\ominus}\right)^{\frac{1}{2}} \times \left(\dfrac{p_{H_2}}{p^\ominus}\right)^{\frac{3}{2}}} = \dfrac{x_{NH_3}}{x_{N_2}^{\frac{1}{2}} \times x_{H_2}^{\frac{3}{2}}} \times \left(\dfrac{p}{p^\ominus}\right)^{-1}$

$p = p^\ominus, x_{NH_3} = \dfrac{2}{6} = \dfrac{1}{3}, x_{N_2} = \dfrac{1}{6}, x_{H_2} = \dfrac{1}{2}, Q_p = \dfrac{\dfrac{1}{3}}{\left(\dfrac{1}{6}\right)^{\frac{1}{2}} \times \left(\dfrac{1}{2}\right)^{\frac{3}{2}}} = 2.3094$

$\Delta_r G_m = -16.5 \times 10^3 + 8.314 \times 298 \times \ln 2.3094 = -14426 (J \cdot mol^{-1})$

8. C 等温等压时的方向判据是 $\Delta_r G_m$, 若用 $\Delta_r G_m^\ominus$ 来判断, $\Delta_r G_m^\ominus < -40 kJ \cdot mol^{-1}$ 时反应能自发进行, $\Delta_r G_m^\ominus > 40 kJ \cdot mol^{-1}$ 时反应不能自发进行

9. C $\Delta_r G_m^\ominus = -21160 + 52.92T = -RT\ln K_p^\ominus < 0, T < \dfrac{21660}{52.92} = 409.3 (K)$

10. C 低温有利说明反应是放热的, 低压有利说明体积是增大的

11. C $\Delta_r G_m = \Delta_r G_m^\ominus + RT\ln Q_p > 0, Q_p = \dfrac{p_Z}{p^\ominus} \times \dfrac{p_Y}{p^\ominus}, p_Z = p_Y = \dfrac{p^\ominus}{2}, Q_p = \dfrac{1}{4}, \Delta_r G_m^\ominus + RT\ln\dfrac{1}{4} > 0$,

$T > \dfrac{45000}{98.5} K = 457 K = 184 ℃$

12. C

13. C $PCl_5(g) \rightleftharpoons PCl_3(g) + Cl_2(g), K_p^\ominus = K_x \dfrac{p}{p^\ominus} = \prod_i n_i^{\nu_i} \dfrac{p}{p^\ominus \sum_i n_i}$

$\dfrac{p}{\sum_i n_i} = \dfrac{RT}{V} = 不变, \prod_i n_i^{\nu_i} 不变, 解离度不变$

14. B $\Delta_r G_m = \Delta_r H_m - T\Delta_r S_m = 0, T = \dfrac{\Delta_r H_m}{\Delta_r S_m} = \dfrac{-102 \times 10^3}{-330} = 309 (K)$

15. B 16. A 17. D 18. A

19. D $\Delta_r G_m^\ominus = -RT\ln K_p^\ominus < 0, K_p^\ominus > 1$

20. D $\Delta_r G_m^\ominus = -RT\ln K_p^\ominus > 0, K_p^\ominus < 1$

21. B $K_p^\ominus = K_c \left(\dfrac{RT}{p^\ominus}\right)^{\Delta\nu}, \Delta\nu = 1, K_c = K_p^\ominus \dfrac{p^\ominus}{RT} = 0.290 \times \dfrac{101.325}{8.314 \times 1000} = 0.00353$

22. C $\Delta_r G_m^\ominus = -RT\ln K^\ominus, K^\ominus = \exp\left(-\dfrac{\Delta_r G_m^\ominus}{RT}\right) = \exp\left(-\dfrac{-16.778 \times 10^3}{8.314 \times 298}\right) = 873$

23. D 第2个反应 $K_2^\ominus$, 第一个反应 $K_1^\ominus$, $K_2^\ominus = (K_1^\ominus)^2 = 0.54 \times 0.54 = 0.2916$

24. C $K_{后}^\ominus = (K_{前}^\ominus)^{-\frac{1}{2}} = \dfrac{1}{\sqrt{0.25}} = 2$

25. C

26. D $K_p^\ominus = K_x \left(\dfrac{p}{p^\ominus}\right)^{\Delta\nu} = K_c \left(\dfrac{RT}{p^\ominus}\right)^{\Delta\nu}, \Delta\nu = 1, \dfrac{K_c}{K_x} = \dfrac{p}{RT}$

27. B $\Delta_r G_{m,1}^\ominus = \dfrac{1}{2}\Delta_r G_{m,2}^\ominus, -RT\ln K_{p,1}^\ominus = -\dfrac{1}{2}RT\ln K_{p,2}^\ominus, (K_{p,1}^\ominus)^2 = K_{p,2}^\ominus$

28. D 反应1-反应2=反应3，$K_{p,3}^{\ominus}=\dfrac{K_{p,1}^{\ominus}}{K_{p,2}^{\ominus}}$

29. B $K_p=p_{NH_3}^2\times p_{CO_2}=\left(\dfrac{2}{3}p\right)^2\times\left(\dfrac{1}{3}p\right)=\dfrac{4}{27}p^3$

30. A
$$\begin{array}{ccccc}
A & + & B & = & 2L & + & M \\
p^{\ominus} & & p^{\ominus} & & 0 & & 0 \\
33.775 & & 33.775 & & 2(p^{\ominus}-33.775) & & p^{\ominus}-33.775
\end{array}$$

$K_p=K_c(RT)^{\Delta\nu}=K_c\times RT, K_p=\dfrac{[2\times(p^{\ominus}-33.775)]^2(p^{\ominus}-33.775)}{33.775^2}=1080.8(kPa)$

$$K_c=\dfrac{K_p}{RT}=\dfrac{1080.8}{8.314\times298}=0.436(mol\cdot dm^{-3})$$

31. C $NH_4Cl(s)\rightleftharpoons NH_3(g)+HCl(g)$

$$p_{NH_3}=\dfrac{p^{\ominus}}{2},\, p_{HCl}=\dfrac{p^{\ominus}}{2},\, K^{\ominus}=\dfrac{p_{NH_3}}{p^{\ominus}}\times\dfrac{p_{HCl}}{p^{\ominus}}=\dfrac{1}{4}$$

32. A 反应2-反应1=反应3，$K_3^{\ominus}=\dfrac{K_2^{\ominus}}{K_1^{\ominus}}$

33. A $K_p=K_c(RT)^{\Delta\nu}$, $\Delta\nu=-1$, $\dfrac{K_p}{K_c}=(RT)^{-1}=\dfrac{1}{8.314\times300}=4.0\times10^{-4}$ $(J^{-1}\cdot mol)$

34. D $K_p=K_x\times p^{\Delta\nu}$, $\Delta\nu=-1$, $\dfrac{K_p}{K_c}=\dfrac{1}{p}$

35. D 标准平衡常数只是温度的函数

36. C $K^{\ominus}=\left(\dfrac{p_D}{p^{\ominus}}\right)^2=\dfrac{120^2}{101.325^2}=1.40$

37. D $\Delta G^{\ominus}=1710-25.5\times373=-7801.5J=-7.802kJ$

38. B $K_p=K_c(RT)^{\Delta\nu}$, $\because \Delta\nu=0$, $\therefore K_p=K_c$

39. B $K_p^{\ominus}=K_p(p^{\ominus})^{-\Delta\nu}$, $\because \Delta\nu=1$, $\therefore K_p^{\ominus}=\dfrac{K_p}{p^{\ominus}}$

40. B $K_p=K_c(RT)^{\Delta\nu}$, $\Delta\nu=1$, $\dfrac{K_p}{K_c}=RT=8.314\times300=2494.2$ $(J\cdot mol^{-1})$

41. B $K_p=p_B p_C=\left(\dfrac{1}{2}p\right)\times\left(\dfrac{1}{2}p\right)=\dfrac{1}{4}p^2$

42. A 43. C

44. B 升高温度对吸热反应有利

45. B $K_p^{\ominus}=\left(\dfrac{p_{H_2O}}{p^{\ominus}}\right)^3$, $p_{H_2O}=p^{\ominus}\times(K_p^{\ominus})^{\frac{1}{3}}=(10^{-6})^{\frac{1}{3}}\times p^{\ominus}=10^{-2}p^{\ominus}$

46. B

47. C $\Delta_r G_m^{\ominus}=-RT\ln K_p^{\ominus}=-RT\ln\left(\dfrac{p_{O_2}}{p^{\ominus}}\right)^{\frac{1}{2}}=-\dfrac{1}{2}\times8.314\times(445+273)\times\ln\dfrac{20974}{101.325}$

$=-15.917$ $(kJ\cdot mol^{-1})$

48. A 升高温度分解百分数增大，反应为吸热反应
49. A 加压体积缩小，C为固体，降温对反应有利，反应为放热反应
50. A $\Delta_r H_m^\ominus > 0$，吸热反应，$T\uparrow$，$K_p^\ominus \uparrow$
51. A $\Delta_r H_{m,1}^\ominus = \Delta_f H_m^\ominus(HCHO) - \Delta_f H_m^\ominus(CH_2OH) = -108.57 + 200.66$
     $= 92.09 \ (kJ \cdot mol^{-1})$
   $\Delta_r H_{m,2}^\ominus = \Delta_f H_m^\ominus(CO) - \Delta_f H_m^\ominus(HCHO) = -110.525 + 108.25$
     $= -2.275 \ (kJ \cdot mol^{-1})$
   升高温度对吸热反应有利
52. A 增加压力反应向体积缩小方向移动
53. B $\Delta_r H_m^\ominus > 0$，吸热反应，升高温度反应右移
54. B 55. D 56. B 57. A 58. C
59. C $PCl_5(g) \rightleftharpoons PCl_3(g) + Cl_2(g)$，压力不变，通入惰性物质向体积增大方向移动
60. D $\Delta_r G_m = \Delta_r G_m^\ominus + RT\ln Q_p = -RT\ln K_p^\ominus + RT\ln Q_p$，$Q_p = \dfrac{\left(\dfrac{p_{NO_2}}{p^\ominus}\right)^2}{\dfrac{p_{N_2O_4}}{p^\ominus}} = 1$，$Q_p > K_p^\ominus$，

   $\Delta_r G_m > 0$，反应向左移动

61. C $K_p^\ominus = \prod\limits_B n_B^{\nu_B}\left(\dfrac{p}{p^\ominus \sum\limits_B n_B}\right)^{\Delta\nu}$，$p$不知道，无法判断

62. A $K_p^\ominus = \prod\limits_B n_B^{\nu_B}\left(\dfrac{p}{p^\ominus \sum\limits_B n_B}\right)^{\Delta\nu}$，$p$一定，加入惰性物质$\sum\limits_B n_B \uparrow$，$\prod\limits_B n_B^{\nu_B} \uparrow$，要使平衡转

   化率增大，$\Delta\nu > 0$的反应平衡转化率增大

63. C $K_p^\ominus = \prod\limits_i n_i^{\nu_i}\left(\dfrac{p}{p^\ominus \sum n_i}\right)^{\Delta\nu}$，$\Delta\nu = -1$，$\dfrac{p}{\sum n_i} = \dfrac{RT}{V}$，$T$、$V$不变，平衡不移动

64. C 刚性容器体积不变，又温度不变，平衡不移动（见63题）
65. D 体积不定，无法确定
66. C
67. C 定温定容加入惰性气体平衡不移动，解离度不变
68. C 定温定容加入惰性气体平衡不移动
69. C $Q_p = \dfrac{\left(\dfrac{p_D}{p^\ominus}\right)^2}{\left(\dfrac{p_B}{p^\ominus}\right)^2 \times \dfrac{p_A}{p^\ominus}} = 1$，$K_p^\ominus = Q_p$

70. B 升高温度对吸热反应有利
71. B 增大压力向体积缩小方向移动
72. D $CH_3COOH(l) + C_2H_5OH(l) \rightleftharpoons CH_3COOC_2H_5(l) + H_2O(l)$
     　　1　　　　　　1　　　　　　0　　　　　　0
     　　1-x　　　　　1-x　　　　　x　　　　　　x
   $n_总 = 2\,mol$，$\Delta_r G_m = \Delta_r G_m^\ominus + RT\ln Q = 0$

$$-RT\ln K_c^{\ominus} + RT\ln \frac{\left(\frac{x}{2}\right)^2}{\left(\frac{1-x}{2}\right)^2} = 0, \ln 4.0 = 2\ln\frac{x}{1-x}, \frac{x}{1-x} = 2, x = 66.7\%$$

73. A 　　　　　　$A_2B_5(g) \rightleftharpoons A_2B_3(g) + B_2(g)$
    　　　　　　　　y　　　　　$4-x-y$　　　$x-y$
    　　　　　　　　$A_2B_3(g) \rightleftharpoons A_2B(g) + B_2(g)$
    　　　　　　　　$4-x-y$　　　　x　　　　$x-y$

$$\frac{y}{2} = 0.7, y = 1.4, \frac{4-x-y}{2} = 0.5, x = 1.6\text{mol}$$

B_2 浓度 $\frac{x-y}{2} = \frac{1.6-1.4}{2} = 0.1(\text{mol} \cdot \text{dm}^{-3})$

74. B 甲乙两容器体积相同,产物体积比反应物体积小,若维持体积不变,需降低压力,若压力不变,反应向右移动

75. D 　　　　　　　$2X(g) + 3Y(g) \rightleftharpoons 2Z(g)$
    　　　　起始　　　n_X^0　　　n_Y^0　　　0
    　　　　平衡　　　$n_X^0 - n_Z$　$n_Y^0 - \frac{3}{2}n_Z$　n_Z

$$\frac{n_Z}{n_X^0} = 0.5, \frac{\frac{3}{2}n_Z}{n_Y^0} = 0.75, n_Y^0 = 2n_Z, n_X^0 = 2n_Z. \ n_x^0 : n_y^0 = 1:2$$

76. A 体积一定的密闭容器,反应完全后容器温度不变,混合气体的压强降低,压力降低反应应该向体积缩小方向移动,所以 $2+5 > 4+n, n < 3$

77. B 扩大容器的容积 A 的百分含量不变,$a=1$,$[A] \times [B] = [C] \times [D]$
    　　　　　　　　　$A + B \rightleftharpoons C + D$
    　　　　$t=0$　　　　2　　3　　0　　0
    　　　　$t=t_{平衡}$　　$2-x$　$3-x$　x　x

$(2-x) \times (3-x) = x^2, x = \frac{6}{5}$, B 的转化率 $= \frac{x}{3} = \frac{1}{3} \times \frac{6}{5} = \frac{2}{5} = 0.4 = 40\%$

78. A 降低温度对放热反应有利,反应右移产物含量增大

79. B 　　　　　　　　$Fe(s) + CO_2(g) \rightleftharpoons FeO(s) + CO(g)$
    　　　　起始　　　　　1　　　　　　　　　0
    　　　　平衡　　　　　$1-x$　　　　　　　　x

$K_p^{\ominus} = K_p = K_x = \frac{x}{1-x} = 1.84, x = 0.65, 1-x = 0.35$

若 CO_2 含量大于 65%,K_p 不变,CO 也增加,平衡右移,Fe 将被氧化

80. B 　　　　　　　　$CO(g) + H_2O(g) \rightleftharpoons CO_2(g) + H_2(g)$
    　　　起始　　　　1　　1　　　0　　　0
    　　　平衡　　　　0.33　0.33　0.67　0.67
    　　　重新平衡　　$1-x$　$4-x$　　x　　　x

$$K^{\ominus} = K_x = \frac{\left(\frac{0.67}{2}\right)^2}{\left(\frac{0.33}{2}\right)^2} = 4.122, K_x = \frac{\left(\frac{x}{5}\right)^2}{\frac{1-x}{5} \times \frac{4-x}{5}} = 4.122$$

$$3.122x^2 - 20.61x + 16.488 = 0$$
解得 $x = 0.93$ mol，另一解不合理舍去

81. C

82. A $NH_4I(s) \Longleftrightarrow NH_3(g) + HI(g)$, $2HI(g) \Longleftrightarrow H_2(g) + I_2(g)$
平衡时 $n-x$ x $x-2y$ $x-2y$ y y
体积为 V dm³ $n_{H_2} = [H_2]V = yV = 0.5V$ (mol)
$$n_{HI} = [HI]V = x - 2y = x - 2 \times 0.5V = 4V \text{(mol)}, x = 5V \text{(mol)}$$
$$[NH_3] = \frac{n_{NH_3}}{V} = \frac{x}{V} = \frac{5V}{V} = 5 \text{(mol} \cdot \text{dm}^{-3})$$

83. D 84. C 85. C

86. C $\Delta_r H_m^\ominus > 0$，吸热反应，高温有利于吸热反应

87. C 高温有利于吸热反应

88. B

89. B $\ln K^\ominus = -\frac{\Delta_r H_m^\ominus}{RT} + I$，$\frac{\Delta_r H_m^\ominus}{R} = 10593.8$，$\Delta_r H_m^\ominus = 88.077$ (kJ·mol⁻¹)

90. A $\Delta_r G_m = (\mu_C + \mu_D) - (\mu_A + \mu_B) < 0$

91. D $A + 3B \Longleftrightarrow 2C$，A 消耗 0.05V（L）可生成 C 0.1V（L）

第六章 电解质溶液

1. A 离子导体，温度升高，导电能力增强

2. B 3. B

4. A 电解池：阴极（负极），阳极（正极）。原电池：正极（阴极），负极（阳极）

5. C

6. D $\dfrac{Q_+}{Q_-} = \dfrac{r_+}{r_-}$

7. D $Q = nzF = \dfrac{m_{(Cu)}}{M}zF$，$m_{(Cu)} = \dfrac{QM}{zF} = \dfrac{0.5F \times 63.54}{2F} = 16$ (g)

8. C $2H^+ + 2e^- \longrightarrow H_2$
$$Q = nzF = 1 \times 2F = 2F$$

9. C 10. B

11. B $r_i = U_i \times \dfrac{dE}{dL}$

12. C Cl^- 的摩尔电导率小于 OH^- 的摩尔电导率，$t_+ + t_- = 1$，NaCl 溶液中 Na^+ 的迁移数大于 NaOH 溶液中 Na^+ 的迁移数

13. A 14. D 15. C 16. C

17. D $t_+ = \dfrac{Q_+}{Q}$

18. D

19. A
$$\lambda_m(Li^+) = t_{Li^+} \times \Lambda_m(LiCl),$$

$$\lambda_m(I^-) = t_{I^-} \times \Lambda_m(LiI) = (1-t_{Li^+}) \times \Lambda_m(LiI) = \left[1 - \frac{\lambda_m(Li^+)}{\Lambda_m(LiI)}\right] \times \Lambda_m(LiI)$$

$$t_{H^+} = \frac{\lambda_m(H^+)}{\lambda_m(H^+) + \lambda_m(I^-)} = \frac{\lambda_m(H^+)}{\lambda_m(H^+) + \left[1 - \frac{t_{Li^+} + \Lambda_m(LiCl)}{\Lambda_m(LiI)}\right] \times \Lambda_m(LiI)}$$

$$= \frac{3.50 \times 10^{-2}}{3.50 \times 10^{-2} + \left(1 - \frac{0.34 \times 1.15 \times 10^{-2}}{1.17 \times 10^{-2}}\right) \times 1.17 \times 10^{-2}} = 0.82$$

20. A $t_- = \dfrac{r_-}{r_+ + r_-} = \dfrac{r_-}{1.5r_- + r_-} = \dfrac{1}{2.5} = 0.4$

21. D 阳极 Ag^+：$n_终 = n_前 - n_迁 + n_电$，$n_迁 = n_前 - n_终 + n_电 = y - x$，$t_+ = \dfrac{y-x}{y}$

22. C 两种电解质溶液须具有一种共同的离子

23. C 阳极：$n_终 = n_前 - n_迁$，$n_{迁(+)} = a - b$，$n_电\left(\dfrac{1}{2}Cu^+\right) = \dfrac{c}{\frac{1}{2}M_{Cu}} = \dfrac{c}{31.8}$

$$t_+ = \frac{n_{迁(+)}}{n_电} = \frac{31.8(a-b)}{c}$$

24. B 阳极区 Ag^+：$n_终 = n_始 - n_迁 + n_反$

25. C 阴极区：$n_终 = n_前 + n_迁$，$n_{迁(+)} = n_终 - n_前$，$n_{电解} = \dfrac{0.1602}{107.9} = 1.4847 \times 10^{-3}$ (mol)

阴极区水的量 $120.99 \times \left(\dfrac{100 - 0.1940}{100}\right) = 120.7553$ (g)

电解前 KCl 的量 $\dfrac{x}{120.7553 + x} = 0.1494\%$，$x = 0.18068$(g)

$n_前 = \dfrac{0.18068}{74.6}$，$n_终 = \dfrac{120.99 \times 0.1940\%}{74.6}$

$$t_+ = \frac{n_{迁(+)}}{n_电} = \frac{\dfrac{120.99 \times 0.1940\%}{74.6} - \dfrac{0.18068}{74.6}}{1.4847 \times 10^{-3}} = 0.488$$

26. A 27. A

28. D $\kappa = \dfrac{1}{\rho} = 0.011$ (S·m^{-1})

29. B $\dfrac{\Lambda_{m(1)}}{\Lambda_{m(2)}} = \dfrac{R_2 c_2}{R_1 c_1} = \dfrac{500 \times 0.1}{1000 \times 0.01} = \dfrac{5}{1}$

30. B 31. D 32. C 33. C 34. B 35. A

36. A $\lambda_m(Mg^{2+}) = \dfrac{\kappa}{c(Mg^{2+})}$，$c(Mg^{2+}) = \dfrac{1}{2}c\left(\dfrac{1}{2}Mg^{2+}\right)$

$$\lambda_m(Mg^{2+}) = \frac{\kappa}{c(Mg^{2+})} = \frac{\kappa}{\frac{1}{2}c\left(\frac{1}{2}Mg^{2+}\right)} = 2\frac{\kappa}{c\left(\frac{1}{2}Mg^{2+}\right)} = 2\lambda_m\left(\frac{1}{2}Mg^{2+}\right)$$

37. A $\Lambda_m(AB) = \dfrac{\kappa}{c} = \dfrac{G \times K_{cell}}{c} = \dfrac{K_{cell}}{R \times c} = \dfrac{150}{900 \times 0.02 \times 10^3} = 8.33 \times 10^{-3}$ (S·m^2·mol^{-1})

38. A 39. A 40. C 41. B 42. B 43. C 44. D 45. C

46. D 电导测定的实验采用中频交流电（1000 Hz 左右），若用直流电要发生电解，使用交

流电若频率过低（如普通交流电）难以消除极化，若频率过高（如超高频）则易漏电

47. B

48. A $\Lambda_m(NH_3 \cdot H_2O) = \dfrac{\kappa}{c} = \dfrac{0.0365}{0.1 \times 10^3} = 3.65 \times 10^{-4}$ （S·m²·mol⁻¹）

49. C
$$\Lambda_m^\infty(H_2O) = \lambda_m^\infty(H^+) + \lambda_m^\infty(OH^-) = \Lambda_m^\infty(HCl) + \Lambda_m^\infty(NaOH) - \Lambda_m^\infty(NaCl)$$
$$= 426.16 \times 10^{-4} + 248.11 \times 10^{-4} - 126.4 \times 10^{-4}$$
$$= 547.87 \times 10^{-4} (S \cdot m^2 \cdot mol^{-1})$$
$$K_{sp} = a_{H^+} \times a_{OH^-} = \left(\dfrac{c_{H^+}}{c^\ominus}\right)^2 = 1.008 \times 10^{-14}$$
$$c_{H^+} = 1.00399 \times 10^{-7} \, mol \cdot dm^{-3}$$
$$= 1.00399 \times 10^{-4} \, mol \cdot m^{-3}$$
$$\Lambda_m^\infty(H_2O) = \dfrac{\kappa}{c_{H^+}}, \kappa = \Lambda_m^\infty(H_2O) \times c_{H^+} = 5.50 \times 10^{-6} (S \cdot m^{-1})$$

50. A 51. B 52. B

53. D 两种求法
$$\Lambda_m^\infty(K_2SO_4) = 2\lambda_m^\infty(K^+) + \lambda_m^\infty(SO_4^{2-}) = 2 \times 73.52 \times 10^{-4} + 2 \times 79.8 \times 10^{-4}$$
$$= 306.64 \times 10^{-4} (S \cdot m^2 \cdot mol^{-1})$$
$$\Lambda_m^\infty(K_2SO_4) = 2\Lambda_m^\infty\left(\dfrac{1}{2}K_2SO_4\right) = 2\left[\lambda_m^\infty(K^+) + \lambda_m^\infty\left(\dfrac{1}{2}SO_4^{2-}\right)\right]$$
$$= 2 \times (73.52 \times 10^{-4} + 79.8 \times 10^{-4})$$
$$= 306.64 \times 10^{-4} (S \cdot m^2 \cdot mol^{-1})$$

54. B 55. C

56. D $\Lambda_m = \Lambda_m^\infty(1 - \beta\sqrt{c})$

57. C 58. A

59. B 电解质溶液的摩尔电导率 $\Lambda_m / S \cdot m^2 \cdot mol^{-1}$

电解质	NaCl	HCl	CuSO₄	H₂SO₄
0.1 mol·dm⁻³	0.010674	0.039132	0.00505	0.02508
0.01 mol·dm⁻³	0.011851	0.041200	0.00833	0.03364

60. D 61. C

62. A $r_- = U_-^\infty \times \dfrac{dE}{dL} = \dfrac{\lambda_{m,-}^\infty}{F} \times \dfrac{dE}{dL} = \dfrac{4.09 \times 10^{-3}}{96500} \times \dfrac{5.60}{0.112} = 2.12 \times 10^{-6}$ （m·s⁻¹）

63. C

64. B $\Lambda_m = \Lambda_m^\infty(1 - \beta\sqrt{c})$ 此式适用于强电解质

65. A $\Lambda_m^\infty(MgCl_2) = \dfrac{\kappa}{c(MgCl_2)} = \dfrac{\kappa}{\frac{1}{2}c\left(\frac{1}{2}MgCl_2\right)} = 2 \dfrac{\kappa}{c\left(\frac{1}{2}MgCl_2\right)} = 2\Lambda_m^\infty\left(\dfrac{1}{2}MgCl_2\right)$

66. B $t_+ = 1 - t_- = 1 - 0.505 = 0.495$

67. A $t_i = \dfrac{\lambda_{m(i)}^\infty}{\Lambda_m^\infty}$
$$\lambda_{m(Cl^-)}^\infty = t_- \Lambda_m^\infty(LiCl) = (1 - t_+)\Lambda_m^\infty(LiCl) = (1 - 0.3364) \times 0.011503$$

$$= 7.633 \times 10^{-3} (\text{S} \cdot \text{m}^2 \cdot \text{mol}^{-1})$$

68. B

69. D $U_{(\text{Cl}^-)} = U_{(\text{Cl}^-)}^{\infty} = \dfrac{\lambda_{\text{m}(\text{Cl}^-)}^{\infty}}{F} = \dfrac{t_- \Lambda_{\text{m}}^{\infty}(\text{NH}_4\text{Cl})}{F} = \dfrac{(1-0.491) \times 0.0150}{96500}$

$$= 7.92 \times 10^{-8} (\text{m}^2 \cdot \text{s}^{-1} \cdot \text{V}^{-1})$$

70. A 71. C 72. A

73. D $\lambda_{\text{m},+}^{\infty} = U_+^{\infty} F$

74. B $\Lambda_{\text{m}}^{\infty}(\text{Na}_2\text{SO}_4) = 2\Lambda_{\text{m}}^{\infty}(\text{NaCl}) + \Lambda_{\text{m}}^{\infty}(\text{CuSO}_4) - \Lambda_{\text{m}}^{\infty}(\text{CuCl}_2) = 2c + 2a - b$

75. B $r_- = U_-^{\infty} \times \dfrac{\text{d}E}{\text{d}L}$

76. D 77. D 78. C 79. D

80. C $U_{(\text{K}^+)}^{\infty} = \dfrac{\lambda_{\text{m}(\text{K}^+)}^{\infty}}{F} = \dfrac{(1-t_-) \Lambda_{\text{m}}^{\infty}(\text{KCl})}{F} = \dfrac{(1-0.505) \times 130 \times 10^{-4}}{96500}$

$$= 6.67 \times 10^{-8} (\text{m} \cdot \text{s}^{-1} \cdot \text{V}^{-1})$$

81. D

82. B $\Lambda_{\text{m}}^{\infty}(\text{H}_2\text{O}) = \dfrac{\kappa}{c_{\text{H}^+}}$

$\kappa = \Lambda_{\text{m}}^{\infty}(\text{H}_2\text{O}) c_{\text{H}^+} = 547.82 \times 10^{-4} \times 1.00 \times 10^{-7} \times 10^3 = 5.48 \times 10^{-6} (\text{S} \cdot \text{m}^{-1})$

83. B 84. C

85. C $a_B = a_\pm^\nu$, $\nu = 3$

86. D

87. A $\lg r_\pm = -A|z_+ z_-|\sqrt{I}$, $|z_+ z_-|\sqrt{I}$ 值越大，$r_\pm$ 越小

88. D

89. D $a_\pm = \dfrac{m_\pm}{m^\ominus} \gamma_\pm$, $m_\pm^4 = m_+^3 m_- = (3m)^3 m = 27 m^4$, $a_\pm = 27^{1/4} \dfrac{m}{m^\ominus} \gamma_\pm$

90. C $a_{\text{Na}_3\text{PO}_4} = a_\pm^4 = \left(\dfrac{m_+}{m^\ominus}\right)^3 \dfrac{m_-}{m^\ominus} r_\pm^4 = \left(\dfrac{3m}{m^\ominus}\right)^3 \dfrac{m}{m^\ominus} r_\pm^4 = 27 \left(\dfrac{m}{m^\ominus}\right)^4 r_\pm^4$

91. B $\lg r_\pm = -A|z_+ z_-|\sqrt{I}$, $r_{\pm,1} > r_{\pm,2}$

92. A 93. D

94. A $\lg r_\pm = -A|z_+ z_-|\sqrt{I}$, I 越小，$r_\pm$ 越大

95. B $a_\pm = \dfrac{m_\pm}{m^\ominus} \gamma_\pm = \dfrac{m}{m^\ominus} \gamma_\pm = \dfrac{0.1}{1} \times 0.766 = 0.0766$

96. B $a_\pm = \dfrac{m_\pm}{m^\ominus} \gamma_\pm = \left[\dfrac{m_+}{m^\ominus}\left(\dfrac{m_-}{m^\ominus}\right)^2\right]^{\frac{1}{3}} \gamma_\pm = \left(\dfrac{4m^3}{m^\ominus}\right)^{\frac{1}{3}} \gamma_\pm = 4^{\frac{1}{3}} \times 0.1 \times 0.219 = 0.03476$

97. A $m_\pm = (m_+^2 m_-)^{\frac{1}{3}} = [(2m)^2 m]^{\frac{1}{3}} = 4^{\frac{1}{3}} \times m = 4^{\frac{1}{3}} \times 0.002$

$$= 3.175 \times 10^{-3} (\text{mol} \cdot \text{kg}^{-1})$$

98. B $a_\pm^3 = \left(\dfrac{m_+}{m^\ominus}\right)^2 \dfrac{m_-}{m^\ominus} \gamma_\pm^3 = 4 \times \left(\dfrac{m}{m^\ominus}\right)^3 \gamma_\pm^3$, $a_\pm = 4^{\frac{1}{3}} \gamma_\pm \dfrac{m}{m^\ominus}$

99. A 100. A

101. C $\lg \gamma_\pm = -0.509|z_+ z_-|\sqrt{I}$, $I = \dfrac{1}{2} \sum m_i z_i = \dfrac{1}{2}(0.005 \times 2^2 + 2 \times 0.005)$

$$=0.015\ (\text{mol}\cdot\text{kg}^{-1})$$
$$\lg\gamma_\pm=-0.509|z_+z_-|\sqrt{I}=-0.509\times|2\times1|\times\sqrt{0.015}$$
$$=-0.1247, \gamma_\pm=0.7504$$

102. A $0.01\text{mol}\cdot\text{kg}^{-1}$ HCl $\lg\gamma_\pm=-A\times(0.01)^{1/2}$
    $0.02\text{mol}\cdot\text{kg}^{-1}$ HCl $\lg\gamma_\pm=-A\times(0.02)^{1/2}$
    $0.01\text{mol}\cdot\text{kg}^{-1}$ $CuCl_2$ $\lg\gamma_\pm=-A\times2\times(0.03)^{1/2}$
    $0.01\text{mol}\cdot\text{kg}^{-1}$ $CuSO_4$ $\lg\gamma_\pm=-A\times4\times(0.04)^{1/2}$

103. B $I=\frac{1}{2}\sum m_iz_i^2=\frac{1}{2}\times(4\times1.0\times1^2+1.0\times4^2)=10(\text{mol}\cdot\text{kg}^{-1})$

104. B $A_2^+B^{2-}$型，$I=\frac{1}{2}\sum m_iz_i^2=\frac{1}{2}\times(2\times0.05\times1^2+0.05\times2^2)=0.15(\text{mol}\cdot\text{kg}^{-1})$

105. A $I=\frac{1}{2}\sum m_iz_i^2$，$m\uparrow$，$I\uparrow$

106. D $I=\frac{1}{2}\sum m_iz_i^2=\frac{1}{2}\times(m\times2^2+m\times2^2)=4m$

107. D $I=\frac{1}{2}\sum m_iz_i^2=\frac{1}{2}\times(2\times0.001\times1^2+0.001\times2^2+2\times0.003\times1^2+0.003\times2^2)$
    $=0.012(\text{mol}\cdot\text{kg}^{-1})$

108. B 1-3 价型：$I=\frac{1}{2}(3\times m\times1^2+m\times3^2)=6m$
    1-4 价型：$I=\frac{1}{2}(4\times m\times1^2+m\times4^2)=10m$

109. B $\lg r_\pm=-A|z_+z_-|\sqrt{I}$，$I\uparrow$，$r_\pm\downarrow$

110. D 111. B 112. D

第七章 可逆电池电动势及其应用

1. C 在电池外电路上电子从阳极流向阴极（阳极发生氧化反应，阴极发生还原反应）
2. B
3. B 正离子向阴极移动，阴极发生还原反应
4. C
5. A 电池放电是原电池，充电是电解池
6. D 7. D 8. B 9. A 10. C 11. D 12. C 13. A 14. D 15. D 16. C 17. D
18. D 19. C 20. C 21. C 22. B 23. B 24. C 25. A
26. C 正极：$H^++e^-\longrightarrow\frac{1}{2}H_2$，负极：$OH^--e^-+\frac{1}{2}H_2\longrightarrow H_2O$
27. D 正极：$AgCl+e^-\longrightarrow Ag+Cl^-$ 负极：$Ag-e^-+I^-\longrightarrow AgI$
28. C $AgCl\Longrightarrow Ag^++Cl^-$
    正极反应：$AgCl+e^-\longrightarrow Ag+Cl^-$ 负极反应：$Ag-e^-\longrightarrow Ag^+$
29. B $AgI\Longrightarrow Ag^++I^-$，正极反应：$AgI+e^-\longrightarrow Ag+I^-$，负极反应：$Ag-e^-\longrightarrow Ag^+$
30. D $\Delta_rG_m=\Delta_rH_m-T\Delta_rS_m=\Delta_rH_m-Q_r=-ZEF$，$\Delta_rH_m=Q_r-ZEF<-100J$
31. A

32. C $\Delta U = Q + W = Q + W_e + W_f = Q - p\mathrm{d}V + W_f = Q - p\Delta V - ZE'F$
$$Q = \Delta U + p\Delta V + ZE'F = \Delta_r H_m + ZE'F$$

33. D $\Delta_r G_m = \Delta_r H_m - T\Delta_r S_m = -ZEF$
$$\Delta_r H_m = T\Delta_r S_m - ZEF = TZF\left(\frac{\partial E}{\partial T}\right)_p - ZEF$$
$$= 298 \times 2 \times 96500 \times (-4.92 \times 10^{-3}) - 2 \times 1.015 \times 96500$$
$$= -478.86 \text{ kJ} \cdot \text{mol}^{-1} \approx -479 \text{ kJ} \cdot \text{mol}^{-1}$$

34. B $\Delta_r H_m = TZF\left(\frac{\partial E}{\partial T}\right)_p - ZEF < 0$

35. A $\Delta_r G_m = \Delta_r H_m - T\Delta_r S_m = -ZEF$
$$E = \frac{T\Delta_r S_m - \Delta_r H_m}{ZF} = \frac{400 \times (-50) - (-251.6 \times 10^3)}{2 \times 96500} = 1.2 \text{ (V)}$$

36. C $E^{\ominus} = \varphi_+^{\ominus} - \varphi_-^{\ominus} = 0.7994 - (-0.1265) = 0.9259 \text{ (V)}$
$$\Delta_r G_m^{\ominus} = -ZE^{\ominus}F = -1 \times 0.9259 \times 96500 = -89.349 \text{ (kJ} \cdot \text{mol}^{-1})$$

37. C $E^{\ominus} = \varphi_+^{\ominus} - \varphi_-^{\ominus} = 0.771 - 0.150 = 0.621 \text{ (V)}$
$$\Delta_r G_m^{\ominus} = -ZE^{\ominus}F = -2 \times 0.621 \times 96500 = -119.9 \text{ (kJ} \cdot \text{mol}^{-1})$$

38. B $Q_r = T\Delta_r S_m = TZF\left(\frac{\partial E}{\partial T}\right)_p = TZF[-4.05 \times 10^{-5} - 9.5 \times 10^{-7} \times 2(t-20)] < 0$

39. B $Q_r = T\Delta_r S_m$

40. D 电池反应热效应是 $\Delta_r H_m$,电池与环境交换的可逆热效应是 $Q_r = T\Delta_r S_m$

41. B $W = -150 \text{ kJ}, Q_r = -80 \text{ kJ}, \Delta_r G_m = W = \Delta_r H_m - T\Delta_r S_m = \Delta_r H_m - Q_r$
$$\Delta_r H_m = \Delta_r G_m + Q_r = -150 + (-80) = -230 (\text{kJ} \cdot \text{mol}^{-1})$$

42. D 43. B

44. D $\Delta_r S_m = ZF\left(\frac{\partial E}{\partial T}\right)_p, \left(\frac{\partial E}{\partial T}\right)_p = \frac{\Delta_r S_m}{ZF} = \frac{32.9}{1 \times 96500} = 3.409 \times 10^{-4} \text{ (V} \cdot \text{K}^{-1})$

45. A 46. D 47. D

48. B $\varphi = \varphi^{\ominus} - \frac{RT}{F}\ln a_{Cl^-}$,$a_{Cl^-}$ 越大,φ 越小

49. A $Pb(Hg)(a=0.1) - 2e^- \longrightarrow Pb^{2+}(a=1) + Hg$
$$\varphi_1 = \varphi^{\ominus} + \frac{RT}{2F}\ln\frac{1}{0.1} = \varphi^{\ominus} + \frac{RT}{2F}\ln 10$$
$$Pb - 2e^- \longrightarrow Pb^{2+} \ (a=1), \ \varphi_2 = \varphi^{\ominus}, \ \varphi_2 < \varphi_1$$

50. A

51. B $Tl^{3+} + 2e^- \longrightarrow Tl^+, \varphi_1^{\ominus}$; $Tl^{3+} + 3e^- \longrightarrow Tl, \varphi_2^{\ominus}$; $Tl^+ + e^- \longrightarrow Tl, \varphi_3^{\ominus}$
$$\Delta_r G_{m,2}^{\ominus} - \Delta_r G_{m,1}^{\ominus} = \Delta_r G_{m,3}^{\ominus}, \ -3\varphi_2^{\ominus}F - (-2\varphi_1^{\ominus}F) = -\varphi_3^{\ominus}F$$
$$\varphi_3^{\ominus} = 3\varphi_2^{\ominus} - 2\varphi_1^{\ominus} = 3 \times 0.721 - 2 \times 1.252 = -0.341(\text{V})$$

52. D $\Delta_r G_{m,1}^{\ominus} - \Delta_r G_{m,2}^{\ominus} = \Delta_r G_{m,3}^{\ominus}, \ -3F\varphi_1^{\ominus} - (-2F\varphi_2^{\ominus}) = -F\varphi_3^{\ominus}$
$$\varphi_3^{\ominus} = 3\varphi_1^{\ominus} - 2\varphi_2^{\ominus} = 3 \times (-0.036) - 2 \times (-0.439) = 0.770(\text{V})$$

53. B $\Delta_r G_m^{\ominus} = -ZF\varphi^{\ominus} = -2 \times 96500 \times (-2.90) = 559.7(\text{kJ} \cdot \text{mol}^{-1})$

54. C $2Fe^{3+} + Fe \longrightarrow 3Fe^{2+}$ $\Delta_r G_m^{\ominus} = -RT\ln K^{\ominus}$

$$(+) \quad Fe^{3+} + e^- \longrightarrow Fe^{2+} \quad \Delta_r G_{m(+)}^{\ominus} = -F\varphi_{Fe^{2+},Fe^{3+}}^{\ominus}$$

$$(-) \quad Fe - 2e^- \longrightarrow Fe^{2+} \quad \Delta_r G_{m(-)}^{\ominus} = 2F\varphi_{Fe|Fe^{2+}}^{\ominus}$$

$$\Delta_r G_m^{\ominus} = -ZE^{\ominus}F = -Z(\varphi_{Fe^{3+},Fe^{2+}}^{\ominus} - \varphi_{Fe|Fe^{2+}}^{\ominus})F = -RT\ln K^{\ominus}$$

$$\varphi_{Fe^{3+},Fe^{2+}}^{\ominus} = \frac{RT\ln K^{\ominus}}{ZF} + \varphi_{Fe|Fe^{2+}}^{\ominus} = \frac{8.314 \times 298 \times \ln(9.47 \times 10^{40})}{2 \times 96500} + (-0.4402) = 0.771(V)$$

$$\Delta_r G_{m(+)}^{\ominus} - \Delta_r G_{m(-)}^{\ominus} = \Delta_r G_{m(Fe|Fe^{3+})}^{\ominus} = -F\varphi_{Fe^{2+},Fe^{3+}}^{\ominus} - 2F\varphi_{Fe|Fe^{2+}}^{\ominus} = -3F\varphi_{Fe|Fe^{3+}}^{\ominus}$$

$$\varphi_{Fe|Fe^{3+}}^{\ominus} = \frac{1}{3}(\varphi_{Fe^{3+},Fe^{2+}}^{\ominus} + 2\varphi_{Fe|Fe^{2+}}^{\ominus}) = \frac{1}{3}[0.771 + 2 \times (-0.4402)] = -0.0365(V)$$

55. B (1) $O_2 + 2H^+ + 2e^- \longrightarrow H_2O_2 \quad \varphi_1^{\ominus} = 0.68V$

(2) $\frac{1}{2}O_2 + 2e^- + H_2O \longrightarrow 2OH^- \quad \varphi_2^{\ominus} = 0.401V$

(3) $H_2O \Longleftrightarrow H^+ + OH^- \quad K_w = 10^{-14}$

(4) $H_2O_2 + 2H^+ + 2e^- \longrightarrow 2H_2O \quad \varphi_4^{\ominus} = ?$

$(2) \times 2 - (1) - (3) \times 4 = (4): \Delta_r G_{m(2)}^{\ominus} \times 2 - \Delta_r G_{m(1)}^{\ominus} - \Delta_r G_{m(3)}^{\ominus} \times 4 = \Delta_r G_{m(4)}^{\ominus}$

$2 \times (-2F\varphi_2^{\ominus}) - (-2F\varphi_1^{\ominus}) - (-4RT\ln K_w) = -2F\varphi_4^{\ominus}$

$\varphi_4^{\ominus} = 2\varphi_2^{\ominus} - \varphi_1^{\ominus} - \frac{2RT}{F}\ln K_w = 2 \times 0.401 - 0.68 - \frac{2 \times 8.314 \times 298}{96500} \times \ln 10^{-14} = 1.777(V)$

56. D $H^+ + e^- \longrightarrow \frac{1}{2}H_2 \quad \Delta_r G_{m,1}^{\ominus} = -F\varphi_1^{\ominus} = 0$

$H_2O \Longleftrightarrow H^+ + OH^- \quad \Delta_r G_{m,2}^{\ominus} = -RT\ln K_w$

$H_2O + e^- \longrightarrow \frac{1}{2}H_2 + OH^- \quad \Delta_r G_{m,3}^{\ominus} = -F\varphi_3^{\ominus}$

$\Delta_r G_{m,1}^{\ominus} + \Delta_r G_{m,2}^{\ominus} = \Delta_r G_{m,3}^{\ominus}, \quad -RT\ln K_w = -F\varphi_3^{\ominus}$

$\varphi_3^{\ominus} = \frac{RT\ln K_w}{F} = \frac{8.314 \times 298 \times \ln 10^{-14}}{96500} = -0.828 \text{ (V)}$

57. C 写出每个电池的电池反应,反应方程式中不含 Cl^- 的,E 与 Cl^- 活度无关

58. A

59. A 负极反应:$Zn(a_1) - 2e^- \longrightarrow Zn^{2+}(a_2)$,正极反应:$Zn^{2+}(a_2) + 2e^- \longrightarrow Zn(a_3)$

电池反应:$Zn(a_1) \longrightarrow Zn(a_3)$,$E = -\frac{RT}{2F}\ln\frac{a_3}{a_1}$

60. D

61. C $E = \varphi_+ - \varphi_{H_2|H^+}^{\ominus}$

62. D $E^{\ominus} = \varphi_+^{\ominus} - \varphi_-^{\ominus}$

63. A ① 电池反应 $H_2(p_1) \longrightarrow H_2(p_2)$

$E = -\frac{RT}{2F}\ln\frac{p_2}{p_1} < 0$ 左为正极,右为负极

64. B ① $(-) Cu - 2e^- \longrightarrow Cu^{2+}(a_2)$,$(+) Cu^{2+}(a_1) + 2e^- \longrightarrow Cu$

电池反应:$Cu^{2+}(a_1) \longrightarrow Cu^{2+}(a_2)$,$\Delta_r G_m = -2E_1F$

② $(-) Cu^+(a_3) - e^- \longrightarrow Cu^{2+}(a_2)$,$(+) Cu^{2+}(a_1) + e^- \longrightarrow Cu^+(a_3)$

电池反应:$Cu^{2+}(a_1) \longrightarrow Cu^{2+}(a_2)$,$\Delta_r G_m = -E_2F$,$E_1 = \frac{1}{2}E_2$

65. C $2\Delta_r G_{m,1} = \Delta_r G_{m,2}$, $-2Z_1 E_1 F = -Z_2 E_2 F$, $Z_1 = 2$, $Z_2 = 4$, $E_1 = E_2$
$-2RT\ln K_1^\ominus = -RT\ln K_2^\ominus$, $K_1^\ominus \neq K_2^\ominus$

66. A $H_2 + Cu^{2+} \rightleftharpoons 2H^+ + Cu$, $E = E^\ominus - \dfrac{RT}{2F}\ln\dfrac{a_{H^+}^2}{a_{Cu^{2+}}}$

67. C

68. B 醌氢醌在水中分解 $C_6H_4O_2 \cdot C_6H_4(OH)_2 \rightleftharpoons C_6H_4O_2 + C_6H_4(OH)_2$ 当有 H^+ 存在时，在惰性电极上会发生 $C_6H_4O_2 + 2H^+ + 2e^- \longrightarrow C_6H_4(OH)_2$ 的反应，所以醌氢醌电极属于氧化还原电极

69. B 电池反应 $H_2 + Cu^{2+} \rightleftharpoons 2H^+ + Cu$, $E = E^\ominus - \dfrac{RT}{2F}\ln\dfrac{a_{H^+}^2}{a_{Cu^{2+}}}$

加入 Na_2SO_4 后溶液离子强度发生了改变，离子强度 I 由原来 $\dfrac{0.01}{2}\times(4+4) = 0.04$，变为 $0.04 + \dfrac{0.1}{2}\times(2\times 1^2 + 1\times 2^2) = 0.04 + 0.3 = 0.34$, $\lg\gamma_i = -AZ^2\sqrt{I}$，所以 $\gamma_{Cu^{2+}}$ 下降。而：

$$E = E^\ominus - \dfrac{RT}{2F}\ln\dfrac{a_{H^+}^2}{a_{Cu^{2+}}} = E^\ominus - \dfrac{RT}{2F}(c_{Cu^{2+}} \times \gamma_{Cu^{2+}}), \text{所以 } E \text{ 下降}$$

70. A 电池反应：$Pb(Hg)(a_1) \longrightarrow Pb(Hg)(a_2)$, $E = -\dfrac{RT}{2F}\ln\dfrac{a_2}{a_1} > 0$

71. B

72. C 电池(1)：$(-)Cu - 2e^- \longrightarrow Cu^{2+}$, $(+)2Cu^{2+} + 2e^- \longrightarrow 2Cu^+$, $E_1^\ominus = \varphi_{Cu^{2+},Cu^+}^\ominus - \varphi_{Cu|Cu^{2+}}^\ominus$
电池(2)：$(-)Cu - e^- \longrightarrow Cu^+$, $(+)Cu^{2+} + e^- \longrightarrow Cu^+$, $E_2^\ominus = \varphi_{Cu^{2+},Cu^+}^\ominus - \varphi_{Cu|Cu^+}^\ominus$
两个电池的 $E^\ominus$ 不同，因电池反应相同 $\Delta_r G_m$ 相同

73. B $E^\ominus = \varphi_{Fe^{3+},Fe^{2+}}^\ominus - \varphi_{Sn^{4+},Sn^{2+}}^\ominus = 0.77 - 0.15 = 0.62$ (V)

74. C $\Delta_r G_{m,1} = -2E_1 F$, $\Delta_r G_{m,2} = -4E_2 F$, $2\Delta_r G_{m,1} = -\Delta_r G_{m,2}$, $E_2 = -E_1 = -1.229$ (V)

75. D 左电池反应：$\dfrac{1}{2}H_2 + AgI \longrightarrow Ag + HI\ (0.01)$

右电池反应：$Ag + HI\ (0.001) \longrightarrow \dfrac{1}{2}H_2 + AgI$

总反应：$HI\ (0.001) \longrightarrow HI\ (0.01)$

$$E = -\dfrac{RT}{F}\ln\dfrac{m_{H^+(\text{产物})} \times m_{I^-(\text{产物})}}{m_{H^+(\text{反应物})} \times m_{I^-(\text{反应物})}} = -\dfrac{2\times 8.314 \times 298}{96500}\ln\dfrac{0.01}{0.001} = -0.118\ (V)$$

76. B $H_2 + Cu^{2+} \rightleftharpoons 2H^+ + Cu$, $E = E^\ominus - \dfrac{RT}{2F}\ln\dfrac{a_{H^+}^2}{a_{Cu^{2+}}}$

加入 NH_3, Cu^{2+} 与 NH_3 形成铜氨络离子, Cu^{2+} 浓度降低, E 下降

77. C 电池反应均为 $H_2 + \dfrac{1}{2}O_2 \rightleftharpoons H_2O$, E 相等

78. B $E = -\dfrac{RT}{2F}\ln\dfrac{0.02}{0.2} = 0.0296$ (V)

79. B 电池反应：$Na(Hg)\ (0.206\%) \longrightarrow Na + Hg$

$$E = E^\ominus - \dfrac{RT}{F}\ln\dfrac{1}{0.206\%}$$

80. D 电池反应：$H_2(0.1p^\ominus) \longrightarrow H_2(p^\ominus)$

$$E = -\frac{RT}{F}\ln\frac{p^\ominus}{0.1p^\ominus} = -\frac{8.314 \times 298}{2 \times 96500}\ln 10 = -0.0296 \text{ (V)}$$

81. A $E_R = 0.059\text{V}$，$E_I = 0.048\text{V}$，$E_I = E_R + E_J$，$E_J = E_I - E_R = -0.011$ (V)

82. A 83. A 84. C 85. C

86. D 电池反应达到平衡 $\Delta_r G_m = 0$，$E = 0$

87. C 电池反应：$Na(Hg)(a_1) \longrightarrow Na(Hg)(a_2)$，$E = -\frac{RT}{F}\ln\frac{a_2}{a_1} > 0$，$a_2 < a_1$

88. B

89. C $E = \varphi_+ - \varphi_- = 0$，$\varphi_+ = \varphi_-$

90. D 91. C

92. B 电池反应：$H_2(p_1) \longrightarrow H_2(p_2)$，$E = -\frac{RT}{2F}\ln\frac{p_2}{p_1} > 0$，$p_2 < p_1$

93. B

94. D $H_2O \Longrightarrow H^+ + OH^-$，$(-)\frac{1}{2}H_2 - e^- \longrightarrow H^+$，$(+)H_2O + e^- \longrightarrow \frac{1}{2}H_2 + OH^-$

95. B $\Delta_r G_m^\ominus = -RT\ln K^\ominus = -ZE^\ominus F$

$$K^\ominus = \exp\frac{ZE^\ominus F}{RT} = \exp\frac{2 \times 0.323 \times 96500}{8.314 \times 298} = 8.461 \times 10^{10}$$

96. D

97. A $E^\ominus = \varphi_+^\ominus - \varphi_-^\ominus = \varphi_{Au^{3+},Au^+}^\ominus - \varphi_{Fe^{3+},Fe^{2+}}^\ominus$

$Au^{3+} + 3e^- \longrightarrow Au$ $\quad \Delta_r G_{m,1}^\ominus = -3F\varphi_{Au|Au^{3+}}^\ominus$

$Au^+ + e^- \longrightarrow Au$ $\quad \Delta_r G_{m,2}^\ominus = -F\varphi_{Au|Au^+}^\ominus$

$Au^{3+} + 2e^- \longrightarrow Au^+$ $\quad \Delta_r G_{m,3}^\ominus = -2F\varphi_{Au^{3+},Au^+}^\ominus$

$$-3\varphi_{Au|Au^{3+}}^\ominus + \varphi_{Au|Au^+}^\ominus = -2\varphi_{Au^{3+},Au^{2+}}^\ominus, \varphi_{Au^{3+},Au^+}^\ominus = \frac{1}{2}(3\varphi_{Au|Au^{3+}}^\ominus - \varphi_{Au|Au^+}^\ominus)$$

$$= \frac{1}{2}(3 \times 1.50 - 1.68) = 1.41 \text{ (V)}$$

$$E^\ominus = 1.41 - 0.77 = 0.64 \text{ (V)}$$

$$K^\ominus = \exp\frac{ZE^\ominus F}{RT} = \exp\frac{2 \times 0.64 \times 96500}{8.314 \times 298} = 4.49 \times 10^{21}$$

98. C $K^\ominus = \exp\frac{ZE^\ominus F}{RT} = \exp\frac{2 \times 1.229 \times 96500}{8.314 \times 298} = 3.79 \times 10^{41}$

99. D $Ag_2SO_4 \Longrightarrow 2Ag^+ + SO_4^{2-}$

$(-)Ag - e^- \longrightarrow Ag^+$，$(+)Ag_2SO_4 + 2e^- \longrightarrow 2Ag^+ + SO_4^{2-}$

题给电池反应：$H_2 + Ag_2SO_4 \longrightarrow 2Ag + H_2SO_4$

$$E^\ominus = \varphi_{Ag,Ag_2SO_4|SO_4^{2-}}^\ominus = 0.6501 \text{ (V)}$$

电池反应：$Ag_2SO_4 \Longrightarrow 2Ag^+ + SO_4^{2-}$

$$E^\ominus = \varphi^\ominus_{Ag,Ag_2SO_4|SO_4^{2-}} - \varphi^\ominus_{Ag|Ag^+} = 0.6501 - 0.799 = -0.1489(V)$$

$$K_{sp} = \exp\frac{ZE^\ominus F}{RT} = \exp\left(-\frac{2\times 0.1489\times 96500}{8.314\times 298}\right) = 9.17\times 10^{-6}$$

100. D 101. D 102. D

103. B $(+)Cu^{2+}+2e^-\longrightarrow Cu$, $(-)H_2O-2e^-\longrightarrow \frac{1}{2}O_2+2H^+$, H^+ 浓度增大，pH 下降

104. A $W=-100kJ$, $Q=-3kJ$, $\Delta U=Q+W=-103$ (kJ)

105. B 106. B

第八章　电解与极化作用

1. B $Q=nZF=It$, $t=\frac{nZF}{I}=\frac{0.1\times 2\times 96500}{1}=19300s=5.4\ h$

2. A

3. A $E>V_{放电}$（原电池），$E<V_{充电}$（电解池）

4. D $Q=nZF=1\times 4F=4F$，标准状况下，1mol 气体的体积是 22.4dm³

5. B 6. B 7. B 8. B 9. A

10. D $V_分=E_可+\eta_{O_2}+\eta_{H_2}=1.229+0.487=1.716$（V）

11. A

12. C 原电池：正极（阴极），电势降低；负极（阳极），电势升高

13. A 有电流通过时：阳极电势升高，阴极电势降低

14. A 电极极化的结果是：阴极电势降低，阳极电势升高

15. B 无论是原电池还是电解池，极化的结果都是：阴极电势降低，阳极电势升高

16. A 17. D

18. C $\varphi_阳=\varphi_{可逆}+\eta_超$, $\varphi_阴=\varphi_{可逆}-\eta_超$, 随电流密度的增大，超电势的值都增大

19. B 20. A 21. B

22. C 正离子在阴极发生反应，析出电势越正越先析出

23. B 24. C 25. A

26. A 放电为原电池 $E=\varphi_正-\varphi_负=\varphi_阴-\varphi_阳$，$\varphi_阳\uparrow$，$\varphi_阴\downarrow$，$E\downarrow$

27. B $M^{z+}+ze^-\longrightarrow M$, $\varphi_{阴(析出)}=\varphi^\ominus-\frac{RT}{ZF}\ln\frac{1}{a_{M^{z+}}}$, $\varphi_{阴(可逆)}=\varphi^\ominus-\frac{RT}{ZF}\ln\frac{1}{a_{M^{z+}(本体)}}$

$\varphi_{阴(析出)}<\varphi_{阴(可逆)}$, $a_{M^{z+}}<a_{M^{z+}(本体)}$

28. B 29. A 30. A 31. B 32. B 33. D 34. C 35. B

36. C 电解 NaCl 阴极得 Na，阳极得 Cl_2。阴极不放出 H_2，说明 H_2 在 Hg 上的超电势超过 2V

37. C 38. C 39. A

40. A 例 $Cu-2e^-\longrightarrow Cu^{2+}$, $\varphi^\ominus_{Cu|Cu^{2+}}=0.337V$, $Zn-2e^-\longrightarrow Zn^{2+}$, $\varphi^\ominus_{Zn|Zn^{2+}}=-0.76V$

$Zn+Cu^{2+}=\!=\!=Cu+Zn^{2+}$, $E>0$, Zn 比 Cu 易失电子发生氧化反应

41. D Cu^{2+} 易得电子发生还原反应

42. B 金属在阴极析出，阴极析出电势越正越容易析出

43. C 阴极析出电势越正越先反应，A、B、C 3 个反应可在阴极进行

44. A $\varphi_{Ag|Ag^+} = \varphi^\ominus - \dfrac{RT}{F}\ln\dfrac{1}{a_{Ag^+}} = 0.799 - \dfrac{8.314\times 298}{96500}\ln\dfrac{1}{0.05} = 0.722$ (V)

$\varphi_{Ni|Ni^{2+}} = \varphi^\ominus - \dfrac{RT}{2F}\ln\dfrac{1}{a_{Ni^{2+}}} = -0.250 - \dfrac{8.314\times 298}{2\times 96500}\ln\dfrac{1}{0.1} = -0.280$ (V)

$\varphi_{H_2|H^+} = -\dfrac{RT}{F}\ln\dfrac{1}{a_{H^+}} = -\dfrac{8.314\times 298}{96500}\ln\dfrac{1}{0.01} = -0.118$ (V)

H_2 在 Ag 上析出时 $\varphi_{析} = -0.118 - 0.20 = -0.318$ (V)

H_2 在 Ni 上析出时 $\varphi_{析} = -0.118 - 0.24 = -0.358$ (V)

析出顺序为：Ag→Ni→Ni 上析出 H_2

45. C $E = E^\ominus - \dfrac{RT}{2F}\ln\dfrac{a_2}{a_1} = 0, E^\ominus = \varphi^\ominus_{Pb|Pb^{2+}} - \varphi^\ominus_{Sn|Sn^{2+}} = -0.126 - (-0.140) = 0.014$ (V)

$\ln\dfrac{a_2}{a_1} = \dfrac{2F}{RT}\times E^\ominus = \dfrac{2\times 96500}{8.314\times 298}\times 0.014 = 1.091, \dfrac{a_2}{a_1} = 2.977$

46. A $Pb + Sn^{2+} \rightleftharpoons Pb^{2+} + Sn$

$E = E^\ominus - \dfrac{RT}{2F}\ln\dfrac{a_{Pb^{2+}}}{a_{Sn^{2+}}} = -0.140 - (-0.126) - \dfrac{RT}{2F}\ln\dfrac{a_{Pb^{2+}}}{a_{Sn^{2+}}} > 0$

$-0.014 - \dfrac{8.314\times 298}{2\times 96500}\ln\dfrac{a_{Pb^{2+}}}{a_{Sn^{2+}}} > 0, \ln\dfrac{a_{Pb^{2+}}}{a_{Sn^{2+}}} < -0.014\times\dfrac{2\times 96500}{8.314\times 298}$

$= -1.0906, \dfrac{a_{Pb^{2+}}}{a_{Sn^{2+}}} < 0.336$

47. D 48. D 49. C 50. B 51. B

52. C 阴极反应：$Cu^{2+} + 2e^- \longrightarrow Cu$, $H^+ + e^- \longrightarrow \dfrac{1}{2}H_2$

阳极反应：$Cu - 2e^- \longrightarrow Cu^{2+}$, $H_2O - 2e^- \longrightarrow \dfrac{1}{2}O_2 + 2H^+$

$\varphi_{Cu|Cu^{2+}} = \varphi^\ominus_{Cu|Cu^{2+}} - \dfrac{RT}{2F}\ln\dfrac{1}{a_{Cu^{2+}}} = 0.337 - \dfrac{8.314\times 298}{2\times 96500}\ln\dfrac{1}{1} = 0.337$ (V)

$\varphi_{H_2|H^+} = -\dfrac{RT}{F}\ln\dfrac{1}{a_{H^+}} = -\dfrac{2.303\times 8.314\times 298}{96500}pH = -0.177$ (V)

$\varphi_{O_2|H_3O^+} = \varphi^\ominus_{O_2|H_3O^+} - \dfrac{RT}{F}\ln a_{H^+} = 1.229 + \dfrac{2.303RT}{F}pH = 1.306$ (V)

阴极析出电势越正越先反应，所以阴极析出铜。阳极析出电势越小越先反应，所以阳极是铜电极溶解

53. C

$\varphi_{Pb|Pb^{2+}} = \varphi^\ominus_{Ag|Ag^+} - \dfrac{RT}{F}\ln\dfrac{1}{a_{Ag^+}} = \varphi^\ominus_{Pb|Pb^{2+}} - \dfrac{RT}{2F}\ln\dfrac{1}{a_{Pb^{2+}}}$

$0.799 - \dfrac{RT}{F}\ln\dfrac{1}{a_{Ag^+}} = -0.126 - \dfrac{RT}{2F}\ln\dfrac{1}{1}$

$\ln\dfrac{1}{a_{Ag^+}} = (0.799 + 0.126)\times\dfrac{F}{RT} = (0.799 + 0.126)\times\dfrac{96500}{8.314\times 298} = 36.028$

$a_{Ag^+} = 2.255\times 10^{-16}$

54. A $\varphi_{Cu|Cu^{2+}} = \varphi^\ominus_{Cu|Cu^{2+}} - \dfrac{RT}{2F}\ln\dfrac{1}{a_{Cu^{2+}}} = 0.337 - \dfrac{8.314\times 298}{2\times 96500}\ln\dfrac{1}{0.02} = 0.287$ (V)

$$\varphi_{Fe|Fe^{2+}} = \varphi^{\ominus}_{Fe|Fe^{2+}} - \frac{RT}{2F}\ln\frac{1}{a_{Fe^{2+}}} = -0.44 - \frac{8.314\times298}{2\times96500}\ln\frac{1}{0.01} = -0.499 \text{ (V)}$$

55. D $\varphi_{析(H_2)} = \varphi_{可逆} - \eta = -\frac{RT}{F}\ln\frac{1}{a_{H^+}} - 0.23\text{V}, \quad a_{H^+} = 0.1\times 2$

$$\varphi_{析(H_2)} = -\frac{8.314\times298}{96500}\ln\frac{1}{0.2} - 0.23 = -0.27 \text{ (V)}$$

56. A 金属在阴极析出，析出电势越正越先析出

57. A $\varphi_{析(H_2)} = -\frac{RT}{F}\ln\frac{1}{a_{H^+}} - 0.7 = -\frac{2.303RT}{F}pH - 0.7$

$$\varphi_{Zn|Zn^{2+}} = \varphi^{\ominus}_{Zn|Zn^{2+}} - \frac{RT}{2F}\ln\frac{1}{a_{Zn^{2+}}} = -0.763 - \frac{8.314\times298}{2\times96500}\ln\frac{1}{0.01} = -0.822 \text{ (V)}$$

$\varphi_{析(H_2)} < \varphi_{Zn|Zn^{2+}}, \quad -\frac{2.303RT}{F}pH - 0.7 < -0.822, \quad pH > (0.822-0.7)\times\frac{F}{2.303RT} = 2.06$

58. C

59. A 阴极反应：$H_2O + e^- \longrightarrow \frac{1}{2}H_2 + OH^-$，显红色

60. C 阳极可能反应：$Cu - 2e^- \longrightarrow Cu^{2+}$, $Cl^- - e^- \longrightarrow \frac{1}{2}Cl_2$, $H_2O - 2e^- \longrightarrow \frac{1}{2}O_2 + H^+$ 析出电势越小越先发生反应

61. A 阳极反应：$Cl^- - e^- \longrightarrow \frac{1}{2}Cl_2$；$2OH^- - 2e^- \longrightarrow \frac{1}{2}O_2 + H_2O$

$$\varphi_{Cl|Cl^-} = \varphi^{\ominus}_{Cl|Cl^-} - \frac{RT}{F}\ln a_{Cl^-} = 1.36 - \frac{8.314\times298}{96500}\ln 0.01 = 1.478 \text{ (V)}$$

$$\varphi_{O_2|OH^-} = \varphi^{\ominus}_{O_2|OH^-} - \frac{RT}{F}\ln a_{OH^-} + \eta_{O_2} = 0.401 - \frac{8.314\times298}{96500}\ln 10^{-7} + 0.8 = 1.615 \text{ (V)}$$

Cl_2 先析出

62. B 阳极反应：$Cu - 2e^- \longrightarrow Cu^{2+}$, $Cl^- - e^- \longrightarrow \frac{1}{2}Cl_2$, $2OH^- - 2e^- \longrightarrow \frac{1}{2}O_2 + H_2O$

$$\varphi_{Cu|Cu^{2+}} = \varphi^{\ominus} - \frac{RT}{2F}\ln\frac{1}{a_{Cu^{2+}}} = 0.337 - \frac{8.314\times298}{2\times96500}\ln\frac{1}{0.001} = 0.2483 \text{ (V)}$$

$$\varphi_{Cl_2|Cl^-} = \varphi^{\ominus} - \frac{RT}{F}\ln a_{Cl^-} = 1.360 - \frac{8.314\times298}{96500}\ln(2\times0.001) = 1.520 \text{ (V)}$$

$$\varphi_{O_2|OH^-} = \varphi^{\ominus} - \frac{RT}{F}\ln a_{OH^-} = 0.401 - \frac{8.314\times298}{96500}\ln 10^{-7} = 0.815 \text{ (V)}$$

63. A $Fe^{3+} + X^- \Longrightarrow Fe^{2+} + \frac{1}{2}X_2$（X 代表卤素元素）

$$E = \varphi_+ - \varphi_- = \varphi_{Fe^{3+},Fe^{2+}} - \varphi_{X_2|X^-} > 0, \text{反应就能发生}$$

64. A

65. D 随电流密度的增大，超电势逐渐增大

66. C

67. D 带何种电荷与电极的极性有关，本题没有明确电极的极性，故无法判断

68. A 69. D
70. D 选择电极电势比 Fe|Fe^{2+} 的电极电势低的金属，所选择的金属作阳极（失电子）
71. B 阳极缓蚀剂的作用是直接阻止阳极表面的金属进入溶液使阳极免于腐蚀，阳极极化程度增大
72. A 73. B
74. B 将电极电势较低的金属和被保护的金属连接在一起构成原电池，电极电势较低的金属作为阳极而溶解，被保护的金属作为阴极就可以避免腐蚀，此法称为牺牲阳极保护法
75. A 76. A 77. B 78. A
79. B 阳极上一般都是金属的溶解过程（即金属被腐蚀的过程）
80. C 阴极反应：$H_2O + e^- \longrightarrow \frac{1}{2}H_2 + OH^-$，析氢腐蚀，$\frac{1}{2}O_2 + e^- + H_2O \longrightarrow 2OH^-$，吸氧腐蚀由电极电势判断，吸氧腐蚀大于析氢腐蚀
81. C 82. B 83. B （充电为电解池）

第九章 化学动力学基础（一）

1. C 2. D 3. D
4. C $r = \frac{J}{V} = \frac{1}{V} \times \frac{d\xi}{dt} = \frac{1}{3} \times \frac{d[G]}{dt}$，$\frac{d[G]}{dt} = 3 \times \frac{1}{V} \times \frac{d\xi}{dt} = 3 \times \frac{1}{2} \times 0.3 = 0.45 (mol \cdot dm^{-3} \cdot s^{-1})$
5. C
6. D $r = -\frac{dc_A}{dt} = -\frac{1}{2} \times \frac{dc_B}{dt} = \frac{1}{3} \times \frac{dc_D}{dt}$
7. A 8. D 9. B 10. B
11. B $-\frac{d[O_2]}{dt} = k_{前}[O_3] + k_{后}[O][O_3]$，$\frac{d[O]}{dt} = k_{前}[O_3] - k_{后}[O][O_3] = 0$，
    $[O] = \frac{k_{前}}{k_{后}}$，$-\frac{d[O_3]}{dt} = 2k_{前}[O_3]$
12. D 13. B 14. B 15. C 16. D 17. D 18. D 19. A 20. B 21. D 22. C
23. C 24. C 25. C 26. A
27. B $\frac{1}{a}\left(-\frac{d[A]}{dt}\right) = \frac{1}{b}\left(-\frac{d[B]}{dt}\right) = \frac{1}{d}\frac{d[D]}{dt}$，$\frac{1}{a}k_A[A]^a[B]^b = \frac{1}{b}k_B[A]^a[B]^b$
    $= \frac{1}{d}k_D[A]^a[B]^b$
    $\frac{k_A}{a} = \frac{k_B}{b} = \frac{k_D}{d}$，$\because a < b < d$，$\therefore k_A < k_B < k_D$
28. B $\frac{k_A}{a} = \frac{k_B}{b} = \frac{k_Y}{y} = \frac{k_Z}{z}$
29. A $\frac{1}{3}\left(-\frac{d[O_2]}{dt}\right) = \frac{1}{2}\frac{d[O_3]}{dt}$，$\frac{k}{3} = \frac{k'}{2}$，$2k = 3k'$
30. C 表明了反应物和产物分子间的计量关系
31. A 反应物浓度与时间呈线性关系，反应为零级反应，$t_{1/2} = \frac{c_0}{2k}$

32. C $t_\infty = \dfrac{c_0}{k}$，反应为零级反应

33. A 34. D 35. C 36. B

37. D 零级反应

38. D

39. D 零级动力学方程 $c_{A,0} - c_A = k_A t$，$t = t_\infty$ 时，$c_A = 0$，$t = \dfrac{c_{A,0}}{k_A}$

40. A

41. C 当放热反应在散热不良的情况下进行时，其反应热使体系温度升高，而这又引起反应速率按指数规律迅速增加，这样的循环结果使反应速率越来越大，最终达到爆炸。这就是热爆炸反应

42. A

43. C 反应掉 $\dfrac{5}{9}$ 余 $\dfrac{4}{9}$，$c = \dfrac{4}{9} c_0 = \left(\dfrac{2}{3}\right)^2 c_0$，反应掉 $\dfrac{1}{3}$ 余 $\dfrac{2}{3}$，$c = \dfrac{2}{3} c_0$，$\ln \dfrac{c_0}{c} = kt$，

$\ln \left(\dfrac{3}{2}\right)^2 = k t_{5/9}$，$\ln \left(\dfrac{3}{2}\right) = k t_{1/3}$，$t_{5/9} = 2 t_{1/3}$

44. A

45. B 反应掉 $\dfrac{7}{8}$ 余 $\dfrac{1}{8}$，$\left(\dfrac{1}{2}\right)^3$，反应掉 $\dfrac{3}{4}$ 余 $\dfrac{1}{4}$，$\left(\dfrac{1}{2}\right)^2$

46. B 47. B 48. C 49. A 50. C 51. C

52. A $k = 0.462 \text{min}^{-1}$，一级反应，$t_{1/2} = \dfrac{\ln 2}{k} = 1.50 \text{min}$

53. C 放射性元素蜕变反应为一级反应，$k = \dfrac{\ln 2}{t_{1/2}} = \dfrac{\ln 2}{5}$，$\ln \dfrac{c_0}{c} = k \times 15$

$\dfrac{c}{c_0} = \exp(-k \times 15) = \exp\left(-\dfrac{\ln 2}{5} \times 15\right) = 0.125 = \dfrac{1}{8}$

54. D 一级反应 $\dfrac{c}{c_0} = \exp(-k \times 40) = \exp\left(-\dfrac{\ln 2}{10} \times 40\right) = 0.0625$，$c = 0.0625 c_0 = 0.5$（g）

55. D 一级反应 $c = c_0 \exp(-k \times 24) = 1 \times \exp\left(-\dfrac{\ln 2}{8} \times 24\right) = 0.125 = \dfrac{1}{8}$

56. D $n = n_0 \exp(-k \times 18) = n_0 \exp\left(-\dfrac{\ln 2}{6} \times 18\right) = 0.125 n_0 = \dfrac{n_0}{8}$

57. B 消耗 $\dfrac{3}{4}$ 余 $\dfrac{1}{4}$，$\dfrac{1}{4} = \left(\dfrac{1}{2}\right)^2$；$t_{3/4} = \dfrac{\ln \left(\dfrac{1}{2}\right)^2}{k}$，$t_{1/2} = \dfrac{\ln \dfrac{1}{2}}{k}$，$t_{3/4} = 2 t_{1/2}$

58. D 一级反应 $\ln \dfrac{1.0}{0.7} = k t_1$，$\ln \dfrac{0.01}{0.007} = k t_2$，$t_1 : t_2 = 1$

59. D 一级反应 $\dfrac{c}{c_0} = \exp(-k \times 75) = \exp\left(-\dfrac{\ln 2}{50} \times 75\right) = 0.3535$

60. C 反应掉 $\dfrac{1}{f}$ 余 $1 - \dfrac{1}{f}$，$\ln \dfrac{1}{1 - \dfrac{1}{f}} = \ln \dfrac{f}{f-1} = kt$，$t = \dfrac{1}{k} \ln \dfrac{f}{f-1}$

61. A $k = \dfrac{\ln 2}{t_{1/2}} = \dfrac{\ln 2}{10} = 0.06931$（min）

62. A $k = \dfrac{\ln 2}{t_{1/2}} = \dfrac{\ln 2}{0.01} = 69.31$ （s^{-1}）

63. B 反应为一级反应，$t_{1/2} = \dfrac{\ln 2}{k} = \dfrac{\ln 2}{7.7 \times 10^{-4}} = 900$ （s）

64. C $kt_1 = \ln \dfrac{1}{0.1\%} = \ln 1000 = 3\ln 10$，$kt_2 = \ln \dfrac{1}{50\%} = \ln 2$，$\dfrac{t_1}{t_2} = \dfrac{3\ln 10}{\ln 2} = 9.96 \approx 10$

65. C

66. C 反应为二级反应 $\dfrac{r_{25}}{r_{15}} = \dfrac{k_{25}}{k_{15}}$，$\dfrac{r_{35}}{r_{15}} = \dfrac{k_{35}}{k_{15}}$，速率比等于速率常数比，

$$\ln \dfrac{k_{25}}{k_{15}} = \dfrac{E_a}{R}\left(\dfrac{1}{288} - \dfrac{1}{298}\right) = \dfrac{10}{288 \times 298} \times \dfrac{E_a}{R} = \ln 3$$

$$\ln \dfrac{k_{35}}{k_{15}} = \dfrac{E_a}{R}\left(\dfrac{1}{288} - \dfrac{1}{308}\right) = \dfrac{20}{288 \times 308} \times \dfrac{E_a}{R} = \dfrac{20}{288 \times 308} \times \dfrac{288 \times 298}{10} \times \ln 3 = 2.126$$

$$\dfrac{k_{35}}{k_{15}} = 8.38 \approx 8.4$$

67. D 由 k 的单位判断反应为二级反应，$r = \dfrac{1}{4}r_0 = \dfrac{1}{4}kc_0^2 = kc^2$，$c = \dfrac{c_0}{2}$，$\dfrac{1}{c} - \dfrac{1}{c_0} = kt$

$$t = \dfrac{1}{k}\left(\dfrac{1}{c} - \dfrac{1}{c_0}\right) = \dfrac{1}{0.1}\left(\dfrac{2}{c_0} - \dfrac{1}{c_0}\right) = \dfrac{1}{0.1}\left(\dfrac{2}{0.1} - \dfrac{1}{0.1}\right) = 100 \text{ (s)}$$

68. C 消耗 $\dfrac{1}{3}$ 余 $\dfrac{2}{3}$，$\dfrac{1}{c} - \dfrac{1}{c_0} = k \times 10$，$k = \left(\dfrac{1}{\frac{2}{3}c_0} - \dfrac{1}{c_0}\right) \times \dfrac{1}{10} = \dfrac{1}{20c_0}$

再消耗 $\dfrac{1}{3}$ 余 $\dfrac{1}{3}$，$\dfrac{1}{\frac{1}{3}c_0} - \dfrac{1}{c_0} = \dfrac{1}{20c_0} \times t$，$t = 40$ min，$40 - 10 = 30$ （min）

69. C 二级反应：$\dfrac{1}{(1-0.875)c_0} - \dfrac{1}{c_0} = kt_1$，$\dfrac{1}{0.5c_0} - \dfrac{1}{c_0} = kt_2$，$t_1 = 7t_2$

70. A 由 k 的单位判断反应为二级反应：$t_{1/2} = \dfrac{1}{kc_0} = \dfrac{1}{2.31 \times 10^{-2} \times 1.0} = 43.29$ （s）

71. C 消耗 $\dfrac{3}{4}$ 余 $\dfrac{1}{4}$，二级反应：$\dfrac{1}{c} - \dfrac{1}{c_0} = k_2 t_{3/4}$，$\dfrac{1}{\frac{1}{4}c_0} - \dfrac{1}{c_0} = k_2 t_{3/4}$，$t_{3/4} = \dfrac{3}{k_2 c_0}$

72. B $r = \dfrac{1}{9}r_0 = \dfrac{1}{9}kc_0^2 = kc^2$，$c = \dfrac{c_0}{3}$，$\dfrac{1}{c} - \dfrac{1}{c_0} = kt$，$\dfrac{3}{c_0} - \dfrac{1}{c_0} = kt$，$t = \dfrac{2}{kc_0} = \dfrac{2}{0.1 \times 0.1} = 200$ (s)

73. B 利用各级数动力学方程式进行计算

74. D 利用各级数动力学方程式进行计算

75. C

76. D 一级反应 $t_{1/2} = \dfrac{\ln 2}{k}$，二级反应 $t'_{1/2} = \dfrac{2}{k'c_0}$，二者无法比较

77. C $\quad$ A $\quad$ + $\quad$ 2B $\longrightarrow$ 2C

$t = 0 \quad p_A \qquad\qquad p_B$

$t = t \quad p_A - 2p' \quad p_B - p' \qquad p'$

$p = p_A - 2p' + p_B - p' + p' = p_A + p_B - 2p'$，$p' = 0.5\,(p_A + p_B - p)$

时间为 t 时 A 的分压 $p_A - 2p' = p_A - (p_A + p_B - p) = p - p_B$

78. D 79. D

80. C $\ln\dfrac{1}{0.25} = kt_{0.75}$, $\ln\dfrac{1}{0.5} = kt_{0.5}$, $\dfrac{t_{0.75}}{t_{0.5}} = 2$, 反应为一级反应

$\ln\dfrac{1}{1-0.64} = kt_{0.64}$, $\ln\dfrac{1}{1-x} = kt_x$, $\dfrac{\ln 0.36}{\ln(1-x)} = 2$, $x = 0.4 = 40\%$

81. D 82. D

83. C $n = 1 - \dfrac{\ln\dfrac{t_{1/2}}{t'_{1/2}}}{\ln\dfrac{c_0}{c'_0}} = 1 - \dfrac{\ln\dfrac{360}{600}}{\ln\dfrac{0.04}{0.024}} = 2$

84. D $r_0 = k \times 2^2 \times 1 = 4k$, $r_{1/2} = k \times 1^2 \times 0.5 = 0.5k$, $\dfrac{r_{1/2}}{r_0} = \dfrac{0.5}{4} = \dfrac{1}{8}$

85. B $c_0 = 1\,\text{mol}\cdot\text{dm}^{-3}$, $\dfrac{1}{c} - 1 = kt$, 反应 1h, $c = 0.5\,\text{mol}\cdot\text{dm}^{-3}$, $k = 1\,\text{mol}^{-1}\cdot\text{dm}^3\cdot\text{h}^{-1}$

反应 2h, $\dfrac{1}{c} - 1 = 2$, $c' = \dfrac{1}{3}$

86. B

87. B 将 2 组数分别代入各级数动力学方程中求速率常数，得到 k 为常数的动力学方程即为反应级数

88. B $\dfrac{1}{2}\dfrac{dc_B}{dt} = kc_A$, $\dfrac{1}{2}k_B = k$, $t_{1/2} = \dfrac{\ln 2}{k} = \dfrac{2\ln 2}{k_B}$

89. B 总体积压缩 50%。各物质浓度增大一倍，$r_1 = kc_A^2 c_B$, $r_2 = k(2c_A)^2(2c_B)$, $\dfrac{r_2}{r_1} = 8$

90. B $c_{A_0} = c_{B_0}$, $t = t_{1/2}$, $c_A = \dfrac{1}{2}c_{A_0}$, $c_B = \dfrac{1}{2}c_{B_0}$, $c_A = c_B$

91. A 二级反应：$\dfrac{1}{c} - \dfrac{1}{c_0} = k_c t$, $\dfrac{1}{p} - \dfrac{1}{p_0} = k_p t$, $\dfrac{RT}{p} - \dfrac{RT}{p_0} = k_c t$

$k_c = RTk_p = 8.314 \times 400 \times 10^{-3} = 3.326$ (mol$^{-1}\cdot$dm$^3\cdot$s^{-1})

92. C 93. B

94. A $\ln\dfrac{k_2}{k_1} = \dfrac{E_a}{R}\left(\dfrac{1}{T_1} - \dfrac{1}{T_2}\right) = \dfrac{E_a}{R} \times \dfrac{1}{T_1 \times T_2} = \dfrac{33 \times 10^3}{8.314} \times \dfrac{1}{300 \times 301} = 0.044$, $\dfrac{k_2}{k_1} = 1.045$,

$\dfrac{k_2 - k_1}{k_1} = 0.045 = 4.5\%$

95. D 96. B 97. B

98. B $\Delta_r H_m = E_+ - E_-$, $E_+ = \Delta_r H_m + E_- \geqslant 100\,\text{kJ}\cdot\text{mol}^{-1}$

99. A $Q_V = \Delta_r U_m = E_+ - E_-$, $E_+ \geqslant 50\,\text{kJ}\cdot\text{mol}^{-1}$

100. D $\dfrac{k_2 - k_1}{k_1} = \dfrac{k_2}{k_1} - 1 = \exp\dfrac{E_a}{RT^2} - 1 = 1\%$, $\exp\dfrac{E_a}{RT^2} = 1.01$, $\dfrac{E_a}{RT^2} = 9.95 \times 10^{-3} \approx 0.01$,

$E_a = 0.01RT^2$

101. A $\dfrac{d\ln k}{dT} = \dfrac{E_a}{RT^2}$

102. D $\ln\dfrac{k_2}{k_1}=\dfrac{E_a}{R}\left(\dfrac{1}{T_1}-\dfrac{1}{T_2}\right)$，分解反应为一级反应

$$300\text{K 时}，k_1=\dfrac{1}{t}\ln\dfrac{c_0}{c}=\dfrac{1}{12.6}\ln\dfrac{c_0}{(1-0.2)c_0}=0.0177\ (\text{min}^{-1})$$

$$340\text{K 时}，k_2=\dfrac{1}{3.2}\ln\dfrac{c_0}{(1-0.2)c_0}=0.0697\ (\text{min}^{-1})$$

$$E_a=\dfrac{R\times T_1\times T_2}{T_2-T_1}\times\ln\dfrac{k_2}{k_1}=\dfrac{8.314\times300\times340}{40}\times\ln\dfrac{0.0697}{0.0177}$$

$$=29.058\ (\text{kJ}\cdot\text{mol}^{-1})\approx29.1\ (\text{kJ}\cdot\text{mol}^{-1})$$

103. C 自由基复合反应活化能为零
104. D　105. B　106. B
107. D 对峙反应达到平衡时正逆反应速率相等不是速率常数相等
108. B
109. C $r_A=k_A[A]^\alpha[B]^\beta$，$r_B=k_B[A]^\alpha[B]^\beta$，$r_G=k_G[A]^\alpha[B]^\beta$，$r_H=k_H[A]^\alpha[B]^\beta$

$$[A]^\alpha[B]^\beta=\dfrac{r_A}{k_A}=\dfrac{r_B}{k_B}=\dfrac{r_G}{k_G}=\dfrac{r_H}{k_H}=\dfrac{2\times10^{-3}}{k_A}=\dfrac{4\times10^{-3}}{k_B}=\dfrac{1\times10^{-3}}{k_G}=\dfrac{3\times10^{-3}}{k_H}$$

$$k_B=\dfrac{4}{3}k_H$$

110. C　111. A

112. C $k_1=A_1e^{-\frac{E_1}{RT}}$，$k_2=A_2e^{-\frac{E_2}{RT}}$，$A_1=A_2$，$\dfrac{k_1}{k_2}=e^{-\frac{E_1-E_2}{RT}}$

$$\ln\dfrac{k_1}{k_2}=\dfrac{E_2-E_1}{RT}\quad E_2-E_1=RT\ln\dfrac{k_1}{k_2}=8.314\times298\times\ln100=11409.6\ (\text{J}\cdot\text{mol}^{-1})$$

754K 时，$\dfrac{k_1}{k_2}=e^{-\frac{E_1-E_2}{RT}}=e^{\frac{11409.6}{8.314\times754}}=6.2$

113. D　114. C　115. D　116. B　117. A　118. B　119. C　120. B　121. C　122. D
123. A

124. C 380℃时 $k_1=\dfrac{\ln2}{t_{1/2}}=1.909\times10^{-3}\,\text{min}^{-1}$

$$\ln\dfrac{k_2}{k_1}=\dfrac{E_a}{R}\left(\dfrac{1}{T_1}-\dfrac{1}{T_2}\right)=\dfrac{217\times10^3}{8.314}\times\left(\dfrac{1}{653}-\dfrac{1}{723}\right)=3.8699$$

$\dfrac{k_2}{k_1}=47.938$，$k_2=47.938k_1=0.0915$，$\ln\dfrac{1}{1-0.75}=k_2t$，$t=15\,\text{min}$

125. B

126. C

	A	⇌	B
$t=0$	a		0
$t=t$	$a-x$		x

$\ln\dfrac{k_1a}{k_1a-(k_1+k_2)x}=(k_1+k_2)t$

当 $a-x=x$ 时，$a=2x$，$t=\dfrac{1}{k_1+k_2}\ln\dfrac{2k_1}{k_1-k_2}$

127. B $\Delta_rU_m=E_+-E_-=E_+-\dfrac{1}{2}E_+=120\ (\text{kJ}\cdot\text{mol}^{-1})$，$E_+=2\times120=240\ (\text{kJ}\cdot\text{mol}^{-1})$

128. D
129. B $\Delta_r H_m < 0$，放热，$E_+ = 0.055 \times L_{\varepsilon_{B-C}}$
130. A 131. B 132. B 133. C 134. A 135. C 136. B
137. A 微观可逆性原则适用于基元反应
138. C
139. D 没有明确反应系统是等压还是等容，所以无法确定
140. B 141. A 142. B 143. D 144. A 145. A
146. B $E_+ - E_- = \Delta_r H_m$，$E_- = 0.055\varepsilon_{A-B}$，$E_+ = \Delta_r H_m + 0.055\varepsilon_{A-B}$
147. B $t_{1/2} = \dfrac{1}{kc_0}$ 再消耗 $\dfrac{1}{2}$ 就是 $\dfrac{3}{4}$ 余 $\dfrac{1}{4}$，$\dfrac{1}{c} - \dfrac{1}{c_0} = kt_{3/4}$；$t_{3/4} = \dfrac{3}{kc_0} = 3t_{1/2}$

$$t_{3/4} - t_{1/2} = 30 - 10 = 20 \text{（min）}$$

148. B 149. D 150. D 151. C
152. A 升高温度对活化能大的反应有利
153. C $r = -\dfrac{dc_A}{dt} = \dfrac{1}{2}\left(-\dfrac{dc_B}{dt}\right) = k_A c_A c_B = \dfrac{1}{2}(k_B c_A c_B)$，$2k_A = k_B$
154. A 155. D 156. C 157. C
158. A $\ln 2 = \dfrac{E_{a,1}}{8.314}\left(\dfrac{1}{298} - \dfrac{1}{308}\right)$，$E_{a,1} = 52.88 \text{ kJ} \cdot \text{mol}^{-1}$

$$\ln 4 = \dfrac{E_{a,2}}{8.314}\left(\dfrac{1}{298} - \dfrac{1}{308}\right), \quad E_{a,2} = 105.8 \text{ kJ} \cdot \text{mol}^{-1}$$

第十章 化学动力学基础（二）

1. C 2. C 3. C 4. A 5. C 6. C 7. B
8. C 每次碰撞都能发生反应，

$$Z_{AB} = 2Z_{AA}，\text{速率常数 } k = \dfrac{Z_{AB}}{L} = \dfrac{2 \times 10^{32}}{6.023 \times 10^{23}} = 3.3 \times 10^8 \text{ (dm}^3 \cdot \text{mol}^{-1} \cdot \text{s}^{-1})$$

9. A $Z_{AA} = 2\pi d_{AA}^2 L^2 \left(\dfrac{RT}{\pi M_A}\right)^{1/2} [A]^2$；$M_{乙醛} = 44 \text{ g} \cdot \text{mol}^{-1}$，$[A] = \dfrac{n}{V} = \dfrac{p}{RT} \text{ mol} \cdot \text{dm}^{-3}$

$$Z_{AA} = 2 \times 3.14 \times (5 \times 10^{-10})^2 \times (6.023 \times 10^{23})^2 \times \left(\dfrac{8.314 \times 800}{3.14 \times 44 \times 10^{-3}}\right)^{1/2} \times$$

$$\left(\dfrac{101.325}{8.314 \times 800} \times 10^3\right)^2 = 2.900 \times 10^{34} \text{ (m}^{-3} \cdot \text{s}^{-1})$$

10. B $q = e^{-\frac{E_c}{RT}} = \dfrac{1}{10^7}$，$E_c = RT \times 7\ln 10 = 40.2 \text{ (kJ} \cdot \text{mol}^{-1})$

11. D $q = e^{-\frac{E_c}{RT}} = e^{-\frac{83.68 \times 10^3}{8.314 \times 300}} = 2.69 \times 10^{-15}$

12. B $E_a = E_c + \dfrac{1}{2}RT$

13. D 14. B 15. A 16. D
17. A $q = e^{-\frac{E_c}{RT}}$，$-\dfrac{E_c}{RT} = \ln q$，$T = -\dfrac{E_c}{R\ln q} = -\dfrac{40 \times 10^3}{8.314 \times \ln 6.0 \times 10^{-4}} = 649 \text{ (K)}$

18. D $E_a = E_c + \frac{1}{2}RT$, $E_c = E_a - \frac{1}{2}RT = 83.14 - \frac{1}{2} \times 8.314 \times 500 \times 10^{-3} = 81.06$ (kJ·mol^{-1})

19. B 20. C 21. C 22. B

23. C $k = \frac{k_B T}{h}(c^\ominus)^{1-n} e^{\frac{\Delta_r^{\neq} S_m^\ominus(c^\ominus)}{R}} \cdot e^n \cdot e^{-\frac{E_a}{RT}}$, $\frac{k_I}{k_{II}} = e^{\frac{\Delta_r^{\neq} S_{m,I}^\ominus - \Delta_r^{\neq} S_{m,II}^\ominus}{R}}$

$\Delta_r^{\neq} S_{m,I}^\ominus - \Delta_r^{\neq} S_{m,II}^\ominus = R\ln\frac{k_1}{k_2} = 8.314 \times \ln 10 \approx 19$ (J·K^{-1}·mol^{-1})

24. D $k = \frac{k_B T}{h}(c^\ominus)^{1-n} e^{-\frac{\Delta_r^{\neq} H_m^\ominus(c^\ominus)}{RT}} \cdot e^{\frac{\Delta_r^{\neq} S_m^\ominus(c^\ominus)}{R}}$, $\frac{k_1}{k_2} = e^{\frac{\Delta_r^{\neq} S_{m,1}^\ominus - \Delta_r^{\neq} S_{m,2}^\ominus}{R}} = e^{\frac{10}{8.314}} = 3.33$

25. C

26. B $k = \frac{k_B T}{h}(c^\ominus)^{1-n} e^{-\frac{\Delta_r^{\neq} H_m^\ominus(c^\ominus)}{RT}} \cdot e^{\frac{\Delta_r^{\neq} S_m^\ominus(c^\ominus)}{R}}$，速率常数越大，反应速率越快，$\Delta_r^{\neq} H_m^\ominus$ 负值越大，k 越大，有效碰撞直径越大，有效碰撞数就越大，反应速率越大

27. C 28. B 29. B 30. B 31. C

32. C $E_a = \Delta_r^{\neq} H_m^\ominus + nRT = \Delta_r^{\neq} H_m^\ominus + 2RT = E_c + \frac{1}{2}RT$

$\Delta_r^{\neq} H_m^\ominus = E_c - \frac{3}{2}RT = 45.012$ (kJ·mol^{-1})

33. C

34. B $E_a = \Delta_r^{\neq} H_m^\ominus + nRT$

35. D

36. A $E_a = E_c + \frac{1}{2}RT = \Delta_r^{\neq} H_m^\ominus + nRT$

37. D

38. A 简单分子的 P 比复杂分子的 P 大，$P_1 > P_3 > P_2$

39. B 40. A

41. B 分子活化的速率为 $\frac{d[A^*]}{dt} = k_1[A]^2$，分子消活化的速率为 $\frac{d[A]}{dt} = k_{-1}[A][A^*]$，

活化分子变为产物的速率为 $\frac{d[B]}{dt} = k_2[A^*]$，$r = \frac{d[B]}{dt} = \frac{k_1 k_2 [A]}{k_{-1}[A] + k_2}$，增加压力，$[A]$ 值很大，分子的互撞机会多，消活化的速率较快

42. C $\lg\frac{k}{k_0} = 2Z_A Z_B A\sqrt{I}$，$Z_A Z_B > 0$ 时，离子强度增大反应速率增大；

$Z_A Z_B = 0$ 时，离子强度的变化对反应速率无影响；

$Z_A Z_B < 0$ 时，离子强度增大，反应速率降低

43. B $\lg\frac{k}{k_0} = 2Z_A Z_B A\sqrt{I}$，$Z_A Z_B = 0$，离子强度的变化对反应速率无影响

44. B $Z_A Z_B < 0$，离子强度增大，反应速率降低

45. B 46. B 47. C 48. A

49. B 吸收 1 个分子，活化 2 个分子

50. D 51. D 52. C 53. D 54. C 55. A

56. C $\varphi = \frac{产物分子的生成数目}{吸收光子的数目} = \frac{6.023 \times 10^{23}}{3.01 \times 10^{23}} = 2$

57. A
58. C 催化剂不会改变平衡转化率
59. C 60. B
61. A $k_M = \dfrac{[E][S]}{[ES]}$，米氏常数 k_M 实际上相当于反应 $E+S \rightleftharpoons ES$ 的不稳定常数，ES 为中间化合物
62. B 63. C 64. D 65. B 66. D 67. D 68. C 69. C 70. D 71. B

第十一章　表面物理化学

1. D 2. B 3. D 4. B
5. B $\gamma = \left(\dfrac{\partial G}{\partial A_S}\right)_{T,p,n_B}$，$\gamma$：表面 Gibbs 自由能
6. C 7. B
8. D 液体表面积增加的过程是非自发过程
9. B 10. D 11. A 12. C 13. B 14. B 15. D 16. D
17. B 对纯液体或纯固体，表面张力决定于分子间形成的化学键能的大小，一般化学键越强，表面张力越大
18. A 19. B 20. C
21. A $\Delta G = \gamma \times \Delta A = 7.28 \times 10^{-2} \times 10 \times 10^{-4} = 7.28 \times 10^{-5}$ (J)
22. A
23. C $\gamma = \left(\dfrac{\partial G}{\partial A_S}\right)_{T,p,n} = \left(\dfrac{\partial A}{\partial A_S}\right)_{T,V,n} = \left(\dfrac{\partial H}{\partial A_S}\right)_{S,p,n} = \left(\dfrac{\partial U}{\partial A_S}\right)_{S,V,n}$
24. D $\Delta G = W_f = \gamma \times \Delta A = 0.074 \times 1.0 = 0.074$ (J)，$Q = 0.04$ J，$\Delta U = Q + W = 0.114$ (J)
25. A 26. C
27. B $\left(\dfrac{\partial \gamma}{\partial T}\right)_p = \left[\dfrac{\partial}{\partial T}\left(\dfrac{\partial G}{\partial A_S}\right)_{T,p,n}\right]_p = \left[\dfrac{\partial}{\partial A_S}\left(\dfrac{\partial G}{\partial T}\right)_p\right]_{T,p,n} = \left(\dfrac{\partial S}{\partial A_S}\right)_{T,p,n} = -S_B$
28. A 液体分散成小颗粒液滴混乱度增加
29. B
30. D 亲水基与憎水基各自靠在一起形成定向排列使表面能降低
31. B $\Gamma = -\dfrac{c}{RT} \times \dfrac{d\gamma}{dc}$，$\gamma = \gamma_0 - A - B\ln c$，$\dfrac{d\gamma}{dc} = -\dfrac{B}{c}$，$\Gamma = \dfrac{B}{RT}$
32. A $\Delta p = p_s = \dfrac{2\gamma}{R}$
33. D $\Delta p = p_s = \Delta \rho g h = \dfrac{2\gamma}{R}$，$\rho_A g h_A = \dfrac{2\gamma_A}{R}$，$\rho_B g h_B = \dfrac{2\gamma_B}{R}$

$h_B = \dfrac{\gamma_B}{\gamma_A} \times \dfrac{\rho_A}{\rho_B} h_A = \dfrac{1}{\frac{1}{2}} \times 2h_A = 4h_A = 4.0 \times 10^{-2}$ (m)

34. B
35. A $\dfrac{d\gamma}{dc} = (-0.5 + 2 \times 0.2c) \times 10^{-3}$

$\Gamma = -\dfrac{c}{RT} \times \dfrac{d\gamma}{dc} = -\dfrac{1}{RT}(-0.5c + 2 \times 0.2c^2) \times 10^{-3} = 6.05 \times 10^{-8}$ (mol·m^{-2})

36. D 同体积液体，表面张力小的滴数就多。H_2SO_4 黏度大，所以液滴大，滴数少
37. D 38. D
39. B 表面积缩小的过程是自发过程
40. A 41. B
42. A 表面积缩小的过程是自发过程，自发过程的表面自由能降低
43. B
44. D $V_大=\frac{4}{3}\pi\times 5^3$，$V_小=\frac{4}{3}\pi\times(10^{-3})^3$

小水滴个数：$\frac{V_大}{V_小}=\left(\frac{5}{10^{-3}}\right)^3=1.25\times 10^{11}$

45. D 46. B 47. C 48. B 49. C 50. C 51. D 52. C 53. B 54. A 55. C 56. A 57. B
58. A $g=9.8\text{m}\cdot\text{s}^{-2}$，$\rho_l=10^3\text{kg}\cdot\text{m}^{-3}$

$$h=\frac{2\gamma\cos\theta}{\rho_l g R}=\frac{2\times 72.75\times 10^{-3}\cos 108°}{10^3\times 9.8\times 10^{-4}}=-4.6\times 10^{-2}\text{m}=-4.6\text{cm}$$

59. C
60. B 加 NaCl 表面张力增大，高度增加
61. D T 增大 γ 减小；γ 减小 高度下降
62. C 63. C 64. C 65. C
66. A T 增大 γ 减小；右边加热向左移动
67. B 68. B 69. C
70. D 肥皂泡有两个膜（内外膜）：$p_s=2\times\left(\frac{2\gamma}{R}\right)=\frac{4\times 0.025}{\frac{1}{2}\times 10^{-2}}=20$（Pa）

71. B 肥皂泡有两个膜（内外膜）：$p_s=2\times\left(\frac{2\gamma}{R}\right)=\frac{4\times 6\times 10^{-3}}{2\times 10^{-2}}=1.2$（Pa）

72. B 空气中气泡有两个膜
73. C $p_s=2\times\left(\frac{2\gamma}{R}\right)$，$R=\frac{d}{2}$，$p_s=\frac{8\gamma}{d}$

74. C 75. A 76. B 77. C
78. C $\ln\frac{p_r}{p_平}=\frac{2\gamma M}{RT\rho R'}$，$p_平$ 为正常蒸气压；p_r 为液滴或气泡的压力；γ；为表面张力；R' 为曲率半径；ρ 为液体密度。

当 $R'>0$，表示凸面，$\ln\frac{p_r}{p_平}>0$，$p_r=p_凸>p_平$，当 $R'<0$，表示凹面，$\ln\frac{p_r}{p_平}<0$，$p_r=p_凹<p_平$ 则 $p_凸>p_平>p_凹$

79. B 80. C 81. D
82. A 吸附时混乱度降低，吸附是自发的
83. A 无机盐的 $\frac{d\gamma}{dc}>0$，$\Gamma<0$，是负吸附
84. C

85. A 溶质为非表面活性物质
86. C　87. B　88. A
89. A 铺展系数 $S=-\Delta G=\gamma_{g\text{-}s}-\gamma_{g\text{-}L}-\gamma_{l\text{-}s}>0$ 时，液体可以在固体表面上自动铺展
90. A　91. C　92. A　93. B　94. C　95. B　96. B　97. C　98. D　99. B　100. D　101. C
102. D　103. C　104. B　105. B　106. B　107. C　108. C　109. B　110. A　111. A　112. A
113. B 吸附系数（或吸附常数）：$a=a_0\exp\left(\dfrac{Q}{RT}\right)$
114. A　115. A　116. B　117. B　118. B　119. B　120. D　121. A　122. A　123. A　124. B
125. D　126. B　127. D　128. C　129. C　130. B　131. C　132. B　133. C　134. D　135. B
136. A　137. C

第十二章　胶体分散系统和大分子溶液

1. B 雾的分散介质是气体，属于气溶胶
2. D 胶体粒子的半径为 1~100nm
3. B 胶体分散相的特征：粒子能通过滤纸不能透过半透膜，扩散极慢
4. C
5. A 溶胶的特点：具有特殊的分散范围，具有不均匀多相性，具有热力学不稳定性
6. D　7. C　8. A　9. A　10. D
11. D 憎液溶胶简称溶胶，是由难溶物分散在介质中形成的。亲液溶胶实际是大分子溶液，大分子溶液是热力学稳定可逆系统，是真溶液，分子大小同胶体的范围相同，扩散慢，不能透过半透膜
12. B　13. D　14. D
15. C 超微显微镜只能证实溶胶中存在着粒子，能观察到其布朗运动，并不能直接确切地看到胶体粒子的大小和形状，电子显微镜可以观察到胶体粒子的大小和形状
16. B 胶体粒子带电
17. D
18. D $AgNO_3$ 为稳定剂，胶粒带正电
19. A KI 过量，胶粒带负电，向正极移动
20. D KBr 过量胶粒带负电
21. A
22. C 明确稳定剂后才能确定胶体粒子的带电情况
23. A $\dfrac{dm}{dt}=-DA\dfrac{dc}{dx}$，$D=\dfrac{RT}{L}\times\dfrac{1}{6\pi\eta r}$，$\dfrac{dm}{dt}$：扩散速率；$D$：扩散系数；$A$：扩散通过的截面面积；$\dfrac{dc}{dx}$：浓度梯度；$L$：阿伏伽德罗常数；$\eta$：介质黏度；$r$：粒子半径
24. B　25. B　26. D　27. B　28. B　29. D　30. A　31. C　32. B
33. A 丁铎尔现象：让一束汇聚的光通过溶胶，从侧面（与光速垂直方向）可以看到一个发光的圆锥体。丁铎尔现象是光的散射
34. C
35. A 当入射光的波长比分散相粒子的直径大的时候发生光的散射，反过来就发生光的反射和折射

36. A
37. D
38. B 入射光的波长愈短散射愈多，若入射光为白光，则其中的蓝色与紫色部分的散射作用最强
39. A 40. C 41. C 42. D 43. A 44. A 45. B 46. A
47. B 在外加电场的作用下，胶体粒子在分散介质中作定向移动的现象即为电泳
48. C 49. A
50. B KCl：$0.012 \times 0.02 = 0.00024$（mol）

  $AgNO_3$：$100 \times 0.005 = 0.5$（mol），$AgNO_3$ 过量是稳定剂，胶粒带正电
51. A
52. D 电渗是在外加电场作用下分散介质透过半透膜移动
53. C 54. D 55. D 56. C 57. B 58. B 59. C 60. D 61. C 62. D 63. A
64. B 少量电解质起稳定剂的作用
65. D
66. A 聚沉值与反电荷离子（同胶体粒子带相反电荷的离子）的价数的六次方成反比，聚沉值越小，聚沉能力越强
67. C NaCl：$1000 \times 20 \times 10^{-6} = 0.02$（mol）

  Na_2SO_4：$1 \times 100 \times 10^{-6} = 10^{-4}$（mol），$Na_2SO_4$ 的用量少，说明聚沉能力强，聚沉值小，所以与胶粒带相反电荷的是负离子，胶粒带正电
68. A 聚沉值大，聚沉能力小，聚沉值 $Al^{3+} < Mg^{2+} < K^+$，胶粒带正电
69. D
70. C KI 过量胶粒带负电
71. A 胶粒带负电，看正离子 $Al^{3+} < Ca^{2+} < Na^+ < Li^+$
72. B 聚沉值越小，聚沉能力越强
73. D KI 过量胶粒带负电
74. D H_2S 为稳定剂，胶粒带负电
75. C 胶粒带负电
76. C $AgNO_3$ 过量，胶粒带正电，与胶体粒子带相同电荷的离子，价数越高聚沉能力越弱
77. C 解释见 76 题
78. A KCl 过量胶粒带负电，正离子价数越高聚沉值越小
79. C 解释见 66 题
80. B 81. B 82. C 83. B 84. B 85. C 86. B 87. D 88. D 89. C
90. B As_2S_3 为负溶胶，其他为正溶胶
91. C
92. D 乳状液的类型（油包水或水包油）主要与形成乳状液时添加的乳化剂性质有关
93. C
94. B 确定乳化剂类型的方法一般有稀释法、染色法、电导法等。以水为外相的水包油型乳状液有较好的电导性能
95. C 破乳应在酸性条件下进行，钾肥皂是碱性的
96. C 大分子溶液分散相粒子的大小与胶体粒子大小相同

97. D　98. C　99. C　100. C　101. D　102. D
103. B　冰点降低法是利用稀溶液的依数性来测的,当大分子溶液成为稀溶液时,溶液中所含大分子数并不多,所以其冰点降低效应也很小,实验测定不仅困难而且精度也不高,故不宜使用
104. B　大分子的数均分子量的测定方法是依数性测定法、端基分析法
105. A　达到Donnan平衡时膜两边同一电解质的化学势相同
106. C　107. C　108. B
109. A　$NaR \longrightarrow Na^+ + R^-$,小离子$Na^+$可以通过半透膜

参 考 文 献

[1] 玉占君，孙琪，王长生. 物理化学选择题精选 1300 例. 北京：化学工业出版社，2011.
[2] 傅献彩，沈文霞，姚天扬等. 物理化学. 第5版. 北京：高等教育出版社，2005.
[3] http://www.eduks.com/Html/hgxt/20070203373.html.
[4] http://www.ce.gxnu.edu.cn/physics/jxkj/Ex-chapter4.doc.
[5] 李德忠. 物理化学题解. 武汉：华中科技大学出版社，2001.
[6] 陈亚芍. 物理化学导学. 北京：科学出版社，2006.
[7] 霍瑞贞. 物理化学学习与解题指导. 广州：华南理工大学出版社，2000.
[8] 北京化工大学. 物理化学例题与习题. 第2版. 北京：化学工业出版社，2003.